风险等级		后果严重性				
		很小1	小2	一般3	大4	很大5
可能性	基本不可能1	低	低	低	低	低
	较不可能2	低	低	低	一般	一般
	可能3	低	一般	一般	一般	较大
	较可能4	一般	一般	一般	较大	重大
	很可能5	一般	一般	较大	重大	重大

图 5.2 实例 1 风险矩阵图

风险等级		后果严重性				
		很小1	小2	一般3	大4	很大5
可能性	基本不可能1	低	低	低	一般	一般
	较不可能2	低	低	一般	一般	较大
	可能3	低	一般	一般	较大	重大
	较可能4	一般	一般	较大	较大	重大
	很可能5	一般	较大	较大	重大	重大

图 5.3 实例 2 风险矩阵图

风险矩阵	低风险 Ⅳ级	一般风险 Ⅲ级	较大风险 Ⅱ级	重大风险 Ⅰ级		有效类别	赋值	人员伤害程度及范围	由于伤害估算的损失
	6	12	18	24	30	34	A	6	多人死亡	500万元以上
	5	10	15	20	25	30	B	5	1人死亡	100万~500万元
	4	8	12	16	20	24	C	4	多人受严重伤害	4万~100万元
	3	6	9	12	15	18	D	3	1人受严重伤害	1万~4万元
	2	4	6	8	10	12	E	2	1人受到伤害，需要急救；或多人受轻微伤害	0.2万~1万元
	1	2	3	4	5	6	F	1	1人受轻微伤害	0.2万元以下
	1	2	3	4	5	6	赋值		风险等级划分	
	L	K	J	I	H	G	有效类别		风险值	风险等级	备注
	不能	很少	低可能	可能发生	能发生	有时发生	发生可能性		30~36	重大风险	Ⅰ级
									18~25	较大风险	Ⅱ级
									9~16	一般风险	Ⅲ级
									1~8	低风险	Ⅳ级

图 5.4 实例 6 风险矩阵图

概率等级	严重程度			
	1-高	2-中	3-低	4-可忽略
A-频繁	1A	2A	3A	4A
B-很可能	1B	2B	3B	4B
C-偶尔	1C	2C	3C	4C
D-极少	1D	2D	3D	4D
E-不大可能	1E	2E	3E	4E
F-几乎不可能	1F	2F	3F	4F

图 5.5 实例 7 风险等级判定图

图 8.16 2017 年至 2020 年全国燃气事故数量、事故率及伤亡数量变化图

安全风险矩阵		发生的可能性等级(从不可能到频繁发生)							
		1	2	3	4	5	6	7	8
事故严重性等级(从轻到重)	A	1	1	2	3	5	7	10	15
	B	2	2	3	5	7	10	15	23
	C	2	3	5	7	11	16	23	35
	D	5	8	12	17	25	37	55	81
	E	7	10	15	22	32	46	68	100
	F	10	15	20	30	43	64	94	138
	G	15	20	29	43	63	93	136	200

注：1. 风险指数值表征了每一个风险等级的相对大小。
2. 每一个具体数字代表该风险的风险指数值，非绝对风险值，最小为1，最大为200。
3. ■ 重大风险；■ 较大风险；■ 一般风险；■ 低风险。

图 11.3 LOPA 风险矩阵

安全系统工程常用方法实战

宋冰雪 主编
张旭凤 王胜男 副主编

化学工业出版社
·北京·

内容简介

本书参照安全生产法律法规、技术标准以及安全系统工程相关理论知识，以安全系统分析为基础，通过对各类典型案例的分类解析，说明安全系统工程常见分析方法在实际安全工作中是如何科学应用和发挥作用的，包括预先危险性分析、作业条件危险性分析等。在每个针对性案例中详细展示如何开展系统安全分析及定性定量评价等内容。

书中案例涉及生产制造、交通、建筑、城市运行等行业领域，引导读者应用安全系统工程分析方法，对照自己的工作岗位开展潜在风险分析，为各类生产安全事故预防提供参考借鉴。

图书在版编目（CIP）数据

安全系统工程常用方法实战 / 宋冰雪主编；张旭凤，王胜男副主编. -- 北京：化学工业出版社，2024. 10.
ISBN 978-7-122-46536-8

Ⅰ．X913.4

中国国家版本馆CIP数据核字第20244RF385号

责任编辑：刘丽宏　　　　　　　文字编辑：侯俊杰　温潇潇
责任校对：李　爽　　　　　　　装帧设计：刘丽华

出版发行：化学工业出版社
　　　　　（北京市东城区青年湖南街13号　邮政编码100011）
印　　装：北京云浩印刷有限责任公司
787mm×1092mm　1/16　印张16　彩插1　字数377千字
2025年6月北京第1版第1次印刷

购书咨询：010-64518888　　　　　售后服务：010-64518899
网　　址：http://www.cip.com.cn
凡购买本书，如有缺损质量问题，本社销售中心负责调换。

定　　价：89.00元　　　　　　　　　　版权所有　违者必究

前言

安全系统工程是安全工程专业本科生的必修专业基础课，是学习专业知识和从事本专业科研、工作必备的理论基础课程，是大多数高校安全科学与工程专业研究生入学考试科目之一，也是注册安全工程师考试的考核内容之一。安全系统工程是运用系统工程的原理和方法，辨识、分析生产经营过程中存在的危险因素，评价系统安全性，并有针对性地提出控制风险、消除事故隐患的安全对策措施。

作为一门实践性强、涵盖面广的应用型课程，安全系统工程涉及生产制造、交通、建筑、城市运行等诸多领域，知识体系复杂，各行各业需求各异，对专业技能要求非常高，其理论和方法适用于解决各行业安全问题，但理论方法的掌握与解决复杂工程问题能力应用之间仍存在着较大的鸿沟。为破解"理论方法一听就懂，工程实践一做就废"的难题，本书以安全系统工程常见方法为主线，在方法介绍的基础上，辅助以大量的工程实践案例，以便读者快速掌握将所学方法灵活应用于具体工程场景的技能，增强解决复杂工程问题的实践能力。

本书共分11章，由北京石油化工学院宋冰雪担任主编，北京国信安科技术有限公司张旭凤和北京化学工业集团有限责任公司王胜男担任副主编。书中第1～8章由宋冰雪编写，第9章由赵子贤编写，第10章由张旭凤编写，第11章由王胜男编写。姚冰鑫、罗雅月、李玫良为本书资料收集整理做了大量基础工作。

本书出版得到了北京市数字教育研究青年课题"基于数智赋能和产教融合的安全工程专业课程个性化教学模式研究与实践"（BDEC2024QN060）的资助，对此我们表示衷心的感谢。

受编者水平所限，书中难免有不足之处，恳请广大读者批评指正。

编者

目录

第1章　绪论 ……………………………………………………………………………… 001

1.1　什么是安全系统工程 …………… 001
1.1.1　系统 …………………………… 001
1.1.2　系统工程 ……………………… 002
1.1.3　安全系统工程 ………………… 002
1.2　安全系统工程的研究对象和研究内容
　　　………………………………… 003
1.2.1　安全系统工程的研究对象 …… 003
1.2.2　安全系统工程的研究内容 …… 003
1.3　系统安全分析方法 ……………… 005
1.3.1　常用的系统安全分析方法 …… 005
1.3.2　系统安全分析方法的选择 …… 006

第2章　预先危险性分析 ………………………………………………………………… 008

2.1　方法概述 ………………………… 008
2.2　PHA分析实例1：道路运输系统客运车辆火灾风险分析 ………… 009
2.2.1　道路运输系统危险有害因素辨识 ……………………………… 009
2.2.2　客运车辆火灾预先危险性分析 ……………………………… 012
2.3　PHA分析实例2：有限空间作业 ……………………………………… 013
2.3.1　有限空间作业及危险有害因素辨识 …………………………… 013
2.3.2　燃气闸井预先危险性分析 …… 014
2.4　PHA分析实例3：煤矿内因火灾 ……………………………………… 014
2.5　PHA分析实例4：煤矿瓦斯爆炸 ……………………………………… 016
2.5.1　煤矿瓦斯爆炸危险有害因素辨识 ……………………………… 016
2.5.2　煤矿瓦斯爆炸预先危险性分析 ……………………………… 016
2.6　PHA分析实例5：煤粉制备系统 ……………………………………… 017
2.7　PHA分析实例6：爆破工程 …… 018
2.8　PHA分析实例7：立式筒仓 …… 018
2.9　PHA分析实例8：粉尘燃烧实验操作 ……………………………… 019

第3章　安全检查表 ……………………………………………………………………… 021

3.1　方法概述 ………………………… 021
3.1.1　编制依据 ……………………… 021
3.1.2　编制程序 ……………………… 022
3.1.3　安全检查表常用表格形式 …… 022

3.1.4 方法评述 …………………… 023
3.2 SCL 分析实例 1：消防安全检查表
　　………………………………… 023
3.3 SCL 分析实例 2：配电室安全检查表
　　………………………………… 032
3.4 SCL 分析实例 3：电梯安全检查表
　　………………………………… 035
3.5 SCL 分析实例 4：锅炉安全检查表
　　………………………………… 038
3.6 SCL 分析实例 5：气瓶安全检查表
　　………………………………… 040
3.7 SCL 分析实例 6：餐饮单位液化石油气使用安全检查表 …………… 041
3.8 SCL 分析实例 7：××市安全文化建设示范企业评定 ……………… 043
3.9 SCL 分析实例 8：××市安全社区评定
　　………………………………… 051
3.10 SCL 分析实例 9：××市非煤矿矿山类外埠作业企业安全生产许可资质保持情况评估 ……………………… 054

第 4 章　作业条件危险性分析 …………………………………………… 063

4.1 方法概述 ……………………… 063
4.1.1 分析原理 ………………… 063
4.1.2 分析程序 ………………… 065
4.1.3 方法评述 ………………… 065
4.2 LEC 分析实例 1：动火作业危险性分析 …………………………… 065
4.3 LEC 分析实例 2：熏蒸作业危险性分析 …………………………… 067
4.4 LEC 分析实例 3：客运索道作业危险性分析 ……………………… 069
4.5 LEC 分析实例 4：吊装作业危险性分析 …………………………… 073
4.6 LEC 分析实例 5：动土作业危险性分析 …………………………… 075
4.7 LEC 分析实例 6：职工食堂后厨危险性分析 ……………………… 076
4.8 LEC 分析实例 7：爆破作业危险性分析 …………………………… 077
4.9 LEC 分析实例 8：配电室作业危险性分析 ………………………… 078

第 5 章　风险矩阵 …………………………………………………………… 079

5.1 方法概述 ……………………… 079
5.2 风险矩阵分析实例 1：危险化学品企业风险评估 ………………… 080
5.3 风险矩阵分析实例 2：××市城市安全风险评估 ………………… 081
5.4 风险矩阵分析实例 3：在用电梯安全风险评估 …………………… 084
5.5 风险矩阵分析实例 4：自然灾害卫生应急健康风险评估 ………… 085
5.6 风险矩阵分析实例 5：烟草复烤行业风险评估 …………………… 087
5.7 风险矩阵分析实例 6：煤矿安全风险评估 ………………………… 089
5.8 风险矩阵分析实例 7：场（厂）内专用机动车辆风险评估 ……… 090
5.9 风险矩阵分析实例 8：游乐设施风险评估 ………………………… 091

第6章　鱼刺图分析　094

6.1 方法概述　094
- 6.1.1 分析方法　094
- 6.1.2 分析步骤　094
- 6.1.3 方法评述　095

6.2 FDA分析实例1：地铁亡人事件分析　095
- 6.2.1 案例概述　095
- 6.2.2 鱼刺图分析　095
- 6.2.3 改进措施及建议　097

6.3 FDA分析实例2：建筑施工高处作业风险分析　097
- 6.3.1 高处作业风险分析　097
- 6.3.2 鱼刺图分析　098
- 6.3.3 对策措施及建议　099

6.4 FDA分析实例3：安全生产管理风险分析　099
- 6.4.1 安全生产管理风险分析　099
- 6.4.2 鱼刺图分析　102

6.5 FDA分析实例4：储油罐火灾事故风险分析　102
- 6.5.1 储油罐火灾事故风险分析　102
- 6.5.2 鱼刺图分析　103
- 6.5.3 储油罐火灾防范措施　104

6.6 FDA分析实例5：伊品羊杂馆液化石油气爆炸事故分析　104
- 6.6.1 案例概述　104
- 6.6.2 鱼刺图分析　105
- 6.6.3 改进措施及建议　106

6.7 FDA分析实例6：临时用电作业风险分析　107
- 6.7.1 临时用电作业风险分析　107
- 6.7.2 鱼刺图分析　108
- 6.7.3 对策措施及建议　108

6.8 FDA分析实例7：固定式压力容器爆炸事故分析　109
- 6.8.1 固定式压力容器爆炸事故风险分析　109
- 6.8.2 鱼刺图分析　110
- 6.8.3 固定式压力容器爆炸事故防范措施　111

6.9 FDA分析实例8：公园火灾事故分析　113
- 6.9.1 公园火灾事故风险分析　113
- 6.9.2 鱼刺图分析　114
- 6.9.3 公园火灾事故防范措施　114

第7章　事件树分析　115

7.1 方法概述　115
- 7.1.1 分析原理　115
- 7.1.2 分析程序　115
- 7.1.3 方法评述　116

7.2 ETA分析实例1：事件树定量计算　117
- 7.2.1 串联物料输送系统　117
- 7.2.2 并联物料输送系统　117

7.3 ETA分析实例2：档案馆火灾风险分析　118
- 7.3.1 案例简介　118
- 7.3.2 事件树绘制　119

7.4 ETA分析实例3：铁路道口事故分析　119
- 7.4.1 案例简介　119
- 7.4.2 事件树绘制　120

7.5 ETA分析实例4：堰塞湖溃坝事故分析　120
- 7.5.1 案例简介　120
- 7.5.2 事件树绘制　121

7.6 ETA分析实例5：网络订餐外卖食品安全事件分析　121

7.6.1 案例简介 …………………… 121　　7.6.2 事件树绘制 …………………… 122

第8章　事故树 ……………………………………………………………… 123

8.1 方法概述 …………………… 123
　8.1.1 事故树名词术语及含义 …… 123
　8.1.2 事故树分析程序 …………… 125
　8.1.3 事故树定性分析 …………… 125
　8.1.4 事故树定量分析 …………… 127
　8.1.5 方法评述 …………………… 128
8.2 FTA分析实例1：定性定量计算分析
　……………………………………… 128
8.3 FTA分析实例2：铁路客运站火灾
　风险事故树分析 …………… 130
　8.3.1 铁路客运站火灾危险分析 … 130
　8.3.2 铁路客运站火灾事故树构建及分析
　……………………………… 131
8.4 FTA分析实例3：民用爆炸品运输
　爆炸风险事故树分析 ……… 132
　8.4.1 民用爆炸品运输爆炸危险性分析
　……………………………… 132
　8.4.2 民用爆炸品运输爆炸风险事故树
　构建及分析 ………………… 133
8.5 FTA分析实例4：商场电梯事故风险
　事故树分析 ………………… 135

　8.5.1 商场电梯事故危险性分析 … 135
　8.5.2 商场电梯事故树构建及分析 … 136
8.6 FTA分析实例5：养老机构火灾事故
　树分析 ……………………… 137
　8.6.1 养老机构火灾伤亡事故危险性分析
　……………………………… 137
　8.6.2 养老机构火灾伤亡事故树构建及分析
　……………………………… 138
8.7 FTA分析实例6：有限空间中毒事故
　树分析 ……………………… 140
　8.7.1 有限空间中毒事故危险性分析
　……………………………… 140
　8.7.2 有限空间中毒事故树构建及分析
　……………………………… 141
8.8 FTA分析实例7：自然灾害引发燃气
　系统失效事故树分析 ……… 143
　8.8.1 自然灾害引发燃气系统失效事故
　树构建 ……………………… 143
　8.8.2 事件概率计算 ……………… 146

第9章　危险与可操作性分析（HAZOP） ……………………………… 149

9.1 方法概述 …………………… 149
　9.1.1 术语和定义 ………………… 149
　9.1.2 HAZOP原理 ………………… 150
　9.1.3 HAZOP应用 ………………… 153
　9.1.4 HAZOP程序 ………………… 155
　9.1.5 审核 ………………………… 163
9.2 HAZOP实例1：石油库HAZOP
　……………………………………… 164
　9.2.1 罐区收油、储油、发油工艺HAZOP
　记录表 ……………………… 164
　9.2.2 输油工艺HAZOP记录表 …… 164

9.3 HAZOP实例2：工业气体企业空气分
　离工艺HAZOP ……………… 173
　9.3.1 空分系统-精馏工艺HAZOP记录表
　……………………………… 173
　9.3.2 空分系统-氧压缩及输送工艺HAZOP
　记录表 ……………………… 173
9.4 HAZOP实例3：化工企业HAZOP
　……………………………………… 181
　9.4.1 甲醇合成工艺HAZOP记录表
　……………………………… 181
　9.4.2 甲醇精馏工艺HAZOP记录表
　……………………………… 186

9.5 HAZOP 实例 4：食品加工企业氨制冷工艺 HAZOP ………… 192
    9.5.1 氨制冷系统-高压氨 HAZOP 记录表 ………… 192
    9.5.2 氨制冷系统-氨液循环泵 HAZOP 记录表 ………… 192

9.6 HAZOP 实例 5：加氢站工艺 HAZOP ………… 201
    9.6.1 加氢站-氢气卸气、压缩、冷却、储存工艺 HAZOP 记录表 ………… 201
    9.6.2 加氢站-加氢工艺 HAZOP 记录表 ………… 201

第 10 章 工作危害分析 ………… 212

10.1 方法概述 ………… 212
    10.1.1 分析程序 ………… 213
    10.1.2 分析表单 ………… 215
    10.1.3 进行工作危害分析的人员要求 ………… 216
    10.1.4 方法评述 ………… 216

10.2 JHA 分析实例 1：露天采场爆破作业 JHA 分析 ………… 217

10.3 JHA 分析实例 2：露天采场铲装作业 JHA 分析 ………… 219

10.4 JHA 分析实例 3：天然气管道安装作业 JHA 分析 ………… 220

10.5 JHA 分析实例 4：液氨卸车作业 JHA 分析 ………… 221

10.6 JHA 分析实例 5：盲板抽堵作业 JHA 分析 ………… 224

10.7 JHA 分析实例 6：锅炉内部检修作业 JHA 分析 ………… 226

10.8 JHA 分析实例 7：起重吊装作业 JHA 分析 ………… 227

10.9 JHA 分析实例 8：脚手架作业 JHA 分析 ………… 228

10.10 JHA 分析实例 9：动火作业 JHA 分析 ………… 230

第 11 章 保护层分析 ………… 232

11.1 方法概述 ………… 232
    11.1.1 分析目的 ………… 232
    11.1.2 分析程序 ………… 232
    11.1.3 保护层分析记录表常用表格形式 ………… 234
    11.1.4 方法评述 ………… 235

11.2 LOPA 分析实例 1：危险化学品分装工序 LOPA 分析 ………… 236

11.3 LOPA 分析实例 2：有机产品精馏工艺 LOPA 分析 ………… 239
    11.3.1 本案例工艺流程描述 ………… 239
    11.3.2 简易工艺示意图 ………… 240
    11.3.3 LOPA 分析 ………… 240

11.4 LOPA 分析实例 3：危废处置连续精馏工艺 LOPA 分析 ………… 241

11.5 LOPA 分析实例 4：药膜树脂提纯工艺 LOPA 分析 ………… 244

11.6 LOPA 分析实例 5：工业气体企业空分系统-精馏工艺 LOPA 分析 ………… 246

参考文献 ………… 247

第1章 绪论

1.1 什么是安全系统工程

1.1.1 系统

日常生活中经常会用到"系统"这个词,国际标准化组织技术委员会称系统为能完成一组特定功能的、由人、机器以及各种方法构成的有机集合体。钱学森描述系统的概念时,认为极其复杂的研究对象称为系统,系统是指由相互作用、相互依赖的若干组成部分结合而成的具有特定功能的有机整体。

系统具有整体性、目的性、有序性、相关性、环境适应性和动态性等特点。

(1) **整体性** 系统是根据整体要求按照一定方式构成的一个具有特定功能的集合体,因而系统不是各要素性能的简单相加。组成系统的各个要素并不都很完善,但它们可以综合、统一成为具有良好功能的系统。反之,即使每个元素都是良好的,而构成整体后并不具备某种良好的功能,也不能称之为完善的系统。系统作为一个整体才能发挥其应有的功能,例如一台计算机就是由主板、电源、中央处理器、硬盘、键盘、显示器等硬件通过特定的关系有机地结合在一起所形成的一个系统。

(2) **目的性** 任何一个系统都是为了完成某种任务或实现某种功能而设计的,没有目标的系统是不存在的。特别是人类创造的系统,总是为了实现某一目的而设计、制造出来的。

(3) **有序性** 系统的有序性主要表现在系统空间结构的层次性和系统发展的时序性。系统可分成若干子系统和更小的子系统,而该系统又是其所属系统的子系统,即系统空间结构的层次性。此外,系统生命过程也是有序的,其要经历孕育、诞生、成长、成熟、衰老、消亡的过程,即系统发展的时序性。

(4) **相关性** 构成系统的各要素之间、要素与子系统之间、系统与环境之间都存在着相互联系、相互依赖、相互作用的关系,通过这些关系,使系统有机地联系在一起,发挥其特定的功能。

(5) **环境适应性** 系统是由许多特定部分组成的有机集合体,而这个有机集合体以外的部分就是系统的环境。系统从环境中获取必要的物质、能量和信息，经过系统的加工、处理和转化，产生新的物质、能量和信息，再提供给环境。此外，环境也会对系统产生干扰或约束。在研究系统的时候，环境往往起着重要的作用，必须予以重视。

（6）动态性 没有一成不变的系统，系统的各个子系统、要素都是随着时间的变化而不断变化的。

1.1.2 系统工程

系统工程是以系统为研究对象，为达到系统功能，运用科学方法对系统的规划、设计、制造、使用等各个阶段进行有效组织管理的工程技术。其运用各种组织管理技术，使系统的整体与局部之间的关系协调并相互配合，实现总体的最优运行。

系统工程具有如下特点：

① 系统工程将研究对象视为一个整体，分析总体中各个部分之间的相互联系和相互制约关系，使总体中的各个部分相互协调配合，服从整体优化要求。在分析局部问题时，系统工程是从整体协调的需要出发，选择优化方案，综合评价系统的效果。

② 系统工程综合运用各种科学管理的技术和方法，采用定性分析和定量分析相结合手段。

③ 系统工程对系统的外部环境和变化规律进行分析，分析它们对系统的影响，使系统适应外部环境的变化。

1.1.3 安全系统工程

安全系统是由与生产安全问题有关的相互联系、相互作用、相互制约的若干因素构成的具有特定功能的有机整体，是生产系统的一个重要组成部分。

安全系统工程是应用系统工程的基本方法和原理，预先辨识、分析、评价、排除和控制系统中的各种危险，使系统安全性达到预期目标的一门综合性工程技术。

安全系统工程是系统工程在安全工程中的应用，安全系统工程的理论基础是安全科学和系统科学。安全系统工程追求的是整个系统的安全和系统全过程的安全。安全系统工程的主要内容是危险辨识分析、系统安全评价和安全决策与事故控制。安全系统工程要达到的预期安全目标是将系统风险控制在人们能够容忍的限度以内，也就是在现有经济技术条件下，最经济、最有效地控制事故，使系统风险处在安全指标以下。

安全系统工程的研究任务包括：

① 辨识系统危险源，并分析其危险性质和存在状态。

② 分析、预测危险源由触发因素作用而引发事故的类型和后果。

③ 设计安全控制措施，进行安全决策。

④ 评价安全控制措施实施的总体效果。

⑤ 持续改进，使系统达到最佳安全状态。

1.2 安全系统工程的研究对象和研究内容

1.2.1 安全系统工程的研究对象

安全系统工程是以生产经营领域的安全问题为研究对象,其研究目的是解决生产经营活动中安全与危险的矛盾,即解决工程、系统、生产经营活动中的安全问题,满足生产经营安全需求。通常而言,生产经营系统是由从事生产经营活动的人(人)、生产经营活动必需的机器设备、原辅材料、厂房等物质条件(机),以及生产经营活动所处的环境(环)三大部分构成,即人-机-环构成了生产经营系统,每一部分都是该系统的一个子系统,称为人子系统、机子系统、环子系统。安全系统工程的研究对象就是人-机-环系统。

(1) **人子系统** 生产经营系统中,"人"是指企事业单位的全体员工,包括生产作业人员、工程技术人员、管理人员等。人子系统涉及各类人员的心理、生理、行为因素,涉及企事业单位的管理体系、规章制度、操作规程、教育培训等是否符合人的特性。研究人子系统时,不仅要考虑人的自然属性,也要关注其社会属性,要充分考虑人的思想感情与主观能动性。

(2) **机子系统** 机子系统是指与生产经营活动相关的机器、设备、设施、原辅材料、厂房、作业场所等物质条件。研究机子系统时,不仅要考虑上述物质条件自身的安全性,而且要考虑其对作业人员提出的安全要求以及人对上述物质条件提出的安全要求。

(3) **环子系统** 环子系统是指"人"和"机"所处的作业环境、自然环境和社会环境。研究环子系统时,不仅要考虑生产经营过程产生的有毒有害物质、噪声、振动、不良气象条件(如高温、低温、高湿等)、电离和非电离辐射、有害生物因素等,还要考虑地震、洪水、雷击等自然灾害和劳动组织、管理制度、安全文化等社会因素对设备设施和人员造成的不良影响。

人、机、环三个子系统相互影响、相互作用,构成了人-机-环系统的有机整体。系统安全性分析需要从三个子系统内部和三个子系统之间的关系出发,才能真正解决系统安全问题。

1.2.2 安全系统工程的研究内容

安全系统工程是研究如何应用系统工程的原理方法确保实现系统安全功能的科学,其主要研究内容包括危险辨识分析、系统安全评价和安全决策与事故控制。

(1) **危险辨识分析** 提高系统安全性的首要前提是预先发现系统可能存在的危险有害因素,全面掌握其基本特点,明确其对系统安全性的影响程度。

危险辨识又称危险源辨识,是指在系统生命周期的各个阶段采用适当的方法、识别系统中可能导致人员伤亡或职业病、设备损坏、财产损失或环境破坏的潜在威胁。

根据《职业健康安全管理体系　要求及使用指南》(GB/T 45001—2020)，危险源是指可能导致伤害和健康损害的来源。危险源由潜在危险性、存在条件和触发因素三个要素构成。

危险源的潜在危险性是指一旦触发事故，可能带来的危害程度或损失大小，或是危险源可能释放的能量强度或危险物质量的大小。危险源的存在条件是指危险源所处的物理、化学状态和约束条件状态，如物质的压力、温度、化学稳定性，盛装压力容器的坚固性，周围环境障碍物，等等。触发因素虽然不属于危险源的固有属性，但它是危险源转化为事故的外因，而且每一类型的危险源都有相应的敏感触发因素，如易燃、易爆物质，热能是其敏感的触发因素，又如压力容器，压力升高是其敏感触发因素。因此，一定的危险源总是与相应的触发因素相关联。在触发因素的作用下，危险源转化为危险状态，继而转化为事故。

危险源一般可分为两类：第一类危险源和第二类危险源。

第一类危险源是指系统中存在的、可能发生意外释放的能量（包括各种能量源和能量载体）或有害物质，如行驶车辆具有的动能、高处重物具有的势能、液氯钢瓶中的液氯等，都属于第一类危险源，其是导致事故的根源、源头。

第二类危险源是指导致约束、限制能量或有害物质的措施失效的各种不安全因素，即人的不安全行为、物的不安全状态或管理的缺陷，是影响安全屏障作用发挥的缺陷或漏洞，正是这些缺陷或漏洞致使约束能量或有害物质的屏障失效，导致能量或有害物质的失控，从而造成事故发生。例如：液化石油气钢瓶中的液化石油气即为第一类危险源，它的失控可能会导致火灾、爆炸；承装液化石油气的瓶体及其附件的缺陷或是用户的违章操作等则为第二类危险源，因为正是这些问题导致了液化石油气钢瓶中液化石油气泄漏而引发事故。

第一类危险源是导致人员伤害或财产损失的能量或有害物质主体，决定了事故后果的严重程度，是事故发生的前提。第二类危险源破坏了对第一类危险源的控制，使能量或有害物质意外释放，是第一类危险源导致事故的必要条件。第二类危险源出现的难易程度决定了事故发生的可能性的大小。第二类危险源是围绕第一类危险源随机出现的人-机-环方面的问题，危险辨识应在第一类危险源辨识的基础上进行，第二类危险源的辨识比第一类危险源辨识更为困难。

危险辨识可采取两种方式：一是根据分析对象或其他类似系统已发生过的事故，通过查找其触发因素，进而找出其危险源；二是以危险有害因素为起点，分析可能造成什么事故，进而找出危险源。可分别参考《企业职工伤亡事故分类》(GB/T 6441—86)（标准修订中）和《生产过程危险和有害因素分类与代码》(GB/T 13861—2022)进行危险辨识。

（2）系统安全评价　系统安全评价是在危险辨识的基础上，运用安全系统工程方法对系统存在的危险性进行定性定量综合评价，分析危险或事故发生的可能性及后果的严重性，确定风险等级，并与预定的系统安全指标相比较，为事故控制和安全决策提供依据。

（3）安全决策与事故控制　安全系统分析评估的最终目的是预防事故发生，其落脚点应放在对辨识出的系统危险源采取控制措施，使其风险降低至可接受水平。

危险源控制可从事故发生可能性和后果严重性两方面考虑，按事故预防对策等级顺序的要求，设计时应遵循以下具体原则。

① 消除：通过合理的设计和科学的管理，尽可能从根本上消除危险、有害因素，如采用无害工艺技术、生产中以无害物质代替有害物质、实现自动化作业、遥控技术等。

② 预防：当消除危险源存在困难时，可采取预防性措施，预防危险、危害发生，如使用安全阀、安全屏护、漏电保护装置、安全电压、熔断器、防爆膜、事故排风装置等。

③ 减弱：无法消除危险源并难以预防的情况下，可采取减少危险、危害的措施，如局部通风排毒装置、生产中以低毒性物质代替高毒性物质、降温措施、避雷装置、消除静电装置、减振装置、消声装置等。

④ 隔离：无法消除、预防、减弱危险源的情况下，应将人员与危险源隔开，将不能共存的危险物质分开，如遥控作业、安全罩、防护屏、隔离操作室、安全距离、事故发生时的自救装置（如防毒服、防毒面具）等。

⑤ 联锁：当操作者失误或设备运行一旦达到危险状态时，应通过联锁装置终止危险、危害发生。

⑥ 警告：在易发生故障和危险性较大的地方，配置醒目的安全色、安全标志，必要时，设置声、光或声光组合报警装置。

1.3 系统安全分析方法

1.3.1 常用的系统安全分析方法

系统安全分析是指运用系统工程的原理和方法，辨识、分析系统中存在的危险源，并对导致系统故障或事故的各种危险因素及其之间的关联性进行定性定量分析的一种科学方法。

（1）常用的系统安全分析方法

① 安全检查表（safety check list，SCL）　安全检查表是依据有关法律、法规、标准、规范，将所要分析系统的工艺、设备、设施、管理、环境、作业等方面的安全要求编制而成的，用于实施安全检查和诊断的明细表或清单，利用安全检查的方式，发现系统中存在的不安全因素。安全检查表可用于项目建设、运行过程的各个阶段。

② 预先危险性分析（preliminary hazard analysis，PHA）　预先危险性分析或称初步危险分析，是在一个系统或子系统运转活动（包括设计、施工、生产）之前，对系统存在的危险性类别、出现条件及可能造成的后果，进行宏观概略分析的一种方法。

③ 作业条件危险性分析（LEC）　作业条件危险性分析是由 K.J. 格雷厄姆和 G.F. 金尼提出的，其将影响作业危险性的因素归纳为发生事故或危险事件的可能性、暴露于危险环境的频繁程度、事故一旦发生可能产生的后果三个因素。依据实际情况对作业条件危险性三个影响因素进行赋值，以确定该作业的危险程度。

④ 风险矩阵（risk matrix）　风险矩阵是根据风险发生的概率和风险后果的影响程度两个方面对风险进行评估的工具，以风险后果严重性为横坐标，以风险发生概率为纵坐标，绘制风险矩阵，从而确定风险评估等级结果。

⑤ 鱼刺图分析（fishbone diagram analysis，FDA）　鱼刺图分析或称因果分析图、石川分析法。该方法以事故致因理论中事故因果关系为理论基础，通过分层剖析引发事故的各类

因素，分析系统事故原因和结果的对应关系，采用简明的文字和线条绘制成因果关系图，将复杂的因果关系转化为逻辑清晰、层次分明、简单易懂的图形。鱼刺图既可用于对已发生的事件事故进行原因分析，也可识别分析可能导致尚未发生事故的各类因素。

⑥ 事件树分析（event tree analysis，ETA） 事件树分析是一种归纳的程序方法，以某一初始事件为分析起点，按照事故发展的时间顺序，分析该初始事件可能导致的各种事件序列的结果，从而定性或定量评价系统的特性。

⑦ 事故树分析（fault tree analysis，FTA） 事故树分析又称故障树分析，该方法利用树形图表示系统可能发生的某种事故与导致事故发生的各种原因之间的逻辑关系，通过对事故树的定性与定量分析，找出事故发生的主要原因。

⑧ 危险与可操作性分析（hazard and operability analysis，HAZOP） 危险与可操作性分析是应用系统的审查方法来审查新设计或已有工厂的生产工艺和工程总图，分析由装置、设备故障或误操作引起的潜在危险，并评价其对整体系统的影响，是一个详细地识别危险和可操作性问题的过程。

⑨ 工作危害分析（job hazard analysis，JHA） 工作危害分析又称作业危害分析、工作安全分析，是通过将一项作业活动分解为若干个相连的工作步骤，识别每个步骤的潜在危害因素，从而提出对应的控制措施，将风险最大程度地消除或控制的系统安全分析方法。

⑩ 保护层分析（layer of protection analysis，LOPA） 保护层分析是对降低不期望事件频率或后果严重性的独立保护层的有效性进行评估的一种过程方法或系统，用于确定发现的危险场景的危险程度，定量计算危害发生的概率、已有保护层的保护能力及失效概率，如果发现保护措施不足，可以推算出需要的保护措施的等级。

（2）系统安全分析方法分类

① 按照逻辑方法分类，系统安全分析方法可分为归纳法和演绎法。

a. 归纳法是从某些个别现象或特殊情况出发，推论出具有普遍意义的一般性结论，即从个别到一般，从特殊到普遍的逻辑推理方式，是从故障或失误出发，探讨可能导致的事故或系统故障，再确定与该系统故障或事故有关的危险因素，如事件树分析等。

b. 演绎法与归纳法的思维程序相反，从某个具有普遍意义的一般性原理出发，推论出某一个别的现象或特殊情况，即从一般到个别、从普遍到特殊的推理方式，是从事故或系统故障出发，查找与该事故或系统故障有关的危险因素，如事故树分析等。

② 按照数理方法分类，系统安全分析方法可分为定性分析和定量分析。

a. 定性分析侧重于从质的方面分析和研究事物的属性，如预先危险性分析、危险与可操作性分析、鱼刺图等。

b. 定量分析是在定性分析的基础上，运用数学方法与计算工具，分析事故与其影响因素之间的数学关系和变化规律，其目的是对事故发生的概率或风险进行量化分析，如事故树分析、事件树分析等。

1.3.2 系统安全分析方法的选择

在系统生命周期的不同阶段，应选择相应的系统安全分析方法开展危险辨识分析工作，系统生命周期各阶段适用的系统安全分析方法如表 1.1 所示。

表 1.1　系统安全分析方法的适用情况

分析方法	开发研制	方案设计	样机	详细设计	建造投产	日常运行	改建扩建	事故调查	拆除
预先危险性分析	✓	✓	✓	✓				✓	
安全检查表		✓	✓	✓	✓	✓	✓		✓
作业条件危险性分析		✓	✓	✓	✓	✓	✓	✓	
风险矩阵		✓		✓	✓	✓	✓		
鱼刺图分析			✓	✓		✓	✓	✓	
事件树分析			✓			✓	✓	✓	
事故树分析	✓		✓			✓	✓	✓	
危险性和可操作性研究			✓	✓		✓	✓		
工作危害分析	✓					✓			
保护层分析			✓	✓		✓	✓	✓	

选择系统安全分析方法时，应考虑以下几方面的因素。

（1）**分析目的**　系统安全分析的最终目的是辨识危险源，实际工作中要达到一些具体的目的，要根据分析目的选择系统安全分析方法。

① 对系统中所有危险源，查明并列出清单。

② 掌握危险可能导致的事故，列出潜在事故类型。

③ 列出降低危险的措施。

④ 将危险源按危险大小排序。

⑤ 为定量评价提供数据。

（2）**资料影响**　资料收集的多少、详细程度对系统安全分析方法的选择具有重要影响，系统所处不同阶段，能够收集到的资料的详细程度也不同。此外，不同的方法，要求提供资料的详细程度也不同，应根据能收集资料的情况合理选择系统安全分析方法。

（3）**系统特点**　根据系统复杂程度和规模、工艺类型等综合选择系统安全分析方法。对于复杂、规模大的系统，建议先用简单方法，后根据分析的详细程度，选择相应的分析方法。不同的方法适合不同的对象或工艺，如化工工艺分析可采用危险和可操作性分析方法。对于不同类型的操作过程，如事故的发生是由单一故障或失效引起的，可选择危险和可操作性分析方法，如事故的发生是由多种因素共同引起的，则可以选择事故树分析、事件树分析等方法。

（4）**系统危险性**　当系统的危险性较高时，通常可采用系统、严格、预测性方法，如危险性与可操作性研究、事故树分析、事件树分析等方法。当系统的危险性较低时，可采用经验的、不太详细的分析方法，如安全检查表法等。

第2章　预先危险性分析

2.1　方法概述

预先危险性分析（preliminary hazard analysis，PHA），或称初步危险分析，是在一个系统或子系统运转活动（包括设计、施工、生产）之前，对系统存在的危险性类别、出现条件及可能造成的后果，进行宏观概略分析的一种方法。

预先危险性分析可用于系统设计阶段识别危险，其结果根据系统建设及全面风险分析的开展不断更新完善。对于相对简单的系统，也可作为全面、充分的风险分析，应用于系统生命周期的其他阶段。

（1）分析目的

预先危险性分析的目的不是分析系统本身，而是预防控制或减少危险性，避免系统投入运行之后因使用危险性的物质、工艺和设备或采用不安全的技术路线等而造成损失，从而提高系统的安全性、可靠性。其特点是把分析做在行动之前，在系统设计开发初期、尚不掌握该系统的详细资料时，即可识别、分析、控制该系统危险有害因素，避免由于安全因素考虑不周而造成人力、财力、物力等方面的损失。因此，预先危险性分析的重点应放在系统的主要危险源上，并提出控制这些危险源的措施。

（2）分析程序

预先危险性分析程序如图2.1所示。

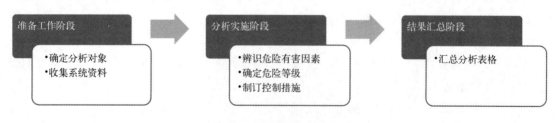

图2.1　预先危险性分析程序

① 准备工作阶段　首先明确所分析系统的边界和范围，调查了解系统的设计功能、生产

目的、工艺过程、使用或生产的材料及其反应性、设备、布局、操作条件、周边环境等。收集分析设计说明书、生产经验、国内外事故案例以及有关法律、法规、标准、规范等相关资料。

② 分析实施阶段 确定系统中危险有害因素，分析产生的原因及可能造成的后果。根据危险有害因素引发危险的可能性及其造成后果的严重性，确定危险等级，见表2.1。

表2.1 预先危险性等级划分表

级别	危险程度	可能导致的后果	控制措施
Ⅰ	安全的	不会造成人员伤亡和系统损坏	可不采取措施
Ⅱ	临界的	处于事故的临界状态，暂时还不至于造成人员伤亡、系统损失或降低系统的危险性能	应采取措施控制
Ⅲ	危险的	会造成人员伤亡、系统损失	必须采取措施进行控制
Ⅳ	灾难性的	会造成人员重大伤亡及系统严重破坏的灾难性事故	必须立即排除并重点防范

③ 结果汇总阶段 按照分析表格的形式汇总分析结果。

（3）预先危险性分析常用表格形式

预先危险性分析常采用列表分析的形式进行，表格的内容可根据分析对象特点和实际情况而定，常见的表格形式如表2.2所示。

表2.2 预先危险性分析常见表格形式

危险因素/意外事件	触发事件	形成事故原因	事故后果	危险等级	改进措施/预防措施

（4）方法评述

预先危险性分析的优点：信息有限时，即尚不掌握该系统的详细资料时也可使用；可在系统生命周期的初期考虑危险有害因素；不受行业领域限制，任何行业均可使用。

预先危险性分析的缺点：只能提供初步分析信息，无法提供全面风险辨识及最佳风险预防措施方面的详细信息；定性分析，评估结果会受到评估者主观因素、理论水平和实践经验的影响。

2.2 PHA分析实例1：道路运输系统客运车辆火灾风险分析

2.2.1 道路运输系统危险有害因素辨识

（1）道路运输事故类型

道路运输事故可分为碰撞、碾压、刮擦、翻车、坠落、爆炸、失火等。

碰撞是交通强者的正面部分与他方接触，主要发生在机动车之间、机动车与非机动车之间，以及车辆与其他物体之间。

碾压是指交通强者对交通弱者的推碾或压过。

刮擦是交通强者的侧面部分与他方接触，如车刮车、车刮物、车刮人等。

翻车是部分或全部车轮悬空、车身着地的现象，是车辆未发生其他事态情况下而造成的车辆翻转。

坠落是车辆跌落到与路面有一定高度差的路外，如坠入桥下、坠入山涧等。

爆炸是因将爆炸物品带入车内，或在行驶过程中由于振动等原因引起爆炸造成事故。

失火是车辆在行驶过程中，由于人为或技术原因而引起的火灾。

（2）道路运输安全影响因素

道路运输安全的影响因素包括人的因素、车辆因素、道路因素、管理因素。

① 人的因素　道路运输涉及的主体包括驾驶员、其他交通参与者，如图2.2所示。

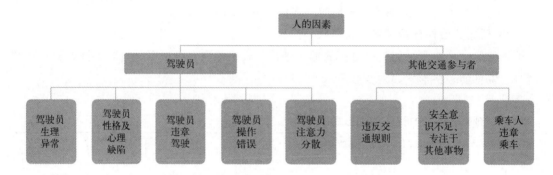

图 2.2　影响道路运输安全的人的因素

a. 驾驶员：根据《生产过程危险和有害因素分类与代码》（GB/T 13861—2022），人的因素包括心理、生理性危险有害因素和行为性危险有害因素。

驾驶员的心理、生理性危险有害因素对保障运输安全起着至关重要的作用，包括疲劳、疾病、药物不良反应、酒后行动迟缓等生理异常，以及麻痹、急躁、逞强等性格及心理缺陷。

行为性危险有害因素包括驾驶员违章驾驶、操作错误、注意力分散等，其中：驾驶员违章驾驶包括载客超过核定准载人数、超速行车、强行超车、随意变更车道、逆行、不按规定通过交叉路口、占道行驶、驾车过程中接打手机、吸烟、饮食等妨碍驾驶安全的行为；驾驶员操作错误包括湿滑路面上紧急制动、掉头时忽视后方行人车辆、超车发生碰撞和侧滑、会车时忽略视线盲区、未保持安全车距等；驾驶员注意力分散可分为主观原因和客观原因引发的注意力分散，主观原因包括在驾驶过程中接打电话、与人交谈、过度关注周边新奇事物等，客观原因包括高速公路环境单一，注意力无法持续集中等。

b. 其他交通参与者：包括非机动车驾驶员、行人和乘客等。非机动车驾驶员、行人和乘客的交通行为会对道路运输安全产生明显影响，例如：行人、非机动车不按交通信号通行、逆行、违规占用机动车道等违反交通规则的行为；老年人行动迟缓、交通突发情况应变能力不足，儿童忽视道路危险，道路施工维修人员专注于施工工作，均可能产生道路运输风险。

② 车辆因素　车辆具有良好的行驶安全性，是减少交通事故的必要前提。影响道路运输安全的车辆因素如图2.3所示。

图2.3　影响道路运输安全的车辆因素

a. 车辆结构风险：当车身较大、较宽、较高，且满载总质量较大时，如重心较高，易发生侧翻，转弯、倒车、停车、超车等会占用多车道，易于引发交通事故，此外车身存在视觉盲区也易于引发事故。

b. 行驶特点风险：如加速性能差、内外轮差大、惯性大、制动距离长等。

c. 车辆状况不良：如转向不良或失效、制动劣化或失效、照明信号装置故障、侧向稳定性差、车辆悬架或减振系统缺陷、车速表故障、轮胎磨损严重、发动机故障、主动或被动安全装置失效等。

d. 行李物品、车载货物风险：如客车乘客行李、随身物品存在危险（如携带危险物品）或摆放方式位置不合适；货车物品装载存在超载、装载货物重心过高、货物偏载（过于靠前、靠后，偏离中心线等）危险。

e. 其他：如座椅损坏、客车地板、台阶湿滑等。

③ 道路因素　影响道路运输安全的道路因素如图2.4所示。

图2.4　影响道路运输安全的道路因素

a. 典型道路（如高速公路、山区道路等）危险因素：如山区道路的连续上下坡、路窄弯急、安全防护设施不完善等。

b. 特殊路段危险因素：车辆行人汇集、交通流量大、行驶轨迹交叉的交叉路口；照明较差、较窄、高度受限的隧道；人车混杂、交通安全设施不完善、占道经营现象较多的城乡接合部；等等。

c. 夜间、特殊天气等危险因素：如夜间亮度不足导致视线范围变小、视距变短，夜间行驶易于疲劳；雨雪天、大雾天气等能见度低、路面湿滑；等等。

④ 管理因素　管理是影响道路运输安全工作的重要因素之一，科学健全和统一高效的道路安全管理体制是减少事故、防患于未然的必要条件。管理硬件设施落后，科学化管理水平低等也是道路运输事故的诱因之一。

2.2.2 客运车辆火灾预先危险性分析

客运车辆乘客多,一旦发生火灾,易于引起群死群伤,如 2019 年 3 月 22 日,常长高速西往东方向 119km+655m 处,一辆从河南开封开出,前往湖南、广西的柴油旅游大巴车突然起火,造成 26 人死亡、28 人受伤。

结合上述道路运输安全影响因素分析,以客运车辆火灾为例,开展预先危险性分析。

客运车辆火灾的诱发因素可归纳为人的因素、车辆因素、环境因素三方面。人的因素方面,如乘客携带易燃易爆品、明火等乘车,出现吸烟等违规行为。车辆方面参考国家标准《汽车产品安全 风险评估与风险控制指南》(GB/T 34402—2017)等,包括车辆电气线路或电气部件故障、燃料系统泄漏、排气系统故障、机械部件非正常摩擦等。环境因素如外部碰撞等,客运车辆火灾预先危险性分析见表 2.3。

表 2.3 客运车辆火灾预先危险性分析

危险因素	触发事件	形成事故原因	事故后果	危险等级	预防措施
车辆因素	车辆电气线路或电气部件故障	客运车辆因长期运营、质量问题等引发车辆电气线路和电气设备发生过载、接触不良、短路等,从而引起车辆自燃起火。长途行驶、外部高温天气等导致发动机长时间运转,车辆部件局部温度升高,通风换气速度较慢,电源温度升高,引发电气火灾,造成车辆火灾	人员伤亡、系统破坏、经济损失	III	车辆电气系统中采用抗高温和抗老化性能的材料,提升材料绝缘性能。提高内饰材料的阻燃性能及发动机舱的隔热处理和电器接插件的质量。对于可能产生火花的接头处做好防爆处理,尽可能减少车辆本身的火源
	燃料系统泄漏	油泵与化油器、油箱和油管等供油系统因腐蚀、碰撞、振动、老化等原因引发管路接头松动、容器和管路破裂、油开关关闭不严等问题导致燃油泄漏,导致车辆火灾	人员伤亡、系统破坏、经济损失	III	油路系统中采用高强度和耐腐蚀材料,避免漏油问题出现
	排气系统故障	催化转换器异常引发局部温度骤升、排气管高温引燃易燃物、排气净化系统故障等引发车辆火灾	人员伤亡、系统破坏、经济损失	IV	安装感温火灾探测器,配备灭火器、发动机舱自动灭火装置
	机械部件非正常摩擦	润滑系统缺油、机件因摩擦产生高温、轮胎摩擦过热等引发车辆火灾	人员伤亡、系统破坏、经济损失	IV	加强汽车的日常维护,车辆行驶过程中及时查看各仪表运行情况,注意车身及发动机的声响,如发现异响和故障,及时停车检修
环境因素	外部碰撞	外部碰撞引发车辆油泵、油箱、油管等部件损坏漏油,引发火灾;碰撞冲击造成电气系统损坏,引发车辆电气线路短路导致电气火灾;撞击火花引燃车辆可燃物引发火灾	人员伤亡、系统破坏、经济损失	III	设计优化油箱防护结构;安装电池碰撞断电保护装置;线路安装使用保险装置;配备灭火器;提升驾驶员安全意识,加强驾驶员安全驾驶技能和车辆火灾预防及处置知识培训
人的因素	乘客主观或客观不安全行为	乘客吸烟或遗落打火机、火柴等引发火灾;乘客携带易燃易爆物品乘车引发火灾;因人际纠纷、社会仇视等制造恐怖活动引发火灾	人员伤亡、系统破坏、经济损失	IV	安装安全玻璃,设置安全门,配备灭火器、发动机舱自动灭火装置、感温火灾探测器等

2.3 PHA 分析实例 2：有限空间作业

2.3.1 有限空间作业及危险有害因素辨识

（1）概念及术语

有限空间是指封闭或部分封闭、进出口受限但人员可以进入、未被设计为固定工作场所的自然通风不良，易造成有毒有害、易燃易爆物质积聚或氧含量不足的空间。

有限空间作业是指人员进入有限空间实施的作业活动，例如：储罐、船舱等密闭设备的涂装、防腐、防水、焊接等作业；进入地下工程、地下管沟、污水井、化粪池等地下有限空间的施工、巡检、维修、清理等作业；进入发酵池、料仓等地上有限空间进行设备设施的安装、更换、维修等作业。

（2）危险有害因素辨识

有限空间作业存在的危险有害因素主要包括中毒和窒息、燃爆、高处坠落、淹溺、触电、机械伤害、物体打击、灼烫、坍塌、掩埋等。在某些环境下，上述风险可能共存，并具有隐蔽性和突发性。

中毒：有限空间内存在或积聚有毒气体，作业人员吸入后会引起化学性中毒。有限空间内有毒气体来源较多，如有限空间内储存的物质挥发或分解可能产生有毒气体，焊接、涂装等作业可能产生有毒气体，相连设备、管道中有毒物质泄漏，等等。

窒息：由于作业人员呼吸作用或物质氧化作用，导致有限空间内的氧气被消耗引发缺氧，或是有限空间内存在二氧化碳、甲烷、氮气、氩气等单纯性窒息性气体，排挤氧空间，造成空气中氧含量降低引发缺氧。

燃爆：有限空间中积聚的易燃易爆物质（如甲烷、氢气等可燃性气体或铝粉、煤粉等可燃性粉尘）与空气混合形成爆炸性混合物，若混合物浓度达到其爆炸极限，遇明火、化学反应放热、撞击或摩擦火花、电气火花、静电火花等点火源时，可能引发燃爆事故。

高处坠落：有限空间深度超过 2m 时进出有限空间可能引发高处坠落，在有限空间内进行高于基准面 2m 的作业时也可能引发高处坠落。

淹溺：有限空间内存在较深的积水，或作业期间因强降雨等极端天气导致水位上涨，或突然涌入大量液体，可能引发淹溺事故，此外，作业人员因发生中毒、窒息、受伤等跌入液体中，亦可能引发人员淹溺。

触电：有限空间作业过程中使用电气设备、电气线路破损老化等可能导致触电。

机械伤害：有限空间作业过程中可能涉及机械设备运行操作，机械设备防护措施失效等可能引发机械伤害。

物体打击：有限空间外部或上方物体掉入有限空间内，以及有限空间内部物体掉落，可能引发作业人员物体打击伤害。

灼烫：有限空间内存在的高温物体、燃烧体、酸碱类化学品、强光、放射性物质等因素可能造成人员烫伤、烧伤或灼伤。

坍塌：在建有限空间边坡、护坡、支护设施出现松动，有限空间周边存在严重影响其结构安全的建（构）筑物等，在外力或重力作用下，有限空间因超过自身强度极限或因结构稳定性破坏而引发坍塌事故。

掩埋：存在谷物、泥沙等可流动固体的有限空间，可能引发物料流动或发生物料的意外注入而掩埋作业人员。

2.3.2 燃气闸井预先危险性分析

有限空间作业环境复杂，安全设备设施要求高，易受季节性因素影响，近年来有限空间事故呈现易发、高发态势，且易于导致群死群伤事件。如2021年7月30日，某企业员工在某小区中低闸井内发生中毒和窒息事故，造成3人死亡，直接经济损失635余万元。

以燃气闸井为例，开展预先危险性分析，如表2.4所示。

表2.4 燃气闸井有限空间作业预先危险性分析

危险因素	触发事件	形成事故原因	事故后果	危险等级	预防措施
甲烷等易燃易爆气体泄漏	通风不良	设备损坏或被腐蚀，法兰、阀门密封不严等导致燃气泄漏，未进行强制通风或通风设施缺陷	可燃性气体爆炸	IV	定期维护设备设施；作业前进行强制通风；并使用隔离式呼吸保护器具
氧含量过低	通风不良、气体检测失效	未进行强制通风或通风设施缺陷，未进行气体检测或气体检测仪器失效	窒息	III	测定作业现场空气中的氧气和有害气体含量；监测燃气闸井内的氧浓度；进行强制通风；配备并使用隔绝式呼吸保护器具；配备并使用安全带（绳）
燃气闸井超过2m	安全带（绳）失效	燃气闸井超过2m，未使用安全带（绳）或安全带（绳）失效，进出有限空间引发高处坠落	高处坠落	IV	配备并使用安全带（绳）

2.4 PHA分析实例3：煤矿内因火灾

煤矿火灾分为外因火灾和内因火灾。煤矿内因火灾是指煤炭在一定条件和环境下自身发生物理化学变化，聚集热量导致起火而引发的火灾，即煤炭自燃所引起的火灾，其具有突然性、持久性、巨大破坏性等特点。内因火灾主要发生在煤矿巷道内及采空区、浅层区、大量堆积煤炭的贮煤场所、遗留的煤柱、煤巷高冒区以及浮煤堆积的地点。

根据煤矿内因火灾事故数据，结合井下自然发火条件及易发火地点分析，矿井内因火灾的主要危险因素包括：巷道高冒区自然堆积浮煤、采空区自燃带遗煤氧化产热不断积聚、通风设施周围煤体存在裂隙、停采线和开切眼附近漏风严重、地质构造带煤体热量积聚、保护煤柱浮煤堆积热量积聚。对矿井内因火灾的预先危险性分析如表2.5。

表2.5 煤矿内因火灾预先危险性分析

危险因素	触发事件	形成事故原因	事故模式	事故后果	危险等级	预防措施
巷道高冒区浮煤呈自然堆积状态	矿山压力作用下，巷道顶部煤层煤体原有的压力平衡被打破，造成局部压力集中，使高冒区煤体充分破碎	高冒区煤体呈破碎状态，巷道中的空气可通过此区域的裂隙进入煤体，使裂隙暴露面的煤发生氧化反应积聚热量，且一般巷道的服务期限都大于煤的自然发火期	可能引起煤自燃导致巷道火灾，破坏重要巷道或引起瓦斯爆炸	人员伤亡、系统破坏、经济损失	Ⅲ	①在开采自燃发火严重的煤层，且巷道的服务年限较长时，采用岩石巷道；②采用锚网支护等技术加强对巷道周邦的支护工作，防止应力集中；③采用堵漏措施，防止高冒区裂隙漏风；④定期对巷道进行漏风测定，监测巷道漏风情况
采空区自燃带遗煤氧化产热不断积聚	工作面在前进过程中，自燃带冒落煤块不断压实，孔隙密度不断降低，风阻不断增大，使遗煤氧化产生的热量易于积聚	由于采空区存在漏风，采空区自燃带遗煤长时间氧化，热量不断积聚，且工作面前进时间大于煤体自然发火期	可能引起采空区煤自燃火灾或瓦斯爆炸	人员伤亡、系统破坏、经济损失	Ⅳ	①降低工作面风阻或进出口端点的通风差；②洒浆填充采空区空隙；③加快工作面推进速度和工作面搬家速度，加快自燃带前移速度，减少遗煤停留在自燃带的时间；④对采空区氧化浓度进行在线连续监测
地质构造带煤体热量积聚	煤矿常见的地质构造形式主要有褶曲、断层破碎带、陷落柱、岩浆入侵等，其破坏了煤体的连续性和完整性	构造带处由于煤体受张拉力、挤压力等作用，煤体产生大量裂隙，内部煤体破碎，形成浮煤；构造带附近风路复杂，漏风严重，且构造带内有良好的热量积聚条件，使构造带附近的煤体易于自燃发火	可能引起构造带附近的煤体自燃和瓦斯爆炸	人员伤亡、系统破坏、经济损失	Ⅲ	①加强构造带附近巷道掘进、工作面推进地段的地质调查工作；②加强构造带附近巷道、工作面的支护，减小棚距，并尽可能缩短围岩暴露时间；③采用堵漏措施，防止构造带处的裂隙漏风；④加强对构造带内地压、气体浓度、气体成分的监控
保护煤柱浮煤堆积积聚热量	在采动压力、地应力等影响下，保护煤柱的煤体易被压裂、破碎甚至坍塌，造成大量遗煤	保护煤柱附近的浮煤大量堆积，并长期处于空气中，发生氧化还原反应，积聚热量，当时间超过煤的自然发火期后，易于发生火灾	可能引起保护煤柱附近浮煤自燃和瓦斯爆炸	造成人员伤亡、系统破坏和经济严重损失	Ⅲ	①采用无煤柱开采，从根本上防止保护煤柱自燃火灾；②严格按照设计的煤柱宽度预留煤柱，加强支护，减少保护煤柱的破碎度，防止坍塌；③采用堵漏措施，注凝胶、塑料泡沫等防止漏风；④加强煤柱附近气体的实时在线监控

2.5 PHA分析实例4：煤矿瓦斯爆炸

2.5.1 煤矿瓦斯爆炸危险有害因素辨识

煤矿在开采煤炭资源过程中会伴随着多种灾害事故的发生，如瓦斯爆炸、煤尘爆炸、煤与瓦斯突出、中毒、窒息、火灾、透水、冒顶片帮等，上述事故中瓦斯爆炸发生频率较高，造成的后果损失较大，破坏力较强。根据应急管理部门事故统计数据，煤矿发生死亡10人以上的重特大事故中，绝大多数是瓦斯爆炸，约占重特大事故总数的70%左右。

引发煤矿瓦斯爆炸事故的原因较多，如瓦斯积聚、存在引爆火源等。造成煤矿井下瓦斯积聚的主要原因是通风系统不合理，出现风流短路、多次串联和循环风，造成供风地点风量不足而引起瓦斯积聚。局部通风管理不善，通风机安装位置不当，风筒未延伸到供风点或脱落引起供风点有效风量不足而造成瓦斯积聚。可能引爆瓦斯的火源主要有爆破火花、电气火花、摩擦撞击火花、静电火花、煤炭自燃等，其中放炮和电气设备产生的火花是瓦斯爆炸事故的主要火源。

2.5.2 煤矿瓦斯爆炸预先危险性分析

以煤矿瓦斯爆炸为例，开展预先危险性分析如表2.6所示。

表2.6 煤矿瓦斯爆炸预先危险性分析

危险因素	触发事件	事故后果	危险等级	预防措施
瓦斯积聚或异常涌出	采空区空顶、上隅角风速低、作业现场物料堆积、瓦斯探头数量不足、瓦斯仪器失准、煤与瓦斯突出、超能力生产等导致瓦斯积聚或异常涌出	瓦斯积聚，造成中毒与窒息，遇火源引发瓦斯爆炸	Ⅳ	进行瓦斯抽放，加强瓦斯浓度和火源监测，防止点火源的出现等
通风不良	风筒脱节、漏风、风筒距离工作面过长等风筒缺陷，通风机停转、违规开关通风机、局部通风机故障、风机未按规定检修，以及风流短路、串联通风、作业空间狭小等引发通风不良	瓦斯积聚，造成中毒与窒息，遇火源引发瓦斯爆炸	Ⅳ	优化通风网络及通风系统，防治瓦斯积聚；采用隔爆抑爆装置等
产生火源	电气设备失爆、电缆损坏、电气连接不规范、电器开关短路、带电维修等产生电气火花；放炮器失爆、雷管不合格、爆破操作不当、未按规定填充炮眼等产生爆破火花；井下焊接火花、放炮火焰、违章吸烟等产生明火；穿化纤衣物等产生静电火花；煤自燃、表面发热；等等	瓦斯爆炸	Ⅳ	开展炸药安全性检验、电器防爆检验、摩擦火花检验；放炮时检测瓦斯浓度，采用风电闭锁、瓦斯电闭锁等措施；加强明火管理，严格用火制度，消除引爆瓦斯的火源

2.6 PHA 分析实例 5：煤粉制备系统

煤粉制备系统是指将原煤干燥、碾磨成粉，通过粉末进料机和一次风扇送入炉膛进行悬浮燃烧所需设备和相关连接管道的组合。煤粉制备系统由干燥器发生炉、煤粉制粉系统、煤粉收集及尾气净化系统组成。作为易燃易爆物质，煤粉在粉磨、输送、贮存和使用过程易于发生火灾爆炸事故。

以水泥制造企业煤粉制备系统为例，开展预先危险性分析，如表 2.7 所示。

表 2.7　煤粉制备系统预先危险性分析

危险因素	触发事件	形成事故原因	事故后果	危险等级	预防措施
煤粉与空气形成爆炸性混合物	煤粉泄漏或进入新鲜空气	煤粉仓等系统设备和管道封闭不严	火灾、爆炸	Ⅲ	对煤粉制备系统设备和管道应实行密封，防止跑冒滴漏
点火源	电气设备火花、静电火花	煤粉制备系统设备和管道未可靠接地或煤粉仓、煤粉秤、煤粉除尘及煤粉管道等易燃易爆的设备、容器、管道未采取消除静电的措施；煤粉系统收尘器未设置防燃、防爆、防雷、防静电等措施	火灾、爆炸	Ⅲ	煤粉制备系统所有设备和管道应可靠接地；煤粉仓、煤粉秤、煤粉除尘器及煤粉管道等易燃易爆的设备、容器、管道，应采取消除静电的措施；应定期检测接地电阻是否符合要求
一氧化碳	一氧化碳聚集	煤粉仓、收尘器未设置温度和一氧化碳监测及自动报警装置	火灾、爆炸	Ⅲ	煤磨进出口应设温度监测装置，煤粉仓、收尘器应设温度和一氧化碳监测及自动报警装置；检测报警装置应定期检查、校验，确保完好、准确
转动传动配件	磨煤机等设备转动传动配件防护装置失效、人员误操作	设备传动、转动部件未装设防护装置、防护装置失效或作业人员误操作可能引发绞、碾、挤压、剪切、卷入等机械伤害事故	机械伤害	Ⅱ	定期检查、维护设备设施，确保防护装置及减速传动装置完好
电气设备	电气设备或线路带电	电气设备或线路绝缘破损，接零保护失效等可能引发作业人员触电事故	触电	Ⅱ	定期检查煤粉制备系统电气设备

2.7 PHA 分析实例 6：爆破工程

爆破工程是指借助炸药开展地质工程施工、建筑物及构筑物拆除或破坏的一种施工方法，作为一种高效快捷的作业方式，在地下掘进、隧道开挖及大型建筑物拆除等工程中广泛应用。爆破工程作业中存在爆破飞石、地震波、有害气体、冲击波等危险有害因素。

以爆破工程为例，开展预先危险性分析，如表 2.8 所示。

表 2.8 爆破工程预先危险性分析

危险因素	触发事件	形成事故原因	事故后果	危险等级	预防措施
爆破飞石	受到炸药爆炸激发产生的碎石，在爆炸产生气体的巨大推动下向外飞射，导致飞石危害的发生	未及时发出警戒信号；设备地点不合理；无避炮设施或避炮设施不符合安全规定	人员伤害、设备损坏	IV	设置避炮设施；确保爆破作业人员撤退时间充足；使用木板等材料拦截飞石，缩短飞行距离以减少对人和设备的损坏；爆破前发出警戒信号
爆破冲击波	炸药爆炸生成高温高压的爆炸产物冲入大气，压缩空气，使其压力、密度、温度突然升高，形成空气冲击波	爆破参数设定不合理	人员伤害、设备损坏	III	合理确定爆破参数，合理选择微差起爆方案和微差间隔时间，减少冲击波的破坏作用
粉尘	破碎、燃烧过程产生粉尘	爆破前后未采取抑尘措施	人员伤害、环境破坏	III	爆破前后喷雾洒水；爆破前清洗楼层地面、墙体淋水、楼板灌水
有害气体	爆破施爆后产生一氧化碳、一氧化氮、二氧化硫等有毒或窒息性气体	炸药爆炸或燃烧后会产生有毒气体，与炸药的氧平衡、炸药组成、爆破反应完全程度及爆炸产物与周围邻近介质的化学作用有关	人员伤害、环境破坏	III	爆破产生的炮烟未能及时排放时避免去爆区死角或通风不畅的地点；派专人及时进行爆后处理
雷雨天气	雷雨天气实施爆破作业	雷雨天气雷电会引起直接雷击、静电感应、电磁感应等，可能造成早爆等事故	人员伤害、设备损坏	IV	提前获取天气信息；遇到雷电、暴雨雪来临时，应停止爆破作业

2.8 PHA 分析实例 7：立式筒仓

粮仓、筒仓、平房仓等是谷物磨制、饲料加工行业的主要危险源之一。粮仓、筒仓、平房仓日常运行过程中可能发生粉尘爆炸、坍塌、中毒和窒息等事故。以立式筒仓为例，开展预先危险性分析，见表2.9所示。

表2.9 立式筒仓预先危险性分析

危险因素	触发事件	形成事故原因	事故后果	危险等级	预防措施
有毒有害气体积聚	通风不良，造成有毒有害气体积聚	气调储粮及粮食自身呼吸作用导致空气中氧含量较低；一氧化碳、二氧化碳浓度超出限值引发缺氧窒息事故；磷化氢等熏蒸气体超过一定剂量会产生毒害作用	中毒窒息事故	IV	作业点应设置醒目的警示标识和作业流程；有限空间作业应执行审批程序，作业先通风，再检测，合格后进行监护作业；进入仓内作业时应正确佩戴安全绳、安全帽及防毒用品，监护人员到位，并配备急救用品和正压呼吸器；在自然通风不良的环境内作业时，应采用机械通风置换空气，在作业过程中不得停风；有限空间的吸风口应设置在下部，当存在与空气密度相同或小于空气密度的污染物时，还应在顶部增设吸风口；磷化氢熏蒸作业时，严格按照使用规范进行操作
立式筒仓	立式筒仓未按规定的种类和容量充装	立式筒仓装粮高度超过了装粮线，超出粮仓设计允许容量，因墙体超载导致墙体产生裂缝或塌陷	塌陷	III	按照筒仓的设计能力和种类充装，不得超装，不得存放非允许类的其他粮食、物品；应设置料位指示装置并设置超限报警装置；建立仓内存放物品通风、检测措施，并做好记录
立式筒仓内物料	操作人员不慎坠入或违章下仓作业	对于立式筒仓等，粮食等物料通常从底部运输，出仓过程中形成的粮坑角度大、坑底深，粮食等物料流动性强，操作人员不慎坠入粮坑或违章下仓作业，可能导致物料掩埋窒息事故，清仓或维修作业中也可能引发物料坍塌导致掩埋窒息事故	掩埋窒息事故	III	严格按照操作规程操作；立式仓周边禁止无关人员停留并设置提示标识
粉尘积聚	粉尘自燃、机械设备（研磨机械、烘干设备等）发热或产生火花	立式筒仓筒身高，直径小，进粮时粮食落差大，粉尘累积能力强，遇火源等可能引发粉尘爆炸	粉尘爆炸	IV	采取措施避免粉尘堆积；安装测试装置，检查仓库内部的粉尘含量；及时检查库内机械设备及电气线路设备，杜绝点火源

2.9 PHA分析实例8：粉尘燃烧实验操作

高校实验室是师生开展科研和教学的主要场所，随着设备、材料的不断增多，实验室潜在的不安全因素随之增加，实验室火灾、爆炸、中毒、烫（冻）伤等安全事故时有发生。

以安全工程专业粉尘层最低着火温度实验为例开展预先危险性分析,其分析结果见表 2.10。

表 2.10　粉尘层最低着火温度实验预先危险性分析

危险因素	触发事件	形成事故原因	事故后果	危险等级	预防措施
实验装置热表面	实验人员操作不当	实验装置热表面达到设定温度后,向金属圈中加入粉尘,实验人员操作不当可能导致灼烫;实验结束后实验人员在实验装置未冷却时清理热表面,可能导致灼烫	灼烫	I	实验人员佩戴防烫手套,严格按照实验操作规程操作;待实验装置热表面降低到安全温度后,实验人员使用镊子取出金属圈进行清理
粉尘样品	实验前未开启通风系统,实验未在通风橱内开展	粉尘样品在热表面高温作用下产生有毒有害气体,可能导致实验人员中毒和窒息	中毒和窒息	II	实验前开启室内通风系统,实验在通风橱内开展,实验人员佩戴防毒口罩并远离排气阀
电气设备线路	开机状态下清理实验装置	开机状态下清理实验装置可能导致实验人员触电	触电	II	实验人员清理实验装置时应关闭电源

第3章 安全检查表

3.1 方法概述

安全检查表（safety check list，SCL）是依据有关法律、法规、标准、规范，将所要分析系统的工艺、设备、设施、管理、环境、作业等方面的安全要求编制而成的，用于实施安全检查和诊断的明细表或清单，利用安全检查的方式，发现系统中存在的不安全因素。安全检查表可用于项目建设、运行过程的各个阶段。

3.1.1 编制依据

安全检查表应用效果取决于安全检查项目是否齐全、具体、明确，突出重点，抓住关键，因此在编制安全检查表时，应注重编制依据的收集，通常可从以下几方面着手：

（1）相关法律、法规

相关法律、法规包括宪法、其他法律、行政法规、部门规章、地方性法规等。

查询法律法规时，除相关政府部门官方网站外，还可通过以下途径进行检索查询：

① 国家法律法规数据库：提供法律法规查询及全文，展示制定机关、时效性、施行日期、公布日期等内容。

② 北大法宝法律数据库：提供法律法规查询及全文，可复制全文、下载 word 和 pdf 版本，展示制定机关、公布日期、施行日期、时效性等内容。

③ 中国知网法律法规库：提供法律法规查询，可预览，展示发布机关、发布日期、实施日期、发文字号等内容。

（2）标准

标准包括国家标准、行业标准、地方标准、团体标准、企业标准。搜集相关标准时，首先应确保检查对象的适用性，在选择检查项目时，尽可能选取行业领域的具体要求，对于工艺指标、安全距离等，要结合不同情况，给出具体的数值，以便于实施安全检查。

查询标准时，除相关政府部门官方网站外，还可通过以下途径进行检索查询：

① 全国标准信息公共服务平台：可检索查询国家标准、行业标准、地方标准、团体标

准、企业标准、指导性技术文件等。非采标标准提供原文下载和在线阅读，采标标准可查询标准题录信息，不提供在线阅读。

② 国家标准全文公开系统：可检索查询国家标准、指导性技术文件，非采标标准提供原文下载和在线阅读，采标标准可查询标准题录信息，不提供在线阅读。

③ 工标网：可检索查询国家标准、行业标准、地方标准等，不提供免费原文下载或在线预览。

④ 地方标准信息服务平台：可检索查询地方标准，提供原文下载。

⑤ 全国团体标准信息平台：可检索查询团体标准，部分标准提供原文下载。

(3) 国内外事故案例及本单位的经验

收集历史事故案例及在研制、生产、使用中出现的问题，包括国内外同行业、同类型事故案例及相关资料。案例资料收集后，建议由管理人员、技术人员、操作人员和安全人员结合事故案例，共同总结本单位生产操作的实践经验，分析导致事故的各种潜在的危险源和外界环境条件，并将其作为安全检查项目。

(4) 系统安全分析结果

根据其他系统安全分析方法（如事故树分析等）对系统进行分析的结果，将导致事故的各个基本事件作为防止灾害事故的控制点列入检查项目。

3.1.2 编制程序

安全检查表编制程序如图 3.1 所示。

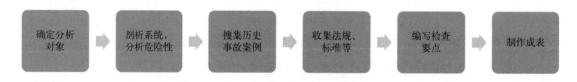

图 3.1 安全检查表编制程序

3.1.3 安全检查表常用表格形式

安全检查表的形式多样，通常包括检查内容、检查依据、检查结果、整改措施等内容。如表 3.1 所示。

表 3.1 检查类安全检查表常见表格形式

序号	项目	检查内容	检查依据	检查结果/存在问题	整改措施

此外，安全检查表法还经常用于各类评估评定工作，如安全生产标准化评定等，对每项评定内容设置了不同评分分值，增加了评分标准、检查方法、评定分数等内容，其常见表格形式如表 3.2 所示。

表 3.2 评分类安全检查表常见表格形式

序号	评定内容	标准分值	评分标准	检查方法	评定分数

3.1.4 方法评述

安全检查表的优点：事先编制，系统全面，不易遗漏关键要素；具有明确的检查目标，重点突出，应用广泛；简单易懂、易于掌握；依据法规标准编制，规范性强；可随科学发展和标准规范的变化，不断完善。

安全检查表的缺点：只能定性分析，编制质量受限于编制者的知识水平和工作经验。

3.2 SCL 分析实例 1：消防安全检查表

近年来，生产经营性火灾事故层出不穷，单位消防安全工作涉及方方面面，本案例结合《建筑设计防火规范（2018 年版）》（GB 50016—2014）、《安全生产等级评定技术规范 第 2 部分：安全生产通用要求》（DB11/T 1322.2—2017）等标准规范，从消防设施资料和日常管理、安全出口、消防车道和疏散通道、消火栓、灭火器、消防安全疏散标志、消防应急照明灯、消防给水系统、自动灭火系统、防烟和排烟设施、火灾自动报警系统、消防供电系统、消防控制室、消防水泵房等几方面编写消防安全检查表，如表 3.3 所示。

表 3.3 消防安全检查表

序号	项目	检查内容	存在问题	整改措施
1	消防设施资料和日常管理	建筑物或者场所应依法通过消防验收或者进行消防竣工验收备案		
2		应对建筑消防设施每年至少进行 1 次全面检测，确保完好有效；不具备检测条件的应委托具备相应资质的检测机构进行检测，并保存检测记录		
3		消防安全重点单位应定期对电气防火安全进行检测和开展每日防火巡查，确定巡查的人员、内容、部位和频次，并保存记录		
4		单位应定期进行日常消防巡查，并保存检查记录		

续表

序号	项目	检查内容	存在问题	整改措施
5	安全出口、消防车道和疏散通道	应保持畅通，不应占用、堵塞、封闭安全出口、消防车道和疏散通道或者有其他妨碍安全疏散的行为		
6		人员密集场所内平时需要控制人员随意出入的疏散门和设置门禁系统的住宅、宿舍、公寓建筑的疏散门，应保证火灾时不需使用钥匙等任何工具即能从内部易于打开，并应在显著位置设置具有使用提示的标识		
7	消火栓	消火栓的设置应符合下列要求： ①下列建筑或场所应设置室内消火栓系统： a. 建筑占地面积大于 $300m^2$ 的厂房和仓库。 b. 高层公共建筑和建筑高度大于 27m 的住宅建筑。 当建筑高度不大于 27m 的住宅建筑，设置室内消火栓系统确有困难时，可只设置干式消防竖管和不带消火栓箱的 DN65 的室内消火栓。 c. 体积大于 $5000m^3$ 的车站、码头、机场的候车（船、机）建筑、展览建筑、商店建筑、旅馆建筑、医疗建筑和图书馆建筑等单、多层建筑。 d. 特等、甲等剧场，超过 800 个座位的其他等级的剧场和电影院等以及超过 1200 个座位的礼堂、体育馆等单、多层建筑。 e. 建筑高度大于 15m 或体积大于 $10000m^3$ 的办公建筑、教学建筑和其他单、多层民用建筑。 ②国家级文物保护单位的重点砖木或木结构的古建筑，宜设置室内消火栓系统。 ③人员密集的公共建筑、建筑高度大于 100m 的建筑和建筑面积大于 $200m^2$ 的商业服务网点内应设置消防软管卷盘或轻便消防水带。高层住宅建筑的户内宜配置轻便消防水带		
8		消火栓的管理应符合下列要求： ①室内消火栓箱不应上锁，箱内设备应齐全、完好。 ②栓箱应设置门锁或箱门关紧装置，设置门锁的栓箱，除箱门安装玻璃者以及能被击碎的透明材料外，均应设置箱门紧急开启的手动机构，应保证在没有钥匙的情况下开启灵活、可靠。 ③展品、商品、货柜、广告箱牌，生产设备等的设置不应影响室内消火栓的正常使用。 ④室内消火栓水带外观应完整无损、无腐蚀、无污染现象，与接头应绑扎牢固，消防水喉接口绑扎组件应完整、无渗漏现象，与接头绑扎牢固。 ⑤室外消火栓不应填埋、圈占，距室外消火栓、水泵接合器 2m 范围内不应设置影响其正常使用的障碍物。 ⑥室外消火栓、阀门、消防水泵接合器等设置地点应设置相应的永久性固定标识。 ⑦每季度应对消火栓进行 1 次外观和漏水检查，发现有不正常的消火栓应及时更换，并保存相关记录		
9	灭火器	灭火器的配置应符合下列要求： ①在同一灭火器配置场所，当选用两种或两种以上类型灭火器时，应采用灭火剂相容的灭火器。 ②灭火器类型的选择应符合下列要求： a. A 类火灾（固体物质火灾）场所应选择水型灭火器、磷酸铵盐干粉灭火器、泡沫灭火器。 b. B 类火灾（液体火灾或可熔化固体物质火灾）场所应选择泡沫灭火器、碳酸氢钠干粉灭火器、磷酸铵盐干粉灭火器、二氧化碳灭火器、B 类火灾的水型灭火器。极性溶剂的 B 类火灾场所应选择 B 类火灾的抗溶性灭火器。 c. C 类火灾（气体火灾）场所应选择磷酸铵盐干粉灭火器、碳酸氢钠干粉灭火器、二氧化碳灭火器。 d. D 类火灾（金属火灾）场所应选择扑灭金属火灾的专用灭火器。 e. E 类火灾（物体带电燃烧的火灾）场所应选择磷酸铵盐干粉灭火器、碳酸氢钠干粉灭火器或二氧化碳灭火器，但不应选用装有金属喇叭喷筒的二氧化碳灭火器。		

续表

序号	项目	检查内容	存在问题	整改措施
9	灭火器	③灭火器的设置应保证配置场所的任一点都在灭火器设置点的保护范围内。最大保护距离应符合下列要求： a. 设置在 A 类火灾场所的灭火器，其最大保护距离应符合下表规定。 | 危险等级	灭火器型式	| |---|---|---| | | 手提式灭火器/m | 推车式灭火器/m | | 严重危险级 | 15 | 30 | | 中危险级 | 20 | 40 | | 轻危险级 | 25 | 50 | b. 设置在 B、C 类火灾场所的灭火器，其最大保护距离应符合下表规定。 | 危险等级	灭火器型式	| |---|---|---| | | 手提式灭火器/m | 推车式灭火器/m | | 严重危险级 | 9 | 18 | | 中危险级 | 12 | 24 | | 轻危险级 | 15 | 30 | c. D 类火灾场所的灭火器，其最大保护距离应根据具体情况研究确定。 d. E 类火灾场所的灭火器，其最大保护距离不应低于该场所内 A 类或 B 类火灾的规定。 ④灭火器的配置的一般规定：一个计算单元内配置的灭火器数量不应少于 2 具，每个设置点的灭火器数量不宜多于 5 具		
10		灭火器的现场管理应符合下列要求： ①灭火器材应定位存放，设在明显、便于取用的地点，存放点张贴标识，标明灭火器编号、类型、使用方法、责任人等，周围应无障碍物、遮栏、栓系等影响取用的现象。对有视线障碍的灭火器设置点，应设置指示其位置的发光标志。 ②灭火器设置点的环境温度不应超出灭火器的使用温度范围。 ③灭火器箱不应被遮挡、上锁或栓系，箱内应干燥清洁。 ④嵌墙式灭火器箱及挂钩、托架的安装高度应满足手提式灭火器顶部离地面距离不大于 1.50m，底部离地面距离不小于 0.08m 的规定。 ⑤推车式灭火器不应设置在台阶上。 ⑥设置在室外的灭火器应采取防湿、防寒、防晒等相应保护措施，当灭火器设置在潮湿性或腐蚀性的场所时，应采取防湿或防腐蚀措施		
11		应对灭火器进行定期检查，并记录归档，灭火器的检查应包括下列内容： ①灭火器筒体无明显的损伤、缺陷、锈蚀、泄漏。 ②铅封、销门等保险装置无损坏或遗失。 ③喷射软管完好，无明显龟裂，喷嘴不堵塞。 ④灭火器的驱动气体压力在工作压力范围内，其中贮压式灭火器压力显示应在绿区内		
12		存在机械损伤、明显锈蚀、灭火剂泄漏、被开启使用过、超过维修周期或符合其他维修条件的应由具有资质的单位及时进行维修，并记录归档。正常情况下灭火器的维修周期应符合下表规定		

续表

序号	项目	检查内容	存在问题	整改措施
12	灭火器	<table><tr><td>灭火器类型</td><td></td><td>维修期限</td></tr><tr><td rowspan="2">水基型灭火器</td><td>手提式水基型灭火器</td><td rowspan="2">出厂期满3年，首次维修以后每满1年</td></tr><tr><td>推车式水基型灭火器</td></tr><tr><td rowspan="4">干粉灭火器</td><td>手提式（贮压式）干粉灭火器</td><td rowspan="8">出厂期满5年，首次维修以后每满2年</td></tr><tr><td>手提式（储气瓶式）干粉灭火器</td></tr><tr><td>推车式（贮压式）干粉灭火器</td></tr><tr><td>推车式（储气瓶式）干粉灭火器</td></tr><tr><td rowspan="2">洁净气体灭火器</td><td>手提式洁净气体灭火器</td></tr><tr><td>推车式洁净气体灭火器</td></tr><tr><td rowspan="2">二氧化碳灭火器</td><td>手提式二氧化碳灭火器</td></tr><tr><td>推车式二氧化碳灭火器</td></tr></table>		
13	消防安全疏散标志	消防安全疏散标志应设置在下列位置： ①安全出口。 ②防烟楼梯间的前室或合用前室。 ③超过20m的走道、超过10m的袋形走道。 ④疏散走道拐弯处。 ⑤高层建筑或多层建筑中建筑面积大于300m²的会议室、多功能厅等公共活动用房，地下建筑中各房间总面积超过200m²且经常有人停留的活动场所的房间疏散门。 ⑥避难层（间）		
14		非联动控制的安全出口或疏散通道中的门扇应设置"禁止锁闭"标志，室内疏散走道或室外通道的醒目处应设置"禁止阻塞"的标志		
15		每层应设置消防疏散楼层指示图		
16		消防安全疏散标志的设置应符合下列要求： ①消防疏散导流标志应沿疏散通道和疏散路线设置，疏散走道转角区域1m范围内应设置消防安全疏散标志，疏散走道和主要疏散路线的地面或靠近地面的墙上应设置消防安全疏散标志。 ②消防安全疏散标志设置在距地面高度1m以下的墙面上，间距不应大于10m。设置在疏散走道上空，间距不应大于20m，其标志面应与疏散方向垂直，标志下边缘距室内地面距离宜为2.2～2.5m。增设的电光源型消防疏散导流标志间距不应小于3m，且不应超过5m。设置在墙面上时，底边距地不大于0.2m。非电光源型消防安全疏散标志应设置在电光源型疏散标志之间，且间距不应小于2m，不应大于3m。 ③非电光源型消防安全疏散标志只能作为电光源型消防安全疏散标志的辅助指示设施。 ④消防安全疏散标志应独立设置在醒目位置。疏散出口和安全出口标志不应设置在可开启的门、窗扇上或其他可移动的物体上，应设在靠近其出口一侧的门上方或门洞两侧的墙面上，标志的下边缘距门的上边缘不宜大于0.3m。在远离安全出口的地方，应将安全出口标志和疏散通道方向标志联合设置，箭头应指向最近的安全出口		
17		疏散标志牌应用不燃材料制作，否则应在其外面加设玻璃或其他不燃透明材料制成的保护罩		

续表

序号	项目	检查内容	存在问题	整改措施
18	消防安全疏散标志	消防安全疏散标志管理和维护应符合下列要求： ①疏散标志不应被遮挡，正面或其邻近不应有妨碍公共视读的障碍物，且疏散标志保持完好。 ②电光源型消防安全疏散标志，每年应至少进行 1 次应急时间检查，每月应至少进行 1 次功能检查，还应检查其声光报警功能，并做记录存档备查，有损失、损坏或不能继续使用的标志，应及时更换。 ③非电光源型消防安全疏散标志，每半年应至少检查 1 次，有损失、损坏或不能继续使用的标志，应及时更换。 ④消防安全疏散标志应由专人负责管理		
19	消防应急照明灯	消防应急照明灯的设置应符合下列要求： ①疏散照明灯具应设置在出口的顶部、墙面的上部或顶棚上。 ②备用照明灯具应设置在墙面的上部或顶棚上		
20		消防应急照明灯安装应牢固，工作正常，定期进行测试		
21	消防给水系统	消防给水系统应符合下列要求： ①当室外消防水源采用天然水源时，应采取防止冰凌、漂浮物、悬浮物等物质堵塞消防水泵的技术措施，并应采取确保安全取水的措施。 ②严寒、寒冷等冬季结冰地区的消防水池、水塔和高位消防水池等应采取防冻措施。 ③每年应检查消防水池、消防水箱等蓄水设施的结构材料的完好性，并保存记录。 ④消防水池应设有下列设施： a. 消防水池的出水管应能保证消防水池的有效容积能被全部利用。 b. 消防水池应设置就地水位显示装置，并应在消防控制中心或值班室等地点设置显示消防水池水位的装置，同时应有最高和最低报警水位。 c. 消防水池应设置溢流水管和排水设施，并应采用间接排水。 d. 消防水池应设置通气管。 e. 消防水池通气管、呼吸管和溢流水管等应有防止虫鼠等进入消防水池的技术措施		
22	自动灭火系统	自动灭火系统的设置应符合下列要求： ①除另有规定和不宜用水保护或灭火的场所外，下列厂房或生产部位应设置自动灭火系统，并宜采用自动喷水灭火系统： a. 不小于 50000 纱锭的棉纺厂的开包、清花车间，不小于 5000 纱锭的麻纺厂的分级、梳麻车间，火柴厂的烤梗、筛选车间； b. 占地面积大于 $1500m^2$ 或总建筑面积大于 $3000m^2$ 的单、多层制鞋、制衣、玩具及电子等类似生产的厂房； c. 占地面积大于 $1500m^2$ 的木器厂房； d. 泡沫塑料厂的预发、成型、切片、压花车间； e. 高层乙、丙类厂房； f. 建筑面积大于 $500m^2$ 的地下或半地下丙类厂房。 ②除另有规定和不宜用水保护或灭火的仓库外，下列仓库应设置自动灭火系统，并宜采用自动喷水灭火系统： a. 每座占地面积大于 $1000m^2$ 的棉、毛、丝、麻、化纤、毛皮及其制品的仓库，单层占地面积不大于 $2000m^2$ 的棉花库房，可不设置自动喷水灭火系统； b. 每座占地面积大于 $600m^2$ 的火柴仓库； c. 邮政建筑内建筑面积大于 $500m^2$ 的空邮袋库； d. 可燃、难燃物品的高架仓库和高层仓库； e. 设计温度高于 0℃ 的高架冷库，设计温度高于 0℃ 且每个防火分区建筑面积大于 $1500m^2$ 的非高架冷库；		

续表

序号	项目	检查内容	存在问题	整改措施
22	自动灭火系统	f. 总建筑面积大于 $500m^2$ 的可燃物品地下仓库； g. 每座占地面积大于 $1500m^2$ 或总建筑面积大于 $3000m^2$ 的其他单层或多层丙类物品仓库。 ③除另有规定和不宜用水保护或灭火的场所外，下列高层民用建筑或场所应设置自动灭火系统，并宜采用自动喷水灭火系统： a. 一类高层公共建筑（除游泳池、溜冰场外）及其地下、半地下室； b. 二类高层公共建筑及其地下、半地下室的公共活动用房、走道、办公室和旅馆的客房、可燃物品库房、自动扶梯底部； c. 高层民用建筑内的歌舞娱乐放映游艺场所； d. 建筑高度大于 100m 的住宅建筑。 ④除另有规定和不宜用水保护或灭火的场所外，下列单、多层民用建筑或场所应设置自动灭火系统，并宜采用自动喷水灭火系统： a. 特等、甲等剧场，超过 1500 个座位的其他等级的剧场，超过 2000 个座位的会堂或礼堂，超过 3000 个座位的体育馆，超过 5000 人的体育场的室内人员休息室与器材间等； b. 任一层建筑面积大于 $1500m^2$ 或总建筑面积大于 $3000m^2$ 的展览、商店、餐饮和旅馆建筑以及医院中同样建筑规模的病房楼、门诊楼和手术部； c. 设置送回风道（管）的集中空气调节系统且总建筑面积大于 $3000m^2$ 的办公建筑等； d. 藏书量超过 50 万册的图书馆； e. 大、中型幼儿园，总建筑面积大于 $500m^2$ 的老年人建筑； f. 总建筑面积大于 $500m^2$ 的地下或半地下商店； g. 设置在地下或半地下或地上四层及以上楼层的歌舞娱乐放映游艺场所（除游泳场所外），设置在首层、二层和三层且任一层建筑面积大于 $300m^2$ 的地上歌舞娱乐放映游艺场所（除游泳场所外）。 ⑤根据本标准要求难以设置自动喷水灭火系统的展览厅、观众厅等人员密集的场所和丙类生产车间、库房等高大空间场所，应设置其他自动灭火系统，并宜采用固定消防炮等灭火系统。 ⑥下列部位宜设置水幕系统： a. 特等、甲等剧场、超过 1500 个座位的其他等级的剧场、超过 2000 个座位的会堂或礼堂和高层民用建筑内超过 800 个座位的剧场或礼堂的舞台口及上述场所内与舞台相连的侧台、后台的洞口； b. 应设置防火墙等防火分隔物而无法设置的局部开口部位； c. 需要防护冷却的防火卷帘或防火幕的上部，舞台口也可采用防火幕进行分隔，侧台、后台的较小洞口宜设置乙级防火门、窗。 ⑦下列建筑或部位应设置雨淋自动喷水灭火系统： a. 火柴厂的氯酸钾压碾厂房，建筑面积大于 $100m^2$ 且生产或使用硝化棉、喷漆棉、火胶棉、赛璐珞胶片、硝化纤维的厂房； b. 乒乓球厂的轧坯、切片、磨球、分球检验部位； c. 建筑面积大于 $60m^2$ 或储存量大于 2t 的硝化棉、喷漆棉、火胶棉、赛璐珞胶片、硝化纤维的仓库； d. 日装瓶数量大于 3000 瓶的液化石油气储配站的灌瓶间、实瓶库； e. 特等、甲等剧场、超过 1500 个座位的其他等级剧场和超过 2000 个座位的会堂或礼堂的舞台葡萄架下部； f. 建筑面积不小于 $400m^2$ 的演播室，建筑面积不小于 $500m^2$ 的电影摄影棚。 ⑧下列场所应设置自动灭火系统，并宜采用水喷雾灭火系统： a. 单台容量在 40MW 及以上的厂矿企业油浸变压器，单台容量在 90MW 及以上的电厂油浸变压器，单台容量在 125MW 及以上的独立变电站油浸变压器； b. 飞机发动机试验台的试车部位； c. 充可燃油并设置在高层民用建筑内的高压电容器和多油开关室；		

续表

序号	项目	检查内容	存在问题	整改措施
22	自动灭火系统	d. 设置在室内的油浸变压器、充可燃油的高压电容器和多油开关室，可采用细水雾灭火系统。 ⑨下列场所应设置自动灭火系统，并宜采用气体灭火系统： a. 国家、省级或人口超过 100 万的城市广播电视发射塔内的微波机房、分米波机房、米波机房、变配电室和不间断电源（UPS）室； b. 国际电信局、大区中心、省中心和一万路以上的地区中心内的长途程控交换机房、控制室和信令转接点室； c. 两万线以上的市话汇接局和六万门以上的市话端局内的程控交换机房、控制室和信令转接点室； d. 中央及省级公安、防灾和网局级及以上的电力等调度指挥中心内的通信机房和控制室； e. A、B 级电子信息系统机房内的主机房和基本工作间的已记录磁（纸）介质库； f. 中央和省级广播电视中心内建筑面积不小于 $120m^2$ 的音像制品库房； g. 国家、省级或藏书量超过 100 万册的图书馆内的特藏库，中央和省级档案馆内的珍藏库和非纸质档案库，大、中型博物馆内的珍品库房，一级纸绢质文物的陈列室； h. 其他特殊重要设备室。 其中本条第 a、d、e、h 款规定的部位，可采用细水雾灭火系统。当有备用主机和备用已记录磁（纸）介质，且设置在不同建筑内或同一建筑内的不同防火分区内时，本条第 e 款规定的部位可采用预作用自动喷水灭火系统。 ⑩餐厅建筑面积大于 $1000m^2$ 的餐馆或食堂，其烹饪操作间的排油烟罩及烹饪部位应设置自动灭火装置，并应在燃气或燃油管道上设置与自动灭火装置联动的自动切断装置。食品工业加工场所内有明火作业或高温食用油的食品加工部位宜设置自动灭火装置		
23	防烟和排烟设施	①建筑的下列场所或部位应设置防烟设施： a. 防烟楼梯间及其前室。 b. 消防电梯间前室或合用前室。 c. 避难走道的前室、避难层（间）。 建筑高度不大于 50m 的公共建筑、厂房、仓库和建筑高度不大于 100m 的住宅建筑，当其防烟楼梯间的前室或合用前室符合下列条件之一时，楼梯间可不设置防烟系统：前室或合用前室采用敞开的阳台、凹廊；前室或合用前室具有不同朝向的可开启外窗，且可开启外窗的面积满足自然排烟口的面积要求。 ②厂房或仓库的下列场所或部位应设置排烟设施： a. 丙类厂房内建筑面积大于 $300m^2$ 且经常有人停留或可燃物较多的地上房间，人员或可燃物较多的丙类生产场所； b. 建筑面积大于 $5000m^2$ 的丁类生产车间； c. 占地面积大于 $1000m^2$ 的丙类仓库； d. 高度大于 32m 的高层厂房（仓库）内长度大于 20m 的疏散走道，其他厂房（仓库）内长度大于 40m 的疏散走道。 ③民用建筑的下列场所或部位应设置排烟设施： a. 设置在一、二、三层且房间建筑面积大于 $100m^2$ 的歌舞娱乐放映游艺场所，设置在四层及以上楼层、地下或半地下的歌舞娱乐放映游艺场所； b. 中庭； c. 公共建筑内建筑面积大于 $100m^2$ 且经常有人停留的地上房间； d. 公共建筑内建筑面积大于 $300m^2$ 且可燃物较多的地上房间； e. 建筑内长度大于 20m 的疏散走道。 ④地下或半地下建筑（室）、地上建筑内的无窗房间，当总建筑面积大于 $200m^2$ 或一个房间建筑面积大于 $50m^2$，且经常有人停留或可燃物较多时，应设置排烟设施		

续表

序号	项目	检查内容	存在问题	整改措施
24	火灾自动报警系统	火灾自动报警系统的设置应符合下列要求： ①下列建筑或场所应设置火灾自动报警系统： a. 任一层建筑面积大于 $1500m^2$ 或总建筑面积大于 $3000m^2$ 的制鞋、制衣、玩具、电子等类似用途的厂房； b. 每座占地面积大于 $1000m^2$ 的棉、毛、丝、麻、化纤及其制品的仓库，占地面积大于 $500m^2$ 或总建筑面积大于 $1000m^2$ 的卷烟仓库； c. 任一层建筑面积大于 $1500m^2$ 或总建筑面积大于 $3000m^2$ 的商店、展览、财贸金融、客运和货运等类似用途的建筑，总建筑面积大于 $500m^2$ 的地下或半地下商店； d. 图书或文物的珍藏库，每座藏书超过 50 万册的图书馆，重要的档案馆； e. 地市级及以上广播电视建筑、邮政建筑、电信建筑，城市或区域性电力、交通和防灾等指挥调度建筑； f. 特等、甲等剧场，座位数超过 1500 个的其他等级的剧场或电影院，座位数超过 2000 个的会堂或礼堂，座位数超过 3000 个的体育馆； g. 大、中型幼儿园的儿童用房等场所，老年人建筑，任一层建筑面积大于 $1500m^2$ 或总建筑面积大于 $3000m^2$ 的疗养院的病房楼、旅馆建筑和其他儿童活动场所，不少于 200 床位的医院门诊楼、病房楼和手术部等； h. 歌舞娱乐放映游艺场所； i. 净高大于 2.6m 且可燃物较多的技术夹层，净高大于 0.8m 且有可燃物的闷顶或吊顶内； j. 电子信息系统的主机房及其控制室、记录介质库，特殊贵重或火灾危险性大的机器、仪表、仪器设备室、贵重物品库房，设置气体灭火系统的房间； k. 二类高层公共建筑内建筑面积大于 $50m^2$ 的可燃物品库房和建筑面积大于 $500m^2$ 的营业厅； l. 其他一类高层公共建筑； m. 设置机械排烟、防烟系统、雨淋或预作用自动喷水灭火系统、固定消防水炮灭火系统等需与火灾自动报警系统联锁动作的场所或部位。 ②建筑高度大于 100m 的住宅建筑，应设置火灾自动报警系统； 建筑高度大于 54m、但不大于 100m 的住宅建筑，其公共部位应设置火灾自动报警系统，套内宜设置火灾探测器； 建筑高度不大于 54m 的高层住宅建筑，其公共部位宜设置火灾自动报警系统； 当设置需联动控制的消防设施时，公共部位应设置火灾自动报警系统； 高层住宅建筑的公共部位应设置具有语音功能的火灾声警报装置或应急广播。 ③建筑内可能散发可燃气体、可燃蒸气的场所应设置可燃气体报警装置		
25	消防供电系统	消防供电系统应符合下列要求： ①消防用电设备应采用专用的供电回路。 ②消防控制室、消防水泵房、防烟和排烟风机房的消防用电设备及消防电梯等的供电，应在其配电线路的最末一级配电箱处设置自动切换装置。 ③按一、二级负荷供电的消防设备，其配电箱应独立设置，按三级负荷供电的消防设备，其配电箱宜独立设置，消防配电设备应设置明显标志		
26	消防控制室	消防控制室应符合下列要求： ①单独建造的消防控制室，其耐火等级不应低于二级。 ②附设在建筑内的消防控制室，宜设置在建筑内首层或地下一层，并宜布置在靠外墙部位。 ③应采用耐火极限不低于 2h 的防火隔墙和 1.5h 的楼板与其他部位分隔。 ④应采取防水淹的技术措施。 ⑤应安装备用照明。		

续表

序号	项目	检查内容	存在问题	整改措施
26		⑥应确保火灾自动报警系统、灭火系统和其他联动控制设备处于正常工作状态，不得将应处于自动状态的设在手动状态。 ⑦确保高位消防水箱、消防水池、气压水罐等消防储水设施水量充足，确保消防泵出水管道阀门、自动喷水灭火系统管道上的阀门常开；消防水泵、防排烟风机、防火卷帘等消防用电设备的配电柜开关应处于自动位置（通电状态）。 ⑧不应有与消防控制室无关的电气线路和管路穿过。 ⑨应设置可直接报警的外线电话		
27	消防控制室	消防控制室应至少保存下列资料： ①建（构）筑物竣工后的总平面布局图、建筑消防设施平面布置图、建筑消防设施系统图及安全出口布置图、重点部位位置图等。 ②消防安全管理规章制度、应急灭火预案、应急疏散预案等。 ③消防安全组织结构图，包括消防安全责任人、管理人、专职、义务消防人员等内容。 ④消防安全培训记录、灭火和应急疏散预案的演练记录。 ⑤值班情况、消防安全检查情况及巡查情况的记录。 ⑥消防设施一览表，包括消防设施的类型、数量、状态等内容。 ⑦消防系统控制逻辑关系说明、设备使用说明书、系统操作规程、系统和设备维护保养制度等。 ⑧设备运行状况、接报警记录、火灾处理情况、设备检修检测报告等资料		
28		消防控制室值班和人员管理应符合下列要求： ①消防控制室实行每日24h专人值班制度，每班不应少于2人，值班人员应通过消防行业特有工种职业技能鉴定，考核合格后，方可上岗。 ②消防控制室值班人员对火灾报警控制器进行检查、接班、交班时，应填写《消防控制室值班记录表》的相关内容。值班期间每2h记录1次消防控制室内消防设备的运行情况，及时记录消防控制室内消防设备的火警或故障情况。 ③室内不应堆放杂物，应保证其环境满足设备正常运行的要求		
29		消防控制室门应向疏散方向开启，且入口处应设置标识，标明消防控制室闲人免进		
30		消防控制室应配备消防器材		
31	消防水泵房	消防水泵房应符合下列要求： ①单独建造的消防水泵房，其耐火等级不应低于二级。附设在建筑内的消防水泵房应采用耐火极限不低于2h的隔墙和1.5h的楼板与其他部位隔开，开向疏散走道的门应采用甲级防火门。 ②附设在建筑内的消防水泵房，不应设置在地下三层及以下或室内地面与室外出入口地坪高差大于10m的地下楼层。 ③疏散门应直通室外或安全出口。 ④应采取防水淹没的技术措施。 ⑤主要通道宽度不应小于1.2m。 ⑥应设备用照明和消防专用电话分机。 ⑦消防水泵房内的架空水管道，不应阻碍通道和跨越电气设备，跨越时，应采取保证通道畅通和保护电气设备的措施		
32		消防水泵和稳压泵应设置备用泵。自动喷水灭火系统应设独立的供水泵，并应按一运一备或二运一备比例设置备用泵。每月应手动启动消防水泵运转1次，并应检查供电电源的情况。每周应模拟消防水泵自动控制的条件自动启动消防水泵运转1次，且应自动记录自动巡检情况，每月应检测记录。每日应对稳压泵的停泵启泵次数等进行检查和记录运行情况		

续表

序号	项目	检查内容	存在问题	整改措施
33	消防水泵房	消防水泵房门应设置标识，标明消防重点部位闲人免进		
34		消防水泵房墙上应设置消防安全管理制度、操作规程等。消防水泵、水泵控制柜上应标明类别、编号、控制区域和系统、维护保养责任人、维护保养时间		
35		泵房及地下水池、消防系统全部机电设备应由专人负责监控，定期检查保养、维护及清洁清扫，并保存记录		

3.3 SCL 分析实例 2：配电室安全检查表

配电室是指用于分配电能的室内场所，根据电压等级的不同，分为高压配电室和低压配电室。高压配电室主要负责接收和分配高压电能，低压配电室则负责将高压电能通过配电变压器降压后分配给低压用户或用电设施。本案例结合《用电安全导则》（GB/T 13869—2017）、《低压配电设计规范》（GB 50054—2011）、《通用用电设备配电设计规范》（GB 50055—2011）、《安全生产等级评定技术规范 第 2 部分：安全生产通用要求》（DB11/T 1322.2—2017）等标准规范，从设备设施、环境要求、运行要求、人员要求等几方面编写配电室安全检查表，如表 3.4 所示。

表 3.4 变配电系统安全检查表

序号	项目	检查内容	存在问题	整改措施
1	设备设施	应依据国家公布的设备性能标准淘汰落后的电气设备		
2		高压配电装置应采用具有五防功能的金属封闭开关设备		
3		低压成套开关设备应使用具有 3C 认证的产品		
4		应配备质量合格、数量满足工作需求的安全工器具： ①绝缘安全工器具：绝缘杆、验电器、携带型短路接地线、绝缘手套、绝缘靴（鞋）； ②登高作业安全工器具：安全帽、安全带、安全绳、非金属材质梯子等； ③检修工具：螺丝刀、扳手、钢锯、电工刀、电工钳等； ④测量仪表：红外温度测试仪、万用表、钳形电流表、绝缘电阻表等		
5		安全工器具应妥善保管，存放在干燥通风的场所，不允许当作其他工具使用，且不合格的安全工器具不应存放在工作现场。部分安全工器具的保管还应符合下列要求： ①绝缘杆应悬挂或架在专用支架上，不应与墙或地面接触； ②绝缘手套、绝缘靴应与其他工具仪表分开存放，避免直接碰触尖锐物体； ③高压验电器应存放在防潮的匣内或专用袋内		
6		安全工器具应统一分类编号，定置存放并登记在专用记录簿内，做到账物相符		

续表

序号	项目	检查内容	存在问题	整改措施
7	设备设施	应按下表的规定进行绝缘安全工器具的定期试验,合格后方可使用。 | 器具	试验项目	试验周期
---	---	---
电容型验电器	启动电压试验	1年
	工频耐压试验	1年
携带型短路接地线	成组直流电阻试验	≤5年
	操作棒的工频耐压试验	5年
绝缘杆	工频耐压试验	1年
绝缘胶垫	工频耐压试验	1年
绝缘靴	工频耐压试验	半年
绝缘手套	工频耐压试验	半年
绝缘夹钳	工频耐压试验	1年
绝缘绳	工频耐压试验	半年			
8		改造、大修后的电气设备,应在投入运行前进行交接试验,试验合格后方可投入运行		
9		应按要求进行电气设备的预防性试验		
10		应根据设备污秽情况、运行工况、负荷重要程度及负荷运行情况等安排设备的清扫检查工作		
11		自备应急电源的管理应符合下列要求: ①自备应急电源应定期进行安全检查、预防性试验、启机试验和切换装置的切换试验,并做好记录; ②不应自行变更自备发电机接线方式; ③应有可靠的电气或机械闭锁装置,防止反送电,不应自行拆除闭锁装置或者使其失效		
12		地下变配电室的管理还应符合下列要求: ①应有安全通道,安全通道和楼梯处应设逃生指示标识和应急照明装置; ②应设有通风散热、防潮排烟设备和事故照明装置; ③室内地面的最低处应设有集水坑并配有自动排水装置		
13	环境要求	室内环境应符合下列要求: ①变压器、高压配电装置、低压配电装置的操作区、维护通道应铺设绝缘胶垫; ②正常照明和应急照明系统应完好; ③疏散指示标志灯的持续照明时间应大于30min; ④室内环境整洁,场地平整,设备间不应存放与运行无关的物品,巡视道路畅通; ⑤设备构架、基础无严重腐蚀,房屋不漏雨,无未封堵的孔洞、沟道; ⑥电缆沟盖板齐全,电缆夹层、电缆沟和电缆室设置的防水、排水、防小动物措施完好有效; ⑦室内不应带入食物及储放粮食,值班室不应设置和使用寝具、明火灶具; ⑧设备间内不应有与其无关的管道和线路通过; ⑨设备区域内应配有温、湿度计; ⑩有专人值班的变配电室应配备专用电话,电话畅通,时钟准确		

续表

序号	项目	检查内容	存在问题	整改措施
14		门、窗应符合下列要求： ①出入口的门为防火门，向外开启，并应装锁，且门锁应便于值班人员在紧急情况下打开； ②设备间与附属房间之间的门应向附属房间方向开启，高压间与低压间之间的门，应向低压间方向开启，配电装置室的中间门应采用双向开启门； ③地面变配电室的通往室外的门、窗应装有纱门且门上方应装设雨罩； ④应设置防止雨、雪和小动物从采光窗、通风窗、门、通风管道、桥架、电缆保护管等进入室内的设施； ⑤出入口应设置高度不低于400mm的防小动物挡板		
15	环境要求	标志标识应齐全、清楚、正确，还应符合下列要求： ①安全标示牌的悬挂位置和式样要求应符合下表的规定： | 名称	使用方法	式样	
---	---	---	---
禁止合闸，有人工作！	一经合闸即可送电到设备的断路器或隔离开关操作把手上	白底，红色圆形斜杠，黑色禁止标志符号	黑字
禁止合闸，线路有人工作！	线路断路器或隔离开关把手上		
禁止攀登，高压危险！	高压配电装置构架的爬梯上，变压器、电抗器等设备的爬梯上		
止步，高压危险！	施工地点临近带电设备的遮栏上、室外工作地点的围栏上、禁止通行的过道上、高压试验地点、室外构架上、工作地点临近带电设备的横梁上	白底，黑色正三角形及标志符号，衬底为黄色	黑字
从此上下！	工作人员可上下的铁架、爬梯上	衬底为绿色，中有白圆圈	黑字，写于白圆圈中
在此工作！	工作地点或检修设备上		
已接地	悬挂在已接地线的隔离开关操作手把上	衬底为绿色	黑字 | ②每面配电盘柜应标明路名和调度操作编号，双面维护的配电盘柜前和盘柜后均应标明路名和调度操作编号，且路名、编号应与模拟屏、自动化监控系统、运行资料等保持一致； ③配电装置前应标注警戒线，警戒线距配电装置应不小于800mm； ④设备上不应粘贴与运行无关的标志，不应悬挂、堆放杂物； ⑤变配电室的出入口应设置明显的安全警示标志牌		
16		应设置适用于电气火灾的消防设施、器材，并定期维护。现场消防设施、器材不应挪作他用，周围不应堆放杂物和其他设备		

续表

序号	项目	检查内容	存在问题	整改措施
17		工作票的使用应符合下列要求： ①10/6kV 及以上电压等级的变配电室设备设施的检修、改装、调整、试验、校验工作，应填写工作票； ②工作票由设备运行管理单位的电气负责人签发，或由经设备运行管理单位审核合格并批准的修试及基建单位的电气负责人签发； ③一张工作票中，工作票签发人、工作许可人和工作负责人不应互相兼任		
18	运行要求	操作票的使用应符合下列要求： ①10/6kV 及以上电压等级的变配电室运行中，需要改变运行方式或电气设备改变其工作状态时，应填写操作票； ②操作票应使用统一的票面格式； ③操作票由操作人员填写，每张票填写一个操作任务； ④操作执行结束，在最后一步下方加盖"已执行"章，章印不应掩压步骤项，作废操作票应在作废页"操作任务"栏内盖"作废"章，并在作废操作票首页"备注"栏内注明作废原因		
19		巡视检查应符合下列要求： ①有专人值班的变配电室每班应至少巡视检查 1 次； ②无专人值班的变配电室应根据电气运行环境、电气设备运行工况、负载等具体情况安排巡视检查，每周至少 1 次		
20		电工岗位人员应取得合格有效的电工作业操作资格，操作证原件由电工人员上岗时随身携带或由单位统一进行管理		
21	人员要求	值班人员的配置应符合下列要求： ①35kV 电压等级的变配电室，10/6kV 电压等级、变压器容量在 630kVA 及以上的主变配电室，应安排专人值班，值班人员不少于 2 人，且应明确其中 1 人为值长； ②10/6kV 电压等级、变压器容量在 500kVA 及以下的变配电室，可不设专人值班，但应由电工人员负责运行检查工作		
22		值班人员上岗期间应穿全棉长袖工作服和绝缘鞋，且不应有下列行为： ①接班前及当班期间饮酒； ②当班期间睡觉； ③擅自拆除闭锁装置或者使其失效； ④进行其他与工作无关的活动		

3.4　SCL 分析实例 3：电梯安全检查表

电梯是指动力驱动，利用沿刚性导轨运行的箱体或者沿固定线路运行的梯级（踏步），进行升降或者平行运送人、货物的机电设备，包括载人（货）电梯、自动扶梯、自动人行道等。

人员密集场所电梯事故多发，电梯高负荷、大运量、长周期使用普遍存在，随着老旧电梯数量增多，电梯安全问题日益显现。

本案例参考《安全生产等级评定技术规范 第 2 部分：安全生产通用要求》（DB11/T 1322.2—2017）及《河北省特种设备安全风险分级管控与隐患排查治理指导手册》，从管理制度、日常使用管理、维保单位管理、乘客宣传引导、安全警示、机房、轿厢、底坑、安全附件及安全保护装置等几方面编写电梯安全检查表，如表 3.5 所示。

表 3.5 电梯安全检查表

序号	项目	检查内容	存在问题	整改措施
1	电梯专项管理制度	①电梯维修救援通道保障制度。 ②电梯专用钥匙管理制度。 ③装修期间电梯管理制度。 ④电梯保养、维修、停止运行、修复等信息公告制度		
2	日常使用管理	①电梯使用管理单位应履行电梯安全管理责任，对电梯日常使用安全负责。 ②电梯使用管理单位应设置电梯安全管理机构或者配备电梯安全管理人员，负责电梯的日常安全管理工作。每名电梯安全管理人员负责管理的电梯不得超过 50 部。 ③电梯使用管理单位应在电梯投入使用前向特种设备安全监督管理部门办理使用登记。电梯使用管理单位变更的，自变更之日起三十日内办理变更登记。 ④电梯使用管理单位应在电梯检验合格有效期届满前一个月，向检验机构申请定期检验。 ⑤在电梯显著位置设置产品铭牌和警示标志。 ⑥电梯使用管理单位应在轿厢内或者出入口的显著位置标明电梯使用标志、安全注意事项、应急救援电话号码、电梯使用、维护保养单位等相关信息。 ⑦电梯使用管理单位应确保电梯紧急报警装置有效运行，乘客被困后，及时响应乘客被困报警，做好安全指导和乘客安抚工作，并在乘客被困报警后 5min 内通知电梯维护保养单位采取措施实施救援。 ⑧电梯出现故障、发生异常情况或存在事故隐患的，电梯使用管理单位应做好警戒工作，控制电梯操作区域，严禁无关人员进入，组织对电梯进行全面检查，电梯故障排除、事故隐患消除后，方可继续使用。 ⑨地铁、车站、机场、码头、商场、医院、学校、体育场馆、展览馆、公园等人员密集公共场所的电梯，应配备视频监控装置，视频监控内容应至少保存 1 个月。在人流高峰期，上述单位应设置专人开展下列工作： a. 宣传安全乘梯知识，鼓励文明乘梯行为； b. 引导乘客有序乘梯； c. 帮扶老、幼、孕、残人员安全乘梯； d. 劝阻影响电梯安全运行的不良行为； e. 及时处理突发事件		
3	维保单位管理	①应通过书面合同委托电梯制造单位或者取得相应电梯安装、改造、修理的单位承担电梯的维护保养工作，并在签订合同前查验相关资质证书（复印件存档）。 ②电梯使用管理单位应对电梯的维护保养工作进行监督检查，确认、保留其工作见证资料并存入电梯安全技术档案，维护保养信息应包括维护保养单位、维护保养人员姓名、维护保养时间和内容等。 ③要求维护保养单位提供维护保养计划（时间、梯号、人员），以便于提前张贴告知用户。 ④维护保养警示护栏等防护措施齐全。 ⑤维护保养时，检查人员持证情况、监督配合维护保养过程，签字时确认维护保养项目与记录一致		

续表

序号	项目	检查内容	存在问题	整改措施
4	乘客宣传引导	对乘客进行管理、宣传及引导，使乘客乘用电梯时遵守安全警示标志和安全注意事项要求，服从有关人员的管理和指挥，不得有下列行为： ①乘坐明示处于非正常状态下的电梯。 ②采用非正常手段开启电梯层门、轿厢门。 ③破坏电梯安全警示标志、报警装置或者电梯零部件及电梯附属装置。 ④乘坐超过额定载重量的电梯。 ⑤乘坐处于火灾、地震等灾害中的电梯。 ⑥其他危及电梯安全运行或者危及安全的行为		
5	安全警示	将安全使用说明、安全注意事项和警示标志置于易于引起乘客注意的位置		
6	机房	①机房门、窗应完好及锁闭。 ②机房门应设"机房重地，闲人免进"安全提示标志。 ③机房应设置主电源开关断开上锁位置、曳引机吊钩、旋转挤压等警示标志，盘车轮、曳引轮、限速器轮等应使用黄色警示色标。 ④机房清洁，无与电梯无关的物品和设备。 ⑤机房照明、温控设备、吊钩等设施应能有效工作。 ⑥机房维修及救援通道应通畅无障碍物。 ⑦机房中可拆卸的盘车手轮、松闸扳手等救援工具应齐全，挂墙或摆放在规定位置。 ⑧机房中明显位置应张贴救援操作说明。 ⑨机房中应有合适的消防设施。 ⑩机房电动机、齿轮箱、控制柜等无异常噪声，无焦臭味，曳引机油正常无渗漏，曳引绳无断股断丝、弯折、笼状变形		
7	轿厢	①轿厢中的警铃、通话装置、应急灯应工作正常，选层、开关门、报警等按钮及楼层、方向等显示装置应正常。 ②轿厢运行中应无异常的振动或撞击声响。 ③轿厢运行中应无电气焦煳等异味。 ④轿厢的平层准确度宜在±10mm范围内。 ⑤开关门过程中厅、轿门无异常振动撞击、无卡阻现象，门扇、门套间隙客梯不大于6mm，货梯不大于8mm。 ⑥轿厢照明及通风设施应工作正常。 ⑦轿厢内应设置铭牌，标明额定载重量及乘客人数（载货电梯只标载重量）、制造厂名称或商标，改造后的电梯，铭牌上应标明额定载重量及乘客人数（载货电梯只标定载重量）、改造单位名称、改造竣工日期等。 ⑧轿厢内乘客使用须知、电梯使用标志、安全警示标识应张贴在易于乘客注意的显著位置。 ⑨层门地坎滑道应清洁无垃圾		
8	底坑	①底坑地面及底坑设备应无积灰、油污及建渣。 ②底坑内应无积水及渗水现象，排水设施工作正常。 ③底坑爬梯应牢固无松动。 ④底坑照明工作正常。 ⑤缓冲器、补偿链、随行电缆等固定无异常、运行无擦挂		
9	安全附件及安全保护装置	①限速器、安全钳、缓冲器、上下极限、轿厢意外移动、上行超速等安全保护装置应有效可靠。 ②主要零部件、安全部件更换或维修时，档案应保留完整		

3.5 SCL 分析实例 4：锅炉安全检查表

锅炉是指利用各种燃料、电或者其他能源，将所盛装的液体加热到一定的参数，并通过对外输出介质的形式提供热能的设备。

根据《特种设备目录》，设计正常水位容积大于或者等于 30L，且额定蒸汽压力大于或者等于 0.1MPa（表压）的承压蒸汽锅炉；出口水压大于或者等于 0.1MPa（表压），且额定功率大于或者等于 0.1MW 的承压热水锅炉；额定功率大于或者等于 0.1MW 的有机热载体锅炉，均属于特种设备。

本案例根据《河北省特种设备安全风险分级管控与隐患排查治理指导手册》，从岗位责任制度、管理制度、操作规程、作业人员管理与教育培训、日常维护保养与定期自行检查、安全附件管理等几方面编写锅炉安全检查表，如表 3.6 所示。

表 3.6 锅炉安全检查表

序号	项目	检查内容	存在问题	整改措施
1	岗位责任制度	建立健全岗位责任制，包括锅炉安全管理人员、班组长、运行操作人员、维修人员、水处理作业人员等职责范围内的任务和要求		
2	管理制度	使用单位应建立健全锅炉使用安全管理制度，至少包括以下内容： ①巡回检查制度，明确定时检查的内容、路线和记录的项目。 ②交接班制度，明确交接班要求、检查内容和交接班手续。 ③设备维护保养制度，规定锅炉停（备）用防腐蚀措施和要求以及锅炉本体、安全附件、安全保护装置、自动仪表及燃烧和辅助设备的维护保养周期、内容和要求。 ④水（介）质管理制度，明确水（介）质定时检测的项目和合格标准。 ⑤安全管理制度，明确防火、防爆和防止非作业人员随意进入锅炉房的要求、保证通道畅通的措施以及事故紧急预案和事故处理办法等。 ⑥建立锅炉使用管理记录： a. 锅炉及燃烧和辅助设备运行记录； b. 水处理设备运行及汽水品质化验记录； c. 交接班记录； d. 锅炉及燃烧和辅助设备维护保养记录； e. 锅炉运行故障及事故记录		
3	操作规程	根据出口介质的不同、燃烧方式的不同分别制定： ①锅炉及辅助设备的操作规程其内容应包括：设备投运前的检查及准备工作、启动和正常运行的操作方法、正常停运和紧急停运的操作方法。 ②燃气锅炉启动时，燃烧器点火不得超过 2 次。 ③进入炉膛、锅筒内进行检修的，应制定检修操作规程		
4	作业人员管理与教育培训	①每台在用锅炉当班持证的司炉工、水处理操作人员应按下列数量配备： a. 蒸发量小于 4t/h（热水锅炉供热量 2.8MW）的锅炉，司炉工、水处理操作人员各不少于 1 名； b. 蒸发量小于 10t/h（热水锅炉供热量 7MW）、大于或者等于 4t/h（热水锅炉供热量 2.8MW）的锅炉，燃煤、生物质锅炉司炉工不少于 2 名，燃油（气）锅炉司炉工不少于 1 名，电锅炉司炉工不少于 1 名，水处理操作人员不少于 1 名；		

续表

序号	项目	检查内容	存在问题	整改措施
4	作业人员管理与教育培训	c. 大于或等于10t/h（热水锅炉供热量7MW）的锅炉，燃煤、生物质锅炉司炉不少于3名，燃油（气）锅炉或电锅炉司炉工不少于2名，水处理操作人员不少于1名。 ②锅炉房内有多台同时运行的锅炉，其持证司炉工应为每台锅炉人数总和的70％以上。有机载热体锅炉每班持证司炉工数量，参照热水锅炉配备		
5	日常维护保养与定期自行检查	使用单位每月对所使用的锅炉至少进行1次月度检查，并且应记录检查情况。月度检查内容主要为锅炉承压部件及其安全附件和仪表、联锁保护装置是否完好。 定期自行检查与日常维护保养的项目、内容如下： ①受压部件及炉墙： a. 受压部件无裂纹、过热、变形、泄漏、结焦； b. 管接头可见部位、法兰、人孔、头孔、手孔、清洗孔、检查孔、观察孔、水汽取样孔周围，无明显腐蚀、渗漏； c. 膨胀指示器完好，指示值在规定的范围之内； d. 炉墙、炉顶、保温无开裂、破损、脱落、漏烟、漏灰、明显变形和异常振动。 ②承重结构及支吊架： a. 承重结构以及支吊架等无裂纹、脱落、变形、腐蚀、卡死； b. 吊架无失载、过载现象； c. 吊架螺帽无松动。 ③管道及阀门： a. 管道与阀门无泄漏； b. 阀门与管道参数相匹配； c. 管道阀门标志符合要求，标明阀门名称、编号、开关方向和介质流动方向； d. 重要阀门有开度指示。 ④安全阀： a. 安全阀的安装、数量、型式、规格，符合《锅炉房设计标准》要求； b. 安全阀定期校验记录或者报告符合相关要求，并且在有效期内； c. 弹簧式安全阀防止随意拧动调整螺钉的装置、杠杆式安全阀防止重锤自行移动的装置和限制杠杆越出的导架完好。 ⑤压力测量装置： a. 压力表的装设部位、精确度、量程、表盘直径符合《锅炉房设计标准》要求； b. 压力表检定或者校准记录、报告或者证书符合相关要求并且在有效期内； c. 在刻度盘上画出指示工作压力的红线； d. 压力表表盘清晰，无泄漏，表盘玻璃无损坏，压力取样管及阀门无泄漏； e. 同一系统内相同位置的各压力表示值，在允许误差范围内； f. 压力表连接管畅通。 ⑥水（液）位测量与示控装置： a. 直读式水（液）位表的数量、装设、结构和远程水位测量装置的装设以及自动液位检测仪，符合《锅炉房设计标准》要求； b. 水位表设有最低、最高安全水位和正常水位的明显标志； c. 水（液）位清晰可见，视频监控水（液）位图像清晰； d. 分段水（液）位表无水位盲区，双色水位表汽水分界面清晰，无盲区； e. 就地水位表连接正确、支撑牢固，疏水（放液）管引到安全地点； f. 电接点水位表接点无泄漏； g. 远程水位测量装置与就地水位表示值在允许误差范围内； h. 连接管畅通。 ⑦温度测量装置： a. 温度测量装置的装设位置、量程符合《锅炉房设计标准》要求； b. 温度测量装置校验或者校准记录、报告符合相关要求，并且在有效期内； c. 温度测量装置运行正常、指示正确，测量同一温度的示值在允许误差范围内； d. 螺纹固定的测温元件无泄漏。		

续表

序号	项目	检查内容	存在问题	整改措施
5	日常维护保养与定期自行检查	⑧安全保护装置： a. 高、低水位报警和低水位联锁保护装置的装设符合《锅炉房设计标准》要求，且灵敏、可靠； b. 蒸汽超压报警和联锁保护装置的装设符合《锅炉房设计标准》要求； c. 超压报警记录和超压联锁保护装置动作整定值低于安全阀较低整定压力值；报警和联锁压力值正确； d. 超温报警装置和联锁保护装置的装设符合《锅炉房设计标准》要求，且灵敏、可靠； e. 燃油、燃气、燃煤粉锅炉点火程序控制以及熄火保护装置的装设符合《锅炉房设计标准》要求，且灵敏、可靠。 ⑨排污和放水装置： a. 排污和放水装置的设置符合《锅炉房设计标准》要求； b. 排污阀与排污管无异常振动或者渗漏； c. 排污管畅通。 ⑩燃烧设备、辅助设备及系统： a. 燃烧设备、辅助设备及系统的配置和锅炉的型号规格相匹配，满足锅炉安全、经济和环保的要求； b. 燃烧设备、辅助设备及系统的运转正常		
6	安全附件管理	①安全阀：每年1次，新安全阀应校验后安装使用； ②压力表：每半年1次，新压力表应检定后安装使用； ③温度计：每年1次，新温度计应检定后安装使用； ④可燃气体报警器：每年1次		

3.6 SCL分析实例5：气瓶安全检查表

气瓶指在正常环境下（-40～60℃）可重复充气使用的，公称工作压力为0～30MPa，公称容积为0.4～1000L的盛装永久气体、液化气体或溶解气体等的移动式压力容器。

本案例根据《安全生产等级评定技术规范 第2部分：安全生产通用要求》(DB11/T 1322.2—2017)、《河北省特种设备安全风险分级管控与隐患排查治理指导手册》，从操作规程、气瓶购买验收、气瓶使用、气瓶储存等几方面编写气瓶安全检查表，见表3.7。

表3.7 气瓶安全检查表

序号	项目	检查内容	存在问题	整改措施
1	操作规程	气瓶使用单位应制定气瓶使用操作规程，包括禁止靠近热源或热源加热，运输时横放朝向一致，立放妥善固定，轻装轻卸，严禁抛、碰、撞、滚、滑、敲击。吊装时严禁使用电磁起重机和金属链绳。储存气瓶时放存温度不超40℃，否则采取喷淋降温措施。毒性气体和瓶内气体相互接触能引起燃烧、爆炸、产生毒物的分室存放。易起聚合反应或分解反应气体气瓶控制储存最高温度和储存日期		

续表

序号	项目	检查内容	存在问题	整改措施
2	气瓶购买验收	使用单位应购买已取得气瓶充装许可的单位充装的瓶装气体		
3		使用单位应对到场气瓶进行验收，气瓶质量应当符合以下要求： a. 外表漆色完好，标识齐全； b. 未超过检验有效期及报废日期； c. 配有防震圈； d. 配有防护帽； e. 瓶阀完好，气瓶表面无损伤		
4		对验收不合格的气瓶退回充装单位。验收合格的气瓶在卸车时，验收人员应监督送货人员轻卸，严禁抛滚磕碰，如用机具吊装，严禁使用电磁起重和金属链绳		
5	气瓶使用	每个安全泄压装置都应有明显的标志		
6		气瓶充装单位应在自有产权或者托管的气瓶上粘贴气瓶警示标签		
7		气瓶应有制造标志和定期检验标志		
8		气瓶的瓶帽和保护罩应符合下列要求： a. 公称容积大于等于5L的钢质无缝气瓶，应配有螺纹连接的快装式瓶帽或者固定式保护罩； b. 公称容积大于等于10L的钢质焊接气瓶（含溶解乙炔气瓶），应有不可拆卸的保护罩或者固定式瓶帽； c. 瓶帽应有良好的抗撞击性，不应用灰口铸铁制造		
9		不能靠瓶底直立的气瓶，应配有底座（采用固定支架或者集装框架的气瓶除外）		
10	气瓶储存	瓶装气瓶的储存应符合下列要求： a. 储存瓶装气体实瓶时，存放空间温度不应超过40℃，否则应采用喷淋等冷却措施； b. 空瓶与实瓶应分开放置，并有明显标志； c. 毒性气体实瓶和瓶内气体相互接触能引起燃烧、爆炸、产生毒物的实瓶，应分室存放，并在附近配备防毒用具和消防器材； d. 储存易起聚合反应或者分解反应的瓶装气体时，应根据气体的性质控制存放空间的最高温度和规定储存期限		

3.7 SCL分析实例6：餐饮单位液化石油气使用安全检查表

近年来，液化石油气爆燃事故呈高发态势，如"5·13"羊汤馆液化石油气爆燃事故、"9·18"液化石油气爆燃事故，造成了十分恶劣的社会影响。

餐饮单位、企业职工食堂等场所广泛使用液化石油气，其安全使用问题得到日益关注。本案例结合《北京市瓶装液化石油气供应和使用安全管理暂行规定》《餐饮服务单位使用瓶装液化石油气安全条件》（DB11/450—2016）等标准规范，从管理要求、气瓶、供气系统、用气设备、安全装置几方面编写餐饮单位液化石油气使用安全检查表，见表3.8。

表 3.8 餐饮单位液化石油气使用安全检查表

序号	项目	检查内容	存在问题	整改措施
1	管理要求	应按照安全生产、燃气、特种设备和消防等相关法律法规、标准的规定,建立安全用气责任制度		
2		应与取得燃气经营许可证的液化石油气供应企业签订供用气合同,合同中应明确划分对供气系统、气瓶和用气设备的安全管护责任		
3		单位对液化石油气气瓶的管理应符合下列规定: a. 应使用供气企业提供的气瓶,并应签订气瓶租赁合同。 单位现存的自有产权的气瓶应通过供气企业建立档案并由供气企业统一管理且应逐年淘汰,不应新增自购气瓶。 b. 应检查液化石油气气瓶的信息化标识(包含一维条码、二维条码和电子标签等)、气瓶注册登记代码钢印是否完好、清晰,不应使用无信息化标识的液化石油气气瓶。 c. 单位在每次购气时应索要购气凭证,并对购气凭证上记载的气瓶信息化标识、气瓶注册登记代码钢印、气瓶检验时间、气瓶规格、配送车辆牌照等信息进行核对。 对购气凭证登记不全或登记内容与实际不符的,单位应拒绝接收,并应留存购气凭证		
4		应安排专人每天对供气系统和用气设备进行巡视和检查。 每次换气后,应对供气系统与气瓶连接处进行测漏检查并记录检查结果。 管护方式为托管的,受托方应按照协议对供气系统和用气设备进行检查,检查后双方应在检查记录上签字确认		
5		应在用餐场所显著位置设立燃气安全信息公示栏。 公示信息内容应包括本单位瓶装液化石油气安全负责人照片、姓名,安全承诺书,供气单位信息,安全检查记录等		
6		安全管理和用气设备操作人员应具备必要的安全生产知识,熟悉有关的安全生产规章制度和安全操作规程,掌握燃气安全使用知识和安全操作技能		
7		不应在用餐场所储存和使用液化石油气气瓶和气体卡式炉		
8		液化石油气设施及存在危险的操作场所应有规范的、明显的安全警示标志		
9	气瓶	应使用充装单位提供的合格气瓶。 不应使用无检验合格标识或标签无法识别的气瓶		
10		使用的气瓶瓶体上的制造钢印标记、定期检验钢印标记和注册登记标记等各类印记、标记均应清晰可辨识		
11		气瓶护罩应无焊缝断裂、无脱落。 气瓶底座应无腐蚀、无变形、无破裂、无脱落。 气瓶应能直立。 气瓶阀的阀口应无损伤		
12		空瓶与实瓶应分区放置,并应有明显的区分标志		
13		气瓶应直立放置,放置点不应靠近热源和明火,不应使用明火、蒸汽、热水等热源对液化石油气气瓶加热		
14	供气系统	单瓶供气时,气瓶不应设置在地下室、半地下室或通风不良的场所,气瓶与燃具的净距不应小于 0.5m		
15				
16		供气管道应采用钢管,且应采用硬连接方式		
17		管道穿过建筑物墙体时,应敷设在两端密封的套管中		
		管道系统为法兰连接的,法兰盘之间应做防静电跨接并接地		

续表

序号	项目	检查内容	存在问题	整改措施
18	用气设备	液化石油气的用气设备，应选用取得生产许可证的厂家生产的具有产品合格证、产品安装使用说明书和质量保证书、有产品标牌及有出厂日期的合格产品		
19		设置用气设备的房间应具备良好的通风条件，人防工程和普通地下室不应使用液化石油气		
20		设置用气设备的房间，净高度不得低于2.2m，并应配备数量不少于2个干粉灭火器并保持完好有效		
21		用气设备前连接管宜选用金属管道硬连接方式，当局部采用软管连接时应符合下列规定： a. 使用金属软管时两端应采用螺纹连接方式； b. 单瓶供气使用耐油橡胶软管时，软管的长度应控制在1.2m到2.0m之间且没有接口，软管不得穿越墙壁、顶棚、窗门等； c. 软管的使用年限应符合要求，出现老化、破损等现象，应立即更换		
22	安全装置	用气设备房间内应设置液化石油气的可燃气体探测器，可燃气体报警控制器应安装在有人值守的房间内		
23		可燃气体探测器应按要求设置、安装并校验		
24		用餐场所内有液化石油气管道和用气设备时，用餐场所内应安装液化石油气的可燃气体探测器		

3.8 SCL分析实例7：××市安全文化建设示范企业评定

安全检查表法经常用于各类评估评定工作，本案例以××市安全文化建设示范企业评定为例，应用安全检查表，从基本条件、组织保障、安全理念、安全制度、设备设施、安全环境、安全行为、安全教育、安全诚信、全员参与、激励机制、持续改进几方面对企业安全文化建设绩效进行评估，并增加了分值、考评办法、评审方法等内容，便于对各项评估内容进行量化处理，得出评估对象安全文化建设绩效的具体分值，实现横向比较。具体评定内容见表3.9。

表3.9 ××市安全文化建设示范企业评定表

序号	一级指标	二级指标（考评内容）	分值	考评办法	评审方法
1	基本条件	1.1 企业设立满3年，且开展安全文化建设工作至少满1年	—	符合此基本条件，方可参加评定	1. 查阅书面评审资料。 2. 查阅现场档案资料
		1.2 申请前3年未发生死亡或1次3人（含）以上重伤生产安全责任事故，或社会影响较大的责任事故（截止到申请日期前）			

续表

序号	一级指标	二级指标（考评内容）	分值	考评办法	评审方法
1	基本条件	1.3 建立有系统的安全管理体系，至少满足下列条款之一： （1）已开展安全生产标准化创建工作。 （2）通过职业健康安全管理体系认证（GB/T 45001—2020）。 （3）通过所属行业普遍通用的管理体系认证（如制药行业 GMP 认证、汽车行业 IATFI16949、食品企业 HACCP 体系等）	—	符合此基本条件，方可参加评定	1. 查阅书面评审资料。 2. 查阅现场档案资料
2	组织保障（120分）	2.1 企业主要负责人亲自参与和推动安全文化建设工作，主动将安全文化建设工作有机融入本单位生产经营管理工作	20	无主要负责人亲自参与和推动安全文化建设工作记录的，扣20分	1. 查阅书面评审资料。 2. 查阅现场档案资料。 3. 现场随机抽查访谈
		2.2 各级领导在业务工作中主动宣传和贯彻安全理念，高度关注员工的生命权和健康权	10	决策层、各级管理层和一线管理层在安全理念宣传贯彻中无具体工作表现的，扣10分	
		2.3 安全文化建设工作有专人负责，形成跨部门合作的协调工作机制	10	人员配置不能满足安全文化建设需要的，扣5分，安全文化建设工作未形成跨部门共同推进的，扣5分	
		2.4 安全文化建设工作职责纳入企业安全生产责任制	20	企业安全生产责任制中无安全文化建设工作内容的，扣20分	
		2.5 安全文化建设有明确的目标和规划，相关工作纳入安全生产整体规划和年度计划	10	安全文化建设无明确的目标和规划，扣5分，相关工作未纳入安全生产整体规划和年度计划的，扣5分	
		2.6 安全文化建设年度工作有计划、有落实、有检查	20	无具体建设方法措施、落实记录、检查跟进的，扣20分	
		2.7 安全文化建设的考核纳入到安全生产整体工作考核中	20	安全文化建设无考核的，不得分，考核未纳入到安全生产整体工作考核中的，扣10分	
		2.8 安全生产费用中专项列支安全文化建设经费，确保安全文化建设活动的经费投入	10	无专项列支的，扣5分，无法确保安全文化建设活动的酌情扣1~5分	
3	安全理念（100分）	3.1 建立明确的安全理念和愿景，符合企业特点，能够体现企业社会责任和追求卓越安全绩效的精神	30	无安全理念、愿景的，扣30分，安全理念空洞、形式化、与企业实际不符的酌情扣5~25分	1. 查阅书面评审资料。 2. 查阅现场档案资料。 3. 现场随机抽查访谈
		3.2 安全理念能够有效传播（全方位覆盖并持续传播），并被企业内部广泛认可	30	安全理念未能全方位覆盖并持续传播的，扣10分。抽查企业员工与相关方，安全理念知晓率和记忆率未达到100%的，每发现一人扣2分，扣完30分止	

续表

序号	一级指标	二级指标（考评内容）	分值	考评办法	评审方法
3	安全理念（100分）	3.3 安全理念能够体现在企业制度及行为中，落实到企业生产经营活动及所有从业人员实际行为模式、行为习惯中	40	管理制度、程序文件、业务文件等未能支撑安全理念的，扣20分。领导层未能成为实践安全承诺表率的，扣10分。员工未能正确理解、认同安全理念并以实际行为履诺的，扣10分	1. 查阅书面评审资料。 2. 查阅现场档案资料。 3. 现场随机抽查访谈
4	安全制度（120分）	4.1 企业建立有完善的安全管理体系，其组织架构设计、业务审批、业务活动管理、供应商选择等制度设计能体现企业的安全理念。企业安全管理体系能满足合法合规要求，并得到有效运行，能够达到、保持、持续改进安全绩效，探索行业最佳管理实践	20	安全管理体系视不完善程度进行扣分，扣完20分止	查阅现场档案资料
		4.2 安全生产管理制度、程序文件、操作规程体系完善、层次分明、表述明确、易于操作，能体现安全理念的内容，不存在违反安全理念的制度或程序，与企业整体管理制度、程序相融合，能覆盖生产经营的全过程和全体员工，且具有较强的执行力和约束力	20	根据《中华人民共和国安全生产法》、安全生产条例等相关规定进行审核，违反相关规定的制度或程序，扣10分。制度或程序不明确、不清晰、不易操作，不能覆盖生产经营的全过程和全体员工的，扣5分。其他视情况进行扣分，扣完20分止	
		4.3 企业组织架构和安全责任体系相互匹配。安全责任清晰、明确，并融入企业整体管理体系	20	全体员工岗位安全责任未清晰界定的，扣5分。安全责任体系未实现横向到边、纵向到底的，扣5分。安全责任履职情况未考核的，扣10分	
		4.4 企业主要业务活动能体现精益管理、风险分析管控、隐患排查治理、持续改进的机制。新工艺、新技术、新材料、新设备使用前，开展安全风险分析，建立明确的安全工作指导、规程。高风险业务、危险作业满足法规标准要求，有专门的管理流程（如开车前审查、PHA/HAZAOP、安全许可等）	10	新工艺、新技术、新材料、新设备使用前未开展安全风险分析的，扣5分。高风险业务、危险作业不满足法规标准要求的，扣5分	
		4.5 企业建立完善防灾减灾、应急管理制度和机制，具备清晰、可行的操作程序、应急预案，应急资源和能力与企业风险水平和处置要求相匹配	20	编制、修订应急预案前未进行事故风险评估、应急资源调查、应急能力评估的，扣3分。应急预案未涵盖企业主要危险源，预案要素不完善，应急组织机构和人员的联系方式、应急物资储备清单等信息与实际不符，扣10分。预案未经评审或论证，或超过三年未修订的，扣2分。未能实现每年至	

续表

序号	一级指标	二级指标（考评内容）	分值	考评办法	评审方法
4	安全制度（120分）	4.5 企业建立完善防灾减灾、应急管理制度和机制，具备清晰、可行的操作程序、应急预案，应急资源和能力与企业风险水平和处置要求相匹配	20	少组织1次综合应急预案演练或专项应急预案演练、每半年至少组织1次现场处置方案演练、每三年对本单位所有专项应急预案演练全覆盖、演练记录不健全的，视具体情况扣分，扣完5分止	查阅现场档案资料
		4.6 建立安全工作痕迹化管理机制，相关安全记录、档案、台账等能满足日常管理、统计分析和持续改进要求	20	安全生产教育和培训、事故隐患排查治理、劳动防护用品配备和管理、安全生产奖励和惩罚、事件事故管理、危险作业管理、特种作业人员和特种设备操作人员管理、危险化学品安全管理、消防设施和器材管理、职业卫生管理、设备设施安全管理、相关方安全管理、安全投入保障、"三同时"管理等记录档案不完整、不真实或填写不全的，视具体情况扣分，扣完20分止	
		4.7 及时识别、获取适用的安全生产法律法规、标准规范及政策文件，建立法律法规、标准规范、政策文件登记台账，收集相应文本或建立法律标准数据库，做好更新维护工作。每年至少一次对安全生产法律法规、标准规范、政策文件清单有效性进行评审	10	无安全生产法律、法规、标准和规范登记台账的，不得分。无原文的，扣5分。登记台账不完整、存在过期现象的，每发现一项扣1分，扣完10分止	
5	设备设施（100分）	5.1 生产设备设施、材料物料、场所环境及相应的软件系统满足所从事生产经营活动的安全条件。厂址选择、厂区布置和主要车间的工艺布置、主要生产场所的火灾危险性分类及建构筑物防火最小安全间距、设备设施、变配电等电气设施、爆炸危险场所通风设施、防爆型电气设施设备、设施设备双重接地保护、防雷设施、集中监视和显示的防控中心、厂区和厂房照明、人员通行安全路线、消防设备设施、危险化学品管理、粉尘作业等应符合有关法律法规、标准规范的要求	40	不符合规定的，每发现一项扣2分，扣完40分止	1. 查阅现场档案资料。2. 现场走访观察评价
		5.2 生产运行装置有持续的维护，推行从设计验收、生产运行、检查检测、维护保养、报废全生命周期的安全管理	25	检维修计划没有相应的风险辨识和安全措施的，设备设施状态不佳的，设备设施验收、检查检测、维护保养、报废等记录档案不完整的，视情况扣2~5分，扣完25分为止	

续表

序号	一级指标	二级指标（考评内容）	分值	考评办法	评审方法
5	设备设施（100分）	5.3 具有与业务相适应的安全措施及设备设施，包括监测预警、自动联锁装置、应急疏散和逃生系统等	25	防护装置、行程限位装置、过载保护装置、电气与机械联锁装置、紧急制动装置、声光报警装置、自动保护装置、监测预警装置等缺少、损坏的，每发现一项扣2分，扣完25分为止	1. 查阅现场档案资料。 2. 现场走访观察评价
		5.4 生产设备设施体现本质安全和人机工效设计理念，有明确的防护机制和措施，使得作业更能够与人相适应，减少失误和对健康的损害，提高安全性	10	视具体情况扣分，扣完10分为止	
6	安全环境（80分）	6.1 生产环境、作业岗位符合国家、行业、地方的安全技术标准。有毒、有害作业点和粉尘、废气、高温、噪声等作业场所应有通风设施，并按规定设置安全防护设施	30	视具体情况扣分，扣完30分止	1. 查阅现场档案资料。 2. 现场走访观察评价
		6.2 推行安全目视化管理：建立企业安全风险公告、岗位安全风险确认和安全操作"明白卡"；车间墙壁、上班通道、班组活动场所等公共区域设置安全目标及完成情况、安全警示、事故通报、温情提示等可视化看板；危险点和作业岗位（场所）张贴安全标识、作业流程、个体防护要求、严禁事项以及紧急情况现场处置措施，实现操作指引可视化，营造企业安全文化环境氛围，引导员工形成良好的安全习惯和行为模式	30	无安全风险公告、安全目标、安全警示、事故通报、温情提示等可视化看板的，扣15分，不及时更新的酌情扣1~3分。危险点和作业岗位（场所）无安全标识、作业流程、个体防护要求、严禁事项、紧急情况现场处置措施的，每发现一项扣2~5分，扣完30分止	
		6.3 推行5S管理或采取其他相关环境优化措施，保持作业现场的整洁和井然有序	20	视具体情况扣分，扣完20分止	
7	安全行为（100分）	7.1 决策层公布安全承诺与安全政策，企业决策能体现安全理念。提供安全资源支持，保证安全方面充分的人财物投入。自觉参加安全知识更新学习，让各级管理者和员工切身感受到领导者对安全承诺的实践	30	视决策层重视安全文化建设程度酌情扣分，扣完30分止	1. 现场随机抽查访谈。 2. 查阅现场档案资料
		7.2 管理层明悉所管辖业务的安全风险、管控措施及程序制度，各管理层级业务指导中有明确的安全指引，各级管理层支持和参与安全事务（如安全评审、审计、论证、培训、宣传等）。严格审定员工安全任职资格，组织有效培训，确保每个员工胜任工作，引导员工理解和遵守岗位/作业行为规范。主动学习安全管理知识技能，主动与内外部专家交流安全信息或管理经验	30	查阅相关记录档案，与管理层开展座谈，对不相符项酌情扣分，扣完30分止	
		7.3 员工层充分理解和接受企业的安全理念，熟知岗位安全责任，严格遵守安全规章和作业规范。安全知识技能与操作技能胜任岗位要求。员工行为符合操作规程和现场安全要求，具有安全分享的精神，主动关心、保护他人安全	40	现场查验时发现员工违章作业行为扣分，视具体情况扣分，扣完20分止。与员工开展座谈，发现问题视具体情况扣分，扣完20分止	

续表

序号	一级指标	二级指标（考评内容）	分值	考评办法	评审方法
8	安全教育（120分）	8.1 设计并建立科学的岗位适任资格评估和安全教育培训体系，制定明确的安全教育培训计划，结合各层级、各岗位实际，按需开展具有针对性的安全教育分层级培训，注重与本行业相关法规和标准的学习和导入，实施安全教育培训效果监督、改善计划，确保全体员工充分胜任所承担的工作	20	岗位适任资格评估、安全教育培训体系不健全，扣5分。安全教育培训计划不完善的，扣10分。未按需开展安全教育培训、进行效果监督改善的，扣5分	1. 查阅现场档案资料。2. 现场走访观察评价。3. 现场随机抽查访谈
		8.2 安全生产培训学时、内容、档案（培训记录表、培训签到表、培训试卷等）等符合法律法规和标准要求	40	安全生产培训学时、内容、档案不健全的，每发现一项视情况扣2~5分，扣完10分为止。特种作业、特种设备作业人员和其他特殊岗位人员未取得相应资格，未按期参加复训和复审的，每发现一人扣5分，扣完20分为止。员工调整工作岗位或离岗一年以上重新上岗时未重新接受部门（车间）和基层（班组）的安全培训的，应用新工艺、新技术、新材料、新设备，或者转岗导致从业人员接触职业病危害因素发生变化时，未对有关从业人员重新进行有针对性的安全培训、职业卫生培训的，每发现一人扣2分，扣完10分为止	
		8.3 企业各级注重安全教育培训，对安全教育培训制定充足的财务预算并执行。设计开发符合本行业、企业生产经营特点的安全培训教材、课件，具备具有安全专业知识技能的培训师资力量	20	安全教育培训预算不能满足实际需求，扣10分。安全培训教材、课件不符合行业、企业特点，扣5分。不具备具有安全专业知识技能的培训师资力量，扣5分	
		8.4 采取课堂培训、实操培训、体验式培训、现场参观、影像动漫等多种形式提升安全教育培训效果及科技含量，安全教育培训的形式和内容被企业多数员工认可	10	教育培训形式单一的，扣5分，访谈了解员工认可程度，反馈不认可的，每发现一人扣2分，扣完5分为止	
		8.5 积极发动企业决策层、管理层和一线员工分享安全经验、知识，注重内部安全讲师队伍建设	10	无安全经验、知识等分享途径或措施的，扣5分。无内部安全讲师的，扣5分	
		8.6 员工能够通过企业网站、内部管理系统、企业广播、图书或报刊、手册、看板等多种途径获取安全知识	10	访谈、现场调查了解员工获取安全知识的途径，无途径的扣10分，获取途径不便捷、更新不及时的，扣5分	
		8.7 注重对相关方作业人员（短期临时作业人员、实习学生、学习参观人员及其他外来人员）以及供应链、客户的安全教育和引导	10	无相关培训记录档案的，不得分。培训记录档案不完善的，扣2~5分	

续表

序号	一级指标	二级指标（考评内容）	分值	考评办法	评审方法
9	安全诚信（50分）	9.1 企业积极履行社会责任，对社会公开作出安全承诺，有具体履行承诺的行为	15	未采取网站公示、外部宣传、社会责任报告等手段公开安全承诺的，扣10分。无具体履行承诺行为的，扣5分	1. 查阅现场档案资料。2. 现场随机抽查访谈
		9.2 企业主动公开、公示风险、事故、事件、隐患、缺陷等安全信息，确保企业对所处辖区政府机关、相关方、各级管理者和员工实现安全信息的公开透明	15	未公开安全信息的，不得分。安全信息公开对象未全面覆盖的，视情况扣5~10分	
		9.3 对因企业安全事故、隐患等影响波及的社区、相关方、员工等，建立救助、保险、经济补偿等补偿机制	10	未建立补偿机制的，扣10分	
		9.4 积极面向供应链、相关方、客户、社区开展安全宣传，推动供应链、相关方企业履行安全职责	10	未向供应链、相关方、客户、社区开展安全宣传，推动其履行安全职责的，扣10分	
10	全员参与（100分）	10.1 企业各级管理者积极创造全员安全事务参与的环境、渠道，营造全员参与安全管理的工作氛围，通过班前班后会、公告栏、可视化沟通、员工大会、家庭走访等多种形式，确保各级管理者与员工以及员工之间、管理层之间、企业与相关方之间保持良好的沟通协作	20	无全员安全事务参与渠道的，不得分；参与渠道不畅通或无相关参与、沟通记录的，扣5~10分	1. 查阅现场档案资料。2. 现场随机抽查访谈
		10.2 企业职代会、工会等积极收集安全工作及安全管理意见、建议，及时监督安全意见建议的落实，并向员工及时反馈。各级业务会议在部署业务工作同时要有对应安全工作的内容	10	未及时收集安全管理意见、建议的或记录不全的，扣5分。抽查业务会议记录，无安全内容的，酌情扣3~5分	
		10.3 建立员工安全建议收集和处理机制，员工建议渠道通畅便捷（如合理化建议收集、员工安全改进小组、安全改善创新活动等），有反馈、鼓励及采纳建议的记录	20	未建立安全建议收集和处理机制的，不得分。反馈、鼓励等记录不完善的，扣2~5分	
		10.4 建立并不断完善有关事故、事件、隐患、缺陷、知识、经验等的安全报告、分享机制，员工能够及时了解事故、事件、隐患、缺陷等信息并获得针对性培训，乐于与同伴相互交流安全经验与信息	20	无安全报告、分享机制的，不得分。安全报告、分享机制不健全或无相关记录的，扣2~5分	
		10.5 建立覆盖各层级、各部门及全体员工的参与安全管理的机制，如参与安全制度、规章、程序、操作规程、应急预案的制定、改进，隐患排查治理、风险辨识管控、事故调查处理、岗位安全自查自评等安全工作	20	无员工参与安全管理机制的，不得分。参与机制不健全或无相关记录的，扣2~5分	
		10.6 建立与相关方沟通交流渠道，相关方参与工作准备、风险分析和经验反馈等活动，收集相关方对企业生产经营过程中安全绩效改进的意见建议	10	未建立与相关方沟通交流渠道的，不得分。交流渠道不健全，或无相关记录的，扣2~5分	

续表

序号	一级指标	二级指标（考评内容）	分值	考评办法	评审方法
11	激励机制（50分）	11.1 安全工作纳入企业整体、各部门、各层级、各岗位绩效考核。建立员工安全绩效评估系统。安全绩效作为各级管理人员、员工晋升的重要依据，提拔重用安全业绩优异的员工	20	安全工作未纳入企业整体、各部门、各层级、各岗位绩效考核的，不得分。未覆盖全面的，扣5分。无安全绩效评估系统或方法的，扣5分。岗位晋升未考虑安全绩效的，扣5分	1. 查阅现场档案资料。2. 现场随机抽查访谈
		11.2 安全绩效作为企业奖优评先的必要考察内容和组成部分。企业设立以安全绩效为主要考察内容的专项奖励或评优机制（如安全榜样，安全先进等荣誉称号）并给予相应待遇。员工广泛知晓激励措施	20	企业奖优评先必要考察内容未涉及安全的，扣10分。未设立安全专项奖励或评优的，扣5分。员工未广泛知晓激励措施的，扣5分	
		11.3 对提升安全绩效的做法有明确的奖励机制，确保所有促进安全绩效改善的行为与成绩均会受到鼓励	10	无奖励机制的，不得分。奖励记录不完善的，扣2~5分	
12	持续改进（60分）	12.1 企业充分认识安全文化建设的长期性和阶段性，始终追求卓越的安全绩效，安全理念融入企业整体文化价值	10	视具体情况扣分，扣完10分止	1. 查阅现场档案资料。2. 现场随机抽查访谈
		12.2 企业具有运行良好的管理体系，风险始终处于可控状态，具备持续提升安全绩效、自我改进的动机及能力。自觉对企业安全绩效开展定期评价，根据评价结果落实整改不符合项、不安全实践和安全缺陷，提出提升安全绩效的具体措施并落实	40	未开展定期评价安全绩效，不得分。未落实整改或记录不全，视具体情况扣5~15分	
		12.3 建立安全绩效测量指标（如员工合理化建议数量、完成改进项目数量、损失工作日等），并对企业安全绩效指标跟踪测量满一年，记录指标变化情况	10	未建立安全绩效测量指标的，不得分。指标数据测量未满一年的，扣5分	
13	鼓励项（30分）	13.1 安全文化建设工作方法有创新、有亮点，且具备全市推广示范作用	10	达到可加10分	1. 查阅现场档案资料。2. 现场随机抽查访谈
		13.2 近3年获得区级（含）上安全生产奖励	5	近3年内，每获得一项市级（含）以上安全生产方面奖励，加2分。每获得一项区级安全生产方面奖励，加1分。上限5分	
		13.3 企业追求本行业高水平的管理体系、标准认证或供应商认证（比如适航证、可靠性认证等）	5	达到可加5分	
		13.4 结合企业实际开展安全生产科技攻关或课题研究，相关成果在安全生产实践中运用	5	达到可加5分	
		13.5 矿山、危险化学品、烟花爆竹、建筑施工、民用爆炸物品、金属冶炼等高危行业领域外的企业实行安责险等其他安全生产工作有关险种	5	达到可加5分	

3.9 SCL分析实例8：××市安全社区评定

本案例为××市安全社区评定检查表，从机构与职责、风险诊断、安全促进项目、应急预案、队伍与演练、基础设施、宣传教育与培训、评审与持续改进、创建特色几方面对城市安全社区建设绩效进行评估，同时增加了申请评审前的基本条件和否决项，其中"申请评审前的基本条件"用于规定申请考核评审的创建单位需要具备的基本条件，评审实行"一票否决"制，出现"否决项"则评审为不通过。具体评定内容见表3.10。

表3.10 ××市安全社区评定表

一级指标	二级指标	评审内容	满分分值	考核分数
申请评审的基本条件	—	1. 持续开展安全社区创建工作两年以上（含两年）	—	是/否
		2. 在创建过程中未发生较大（含）以上生产安全责任事故、因灾造成的责任事故及社会影响较大的安全事件	—	是/否
		3. 创建单位将安全社区工作列入"领导班子工程"，由创建单位"党政一把手"担任创建机构组长，建立完善的工作协调机制，"一把手"每季度召开工作调度会	—	是/否
		4. 街道辖区内"综合减灾示范社区"比例不低于50%；乡镇辖区内"综合减灾示范社区"的比例不低于20%	—	是/否
		5. 辖区每个社区（村）均编有灾害风险图和灾害隐患清单、有指定的应急避难场所、有有效的灾害预警手段、有必要的应急物资储备	—	是/否
1. 机构与职责（15分）	1.1 领导机构与职责	1. 建立了跨界合作的领导机构，成员涵盖辖区内相关部门、社会组织、企事业单位及其负责人、人大代表、居民代表及志愿者等。领导机构的主要职责包括：组织制定创建总体目标与规划；为创建工作提供或协调组织保障、资源保障及技术支持；开展总体绩效评估并确保持续改进工作有效进行	3	
	1.2 工作机构与职责	2. 成立符合辖区实际情况的工作机构，包括创建办公室和跨界合作的促进工作组。工作机构的主要职责包括：制定、修订工作制度；组织开展风险诊断；制定各类促进项目的目标与计划，并负责策划、组织实施、评估与持续改进	3	
	1.3 工作制度	3. 建立完善的信息共享、协同联动、社会力量参与、干部考核等工作机制，并与当地派出所、消防、医疗等机构建立应急联动机制	2	
		4. 建立健全并落实协商议事、风险诊断、促进项目管理、应急预案编制与演练、灾害预警发布与报送、宣传教育与培训、绩效评估等工作制度	2	
	1.4 资金投入	5. 有专项、筹措等各渠道的资金投入，用于地区促进项目实施、减灾物资配置、宣传教育开展等，保障安全社区创建顺利进行	3	
	1.5 工作档案	6. 结合评审标准，以文字、照片、音频、视频等多种形式建立并保存安全社区创建过程信息记录	2	

续表

一级指标	二级指标	评审内容	满分分值	考核分数
2. 风险诊断（13分）	2.1 诊断方法	7. 选择并运用实地走访调查、隐患排查、安全检查表、数据分析、伤害监测、专家经验、社区座谈等方法，全面识别辖区各领域灾害风险与安全隐患	3	
	2.2 诊断机制	8. 各单位应指定专人结合工作推进动态开展风险诊断。生产安全、交通安全、消防安全、社会治安、燃气安全等方面数据分析不少于每季度一次，全面的风险与隐患清单汇总不少于每年一次。风险诊断结果能够反馈给领导机构和相关工作机构，并应用于评估、改进及策划促进项目等方面	5	
	2.3 风险诊断报告	9. 针对不同人群、环境和设施，尤其是针对高风险环境、高危人群、脆弱群体的风险进行评估，并形成数据真实、细致完整、研判准确、结论明确的诊断报告。报告至少包括事故与伤害数据分析、各领域风险与隐患清单、灾害风险地图、脆弱人群清单、居民安全需求等5方面内容	5	
3. 安全促进项目（24分）	3.1 目标和计划	10. 根据风险诊断报告，结合地区特点和安全需求，安全促进工作组制定可量化的事故与灾害预防控制目标和计划，干预重点应关注高风险环境、高危人群、脆弱群体	4	
	3.2 项目策划	11. 安全促进工作组依据事故与灾害预防控制目标和计划，策划和实施安全促进项目，项目结构完整，有针对性、示范性、多措并举，效果好	6	
		12. 项目覆盖综合减灾、生产安全、消防安全、交通安全、社会治安、燃气安全等主要方面，且覆盖目标人群或场所不少于60%	5	
	3.3 组织实施	13. 安全促进项目应明确责任人员，并能够履行职责，发挥作用，组织实施安全促进项目。且能够体现社会组织、志愿者和辖区单位的参与情况，证明已多渠道整合辖区相关资源	5	
		14. 安全促进项目有明显的工作过程，能够提供相应的对比数据或客观证据证明工作效果，并用于持续改进	4	
4. 应急预案、队伍与演练（13分）	4.1 编制应急预案	15. 建立街道（乡镇）、社区（村）两级应急预案体系，预案应针对本街道（乡镇）、社区（村）面临的各类灾害风险。应急预案应符合应急预案编制导则，可操作性强，并定期修订更新	4	
	4.2 应急队伍建设	16. 针对地区主要灾害类型，配备专职/兼职应急救援力量，队员应具备较丰富的实践经验并能够履行职责，确保快速、有效地第一时间响应，发挥作用	3	
		17. 街道（乡镇）所辖每个社区（村）有一支志愿者或社工队伍，承担灾害应急和安全社区创建的有关工作，并至少设有一名基层灾害信息员，从事应急信息采集报送工作	3	
	4.3 应急演练	18. 辖区采取多种形式每半年组织一次应急演练，参加人员涵盖社会组织人员、企事业单位员工和社区（村）居民。演练内容包括了组织指挥、灾害预警、灾情上报、人员疏散、转移安置、自救互救、善后处理等环节	3	

续表

一级指标	二级指标	评审内容	满分分值	考核分数
5. 基础设施（12分）	5.1 建立应急避难所	19. 社区设有符合标准的应急避难场所，农村通过新建、改建或确认等方式设置避难场所。避难场所标注信息明确，张贴有应急疏散示意图，避难场所、关键路口设置应急标志或指示牌	3	
	5.2 应急物资储备	20. 建立完善的街道（乡镇）-社区（村）应急物资储备体系，街道（乡镇）应建立应急物资储备点，根据本地实际情况储备有应急抢险救援、应急照明、应急通信和生活救助等常用物资和装备，并制定较为完善的应急物资储备管理制度	3	
	5.3 其他设施	21. 街道（乡镇）建立完善的公共消防设施，配有微型消防站、社区（村）物联网消防远程监控平台等设施	3	
		22. 建立城市公共安全应急管理系统，综合运用物联网、大数据、可视化等技术，实时监控并及时处置辖区内自然灾害、生产安全事故、火灾等突发事件	3	
6. 宣传教育与培训（10分）	6.1 宣传教育与培训计划	23. 根据安全促进目标与计划，每年制定符合社区实际情况的宣传教育与培训计划，每季度有针对综合减灾、生产安全、交通安全、消防安全、社会治安、燃气安全、自救互救等主要领域的主题教育	2	
	6.2 设施和资源	24. 吸纳和整合辖区内安全宣传教育设施和资源，采取多种形式组织实施安全教育培训工作，利用辖区内电子显示屏、电视、微信公众号、刊物、图书馆、安全专栏等开展安全教育，教育培训要重点覆盖辖区主要事故与灾害风险	3	
	6.3 专题活动	25. 结合全国防灾减灾日、唐山地震纪念日、全国消防日、安全生产月、全国科普日、国际减灾日、世界气象日等节点，集中开展防灾减灾宣传教育活动	2	
	6.4 骨干培训	26. 创建领导机构和各工作机构的骨干每半年至少参加一次安全社区评审标准和创建相关工作内容的培训	2	
	6.5 经验交流	27. 街道（乡镇）积极组织前往同类型单位或已创建成功单位的经验交流活动，每年至少组织一次	1	
7. 评审与持续改进（8分）	7.1 总体评估	28. 每半年组织一次对安全社区工作的绩效评估，包括创建工作的计划、过程和效果等方面存在问题和不足，制定改进计划，落实改进措施	3	
		29. 绩效评估应关注辖区重点风险及所涉及的人群与场所，注重实际问题解决的程度及主要灾害风险的管控情况，能够量化的应当量化，评估后应形成报告	3	
	7.2 社区动态管理	30. 建立完善的综合减灾示范社区（村）动态管理规章制度，每年对已获评的综合减灾示范社区（村）进行抽查，确保社区（村）持续符合标准	2	

续表

一级指标	二级指标	评审内容	满分分值	考核分数
8. 创建特色（5分）	8.1 有效的工作方法	31. 街道（乡镇）领导机构在创建过程中有有效的整合资源、调动社区（村）居民、企事业单位、社会组织和志愿者参与的工作方法	1	
	8.2 有可供借鉴灾害预警经验	32. 在灾害预警方面，有独到的经验做法，对推动全市综合减灾工作具有一定示范意义，如利用本土知识和工具进行灾害监测预警预报	1	
	8.3 有具有示范效应的项目	33. 街道（乡镇）在综合风险管控方面有结构完整、针对性强、多措并举、成效显著的促进项目，且具备在全市推广示范的价值	2	
	8.4 宣传教育特色	34. 建有固定的安全宣教场所，场所内以高科技或创新的形式开展安全宣传教育，每月至少对辖区内居民、企业或社会开放1次，有便于社会公众或居民预约服务的联络方式	1	
否决项		1. "一把手"或骨干层对安全社区概念不清、方法不明，没有实质参与创建工作中，未有效整合辖区单位资源，且无明显工作痕迹		
		2. 风险诊断工作流于形式，未识别出重大灾害事故风险和安全隐患，未能将诊断结果用于指导减灾安全促进工作		
		3. 安全促进项目立项依据不充分，针对性不够或以日常工作替代，不能有效解决辖区实际问题		
		4. 创建单位安全基础管理不到位，未对辖区内重大灾害事故风险及安全隐患进行实质干预		
		5. 工作报告内容与实际严重不符		

3.10　SCL 分析实例 9：××市非煤矿矿山类外埠作业企业安全生产许可资质保持情况评估

本案例以××市非煤矿矿山类外埠作业企业安全生产许可资质保持情况评估为例，依据《中华人民共和国安全生产法》（以下简称《安全生产法》）、《安全生产许可证条例》、《非煤矿矿山企业安全生产许可证实施办法》（原国家安全生产监督管理总局令　第78号修正）、《企业安全生产费用提取和使用管理办法》（财资〔2022〕136号）、《××市安全生产条例》、《××市生产经营单位安全生产主体责任规定》（××市人民政府令　第285号）等法规要求，结合非煤矿矿山类企业特点，将安全生产许可资质保持情况评估要素分为安全生产责任制、安全生产规章制度、作业安全规程和操作规程、安全生产管理机构及人员、特种作业人员、安全生产费用、工伤保险、危险性较大的设备设施检测检验、应急救援、安全生产工作总结10类评估基础项和1类综合扣分项，对非煤矿矿山类外埠作业企业的安全生产许可资质保持情况开展评估。具体评定内容见表3.11。

表 3.11　××市非煤矿矿山类外埠作业企业安全生产许可资质保持情况评估表

指标类别	评定要求	评定分值	评分标准	依据
安全生产责任制	1. 安全生产责任制应覆盖全体人员、全部生产经营活动，涵盖主要负责人、分管负责人、其他负责人、安全生产管理人员、各职能部门负责人、班组负责人、其他从业人员（含劳务派遣人员、实习学生等）等全体人员，涵盖本企业所有组织和岗位。 2. 安全生产责任制应明确各岗位的责任人员、责任范围和考核标准等内容。 3. 企业应对全员安全生产责任制落实情况进行考核管理	120	1. 安全生产职责未覆盖所有人员和岗位，每缺一类人员或一个部门、岗位的责任制，扣10分，扣完50分为止。 2. 责任制度内容或要素不全，扣20分。 3. 安全生产职责描述不清晰，与实际或现行有效的法律法规、标准规范要求不符的，扣20分。 4. 企业全员安全生产责任制考核制度或考核标准未分解至职责部门与责任人员，扣10分；职责部门与责任人员的职责未进行逐项考核的，扣20分	《安全生产法》第五条、第二十二条；《××市安全生产条例》第四条、第十四条；《非煤矿矿山企业安全生产许可证实施办法》第六条；《××市生产经营单位安全生产主体责任规定》第六条
安全生产规章制度	安全生产规章制度包括但不限于以下内容。 1. 安全生产教育和培训制度： （1）应规定组织实施的部门及职责分工，培训目的、计划、形式、内容、学时及培训档案等要求。 （2）安全生产教育和培训档案应包括年度安全生产培训计划、培训记录表（含培训时间、地点、培训人、教育培训内容）、培训签到表、培训试卷等有关书面材料和图片资料。 （3）安全生产教育和培训主要包括下列内容： ①安全生产法律、法规、规章和相关标准； ②安全生产责任制、规章制度和操作规程； ③岗位安全操作技能； ④安全设备、设施、工具、劳动防护用品的使用、维护和保管知识； ⑤生产安全事故防范和应急措施、自救互救知识，生产安全事故案例； ⑥其他需要培训的内容。 （4）主要负责人和安全生产管理人员初次安全培训时间不得少于48学时，每年再培训时间不得少于16学时；新上岗的从业人员安全培训时间不得少于72学时，每年再培训的时间不得少于20学时。 （5）新职工三级安全教育培训记录应包括姓名、性别、入职时间、部门或岗位、工种、培训学时（厂级、车间、班组）、考试成绩（厂级、车间、班组）等内容。 （6）劳务派遣人员安全教育培训记录应包括姓名、性别、派遣入职时间、部门或岗位、工种、培训学时等内容	100	1. 制度内容不全，或与实际不符的，扣5分。 2. 制度与现行法律法规、标准规范要求不相符的，扣5分。 3. 无教育培训档案或伪造培训档案，视同未开展安全生产教育培训，扣90分。 （1）安全生产教育和培训档案（年度安全生产培训计划、培训记录表、培训签到表、培训试卷）内容不全，每缺少一项扣10分，扣完50分为止。 （2）每有一人相关培训不符合要求的（包括培训内容不全面、记录不完整、记录内容不翔实、学时不足的），扣2分，扣完30分为止。 （3）未对劳务派遣人员进行安全教育培训的（未能提供培训记录的，视同未进行培训），扣10分	《安全生产法》第二十八条；《××市安全生产条例》第十五条、第二十二条；《非煤矿矿山企业安全生产许可证实施办法》第六条；《××市生产经营单位安全生产主体责任规定》第七条；《生产经营单位安全培训规定》第九条、第十三条

续表

指标类别	评定要求	评定分值	评分标准	依据
安全生产规章制度	2. 安全生产检查制度： （1）应规定组织实施的部门及职责分工，检查频次、内容、形式及检查记录等要求。 （2）安全生产检查记录应包括检查内容、检查时间、检查形式、检查人、发现问题及整改情况等内容	20	1. 制度内容不全，或与实际不符的，扣5分。 2. 制度与现行法律法规、标准规范要求不相符的，扣5分。 3. 安全生产检查记录不全或伪造记录的，每发现一处扣3分，扣完10分为止	《××市安全生产条例》第十五条；《非煤矿矿山企业安全生产许可证实施办法》第六条；《××市生产经营单位安全生产主体责任规定》第七条
	3. 安全风险分级管控制度： （1）应规定组织实施的部门及职责分工，安全风险辨识、分析、评价、更新、告知等方法和要求。 （2）安全风险分级管控记录应包括安全风险辨识内容、风险等级、管控措施及管控责任人等内容	20	1. 制度内容不全，或与实际不符的，扣5分。 2. 制度与现行法律法规、标准规范要求不相符的，扣5分。 3. 安全风险分级管控记录不全或伪造记录的，每发现一处扣3分，扣完10分为止	《安全生产法》第四十一条；《××市安全生产条例》第十五条、第二十七条
	4. 生产安全事故隐患排查治理制度： （1）应规定组织实施的部门及职责分工，排查范围、内容、方法和周期，事故隐患排查、登记、报告、监控、治理、验收各环节过程管理及档案等要求。 （2）生产安全事故隐患排查治理记录应包括隐患内容、位置、排查人员、排查时间、整改措施、计划完成日期、整改负责人、整改确认人及整改复查结果等内容。 （3）生产安全事故重大隐患档案应包括重大隐患评价报告与技术结论、评审意见、隐患治理方案（治理目标和任务、采取方法和措施、经费和物资落实、治理机构和人员、治理时限和要求、安全措施和应急预案）、竣工验收报告等内容	30	1. 制度内容不全，或与实际不符的，扣5分。 2. 制度与现行法律法规、标准规范要求不相符的，扣5分。 3. 生产安全事故隐患排查治理记录、生产安全事故重大隐患档案不全或伪造记录的，每发现一处扣5分，扣完20分为止	《安全生产法》第四十一条；《××市安全生产条例》第十五条；《××市生产经营单位安全生产主体责任规定》第七条
	5. 劳动防护用品配备和使用制度： （1）应规定组织实施的部门及职责分工，劳动防护用品选择、采购、发放、使用、维护、更换、报废、台账记录及发放标准等要求。 （2）劳动防护用品发放记录应包括发放内容、发放时间、领用人等内容	20	1. 制度内容不全，或与实际不符的，扣5分。 2. 制度与现行法律法规、标准规范要求不相符的，扣5分。 3. 劳动防护用品发放记录不全或伪造记录的，每发现一处扣3分，扣完10分为止	《××市安全生产条例》第十五条；《××市生产经营单位安全生产主体责任规定》第七条
	6. 生产安全事故报告和调查处理制度： （1）应规定组织实施部门及职责分工，事故报告程序、时限、内容，调查处理流程及档案等要求。 （2）生产安全事故记录应包括事故时间、事故类别、伤亡人数、经济损失、事故经过、救援过程、事故教训、受害人基本情况及"四不放过"处理等内容	10	1. 制度内容不全，或与实际不符的，扣2分。 2. 制度与现行法律法规、标准规范要求不相符的，扣3分。 3. 生产安全事故记录不全或伪造记录的，每发现一处扣2分，扣完5分为止	《××市安全生产条例》第十五条；《非煤矿矿山企业安全生产许可证实施办法》第六条；《××市生产经营单位安全生产主体责任规定》第七条

续表

指标类别	评定要求	评定分值	评分标准	依据
安全生产规章制度	7. 安全生产资金投入或者安全生产费用提取、使用和管理制度应规定责任部门及职责分工，安全费用提取标准、用途、提取和使用的程序、使用状况审查及档案等要求	10	1. 制度内容不全，或与实际不符的，扣5分。 2. 制度与现行法律法规、标准规范要求不相符的，扣5分	《××市生产经营单位安全生产主体责任规定》第七条
	8. 安全生产奖励和惩罚制度应规定组织实施的部门及职责分工，奖励惩罚方法、内容及奖惩档案等要求	10	1. 制度内容不全，或与实际不符的，扣5分。 2. 制度与现行法律法规、标准规范要求不相符的，扣5分	《非煤矿矿山企业安全生产许可证实施办法》第六条;《××市生产经营单位安全生产主体责任规定》第七条
	9. 安全生产档案管理制度应规定组织实施的部门及职责分工，档案内容及管理等要求	10	1. 制度内容不全，或与实际不符的，扣5分。 2. 制度与现行法律法规、标准规范要求不相符的，扣5分	《非煤矿矿山企业安全生产许可证实施办法》第六条
	10. 设备安全管理制度: （1）应规定组织实施的部门及职责分工，设备设施采购、安装（建设）、调试、验收、使用、检查检测、维护保养、报废及台账档案等要求。 （2）设备设施台账应包括设备设施名称、规格型号、生产厂家、数量、安装日期、使用部门、使用状态、管理责任部门/人	20	1. 制度内容不全，或与实际不符的，扣5分。 2. 制度与现行法律法规、标准规范要求不相符的，扣5分。 3. 设备设施台账记录不全或伪造记录的，每发现一处扣3分，扣完10分为止	《非煤矿矿山企业安全生产许可证实施办法》第六条
	11. 企业结合自身实际，建立健全下列安全生产规章制度（非必须）: （1）具有较大危险因素的生产经营场所、设备和设施的安全管理制度应规定责任部门及职责分工，危险源范围、防范措施及人员行为等要求。 （2）危险作业（爆破、吊装、动火、有限空间、高处/舷外、临时用电、动土、断路、检维修等作业）管理制度: ①应规定责任部门及职责分工，作业流程（包括申请、审核、批准、实施、关闭等）、防范措施及记录等要求。 ②按作业类别分别设立危险作业审批台账，台账应包括作业区域、作业内容、安全防护措施以及申请人员、监护人员、审批人员签字等。 （3）特种作业人员和特种设备操作人员管理制度应规定责任部门及职责分工，培训、取证、复审、证书保管及档案等要求。	30	1. 制度内容不全，或与实际不符的，每发现一处，扣3分，扣完10分为止。 2. 制度与现行法律法规、标准规范要求不相符的，每发现一处，扣3分，扣完10分为止。 3. 制度涉及的档案记录不全或伪造记录的，每发现一处扣3分，扣完10分为止	《××市安全生产条例》第十五条;《××市生产经营单位安全生产主体责任规定》第七条

续表

指标类别	评定要求	评定分值	评分标准	依据
安全生产规章制度	（4）应急预案管理和演练制度应规定应急管理的组织机构及职责分工，救援队伍建设，应急预案编制、评审和演练，应急设施、装备、物资的配置和使用等要求。 （5）重大危险源监控制度： ①应规定责任部门及职责分工，申报备案、检测评估、日常巡检、建档管理等要求。 ②重大危险源台账应包括危险物质名称、数量、位置、管理人员、监控记录、评估报告、检测报告等内容。 （6）危险化学品安全管理制度： ①应规定责任部门及职责分工，购销、出入库登记、专用储存场所（专用仓库、专用储存室、气瓶间或专柜等）和使用现场管理、应急措施及记录等要求。 ②危险化学品管理档案应包括危险化学品安全技术说明书和安全标签、危险化学品出入库记录等资料。 ③危险化学品出入库记录应包括危险化学品名称、入库日期、入库数量、入库单号、保管人签字、出库日期、出库数量、领料单号、领料人签字、库存数量等内容。 （7）消防设施和器材管理制度： ①应规定责任部门及职责分工，消防设施和器材配备、日常维护保养及档案等要求。 ②消防设施和器材管理台账应包括设施器材名称、位置、数量、责任人等内容。 （8）相关方（供应商和承包商）安全管理制度： ①应规定责任部门及职责分工，准入条件、监督指导、评价考核等要求。 ②供应商档案应包括供应商资格预审、选择，供应商续用评价等资料。 ③承包商档案应包括承包商资格预审、选择，承包商开工前准备的确认和承包商续用评价等资料。 （9）野外救生用品和野外特殊生活用品配备使用制度： ①应规定地质勘查各工种从业人员野外救生用品和野外特殊生活用品基本配备要求，以及主要用品的性能指标要求。	30	1. 制度内容不全，或与实际不符的，每发现一处，扣3分，扣完10分为止。 2. 制度与现行法律法规、标准规范要求不相符的，每发现一处，扣3分，扣完10分为止。 3. 制度涉及的档案记录不全或伪造记录的，每发现一处扣3分，扣完10分为止	《××市安全生产条例》第十五条；《××市生产经营单位安全生产主体责任规定》第七条

续表

指标类别	评定要求	评定分值	评分标准	依据
安全生产规章制度	②野外救生用品和野外特殊生活用品发放记录应包括发放内容、发放时间、领用人等内容。 （10）放射源和民用爆炸物品管理制度： ①应包括责任部门及职责分工，放射源、民用爆炸物品购买、使用、运输、储存、报废等要求。 ②放射源管理档案应包括辐射安全许可证、放射源申购审批文件、出厂证明书、送贮证明文件、现有放射源台账、个人剂量监测报告、辐射环境监测报告、辐射工作人员名录及培训合格证书，辐射防护仪器设备及用品明细表、辐射安全与防护状况年度评估报告等资料。 ③民用爆炸物品管理档案应包括民用爆炸物品购买许可证、民用爆炸物品储存许可证、民用爆炸物品使用许可证、爆破员证、安全员证、保管员证或押运员证等资料。 （11）自然灾害预防管理制度应规定预防自然灾害的组织机构及职责任务，暴雨、洪水、雷电、台风、滑坡、泥石流等自然灾害预警预防机制，自然灾害期间值班和调度工作要求及重点部位、关键环节巡视检查要求，自然灾害可能导致重大险情时紧急撤人程序和撤退路线等内容。 （12）转场作业及转运制度应包括责任部门及职责分工，转场作业及途中转运等要求	30	1. 制度内容不全，或与实际不符的，每发现一处，扣3分，扣完10分为止。 2. 制度与现行法律法规、标准规范要求不相符的，每发现一处，扣3分，扣完10分为止。 3. 制度涉及的档案记录不全或伪造记录的，每发现一处扣3分，扣完10分为止	《××市安全生产条例》第十五条；《××市生产经营单位安全生产主体责任规定》第七条
作业安全规程和操作规程	作业安全规程和各工种安全操作规程应包括下列内容： （1）作业/岗位存在的主要危险源及控制要求； （2）设备使用方法或作业程序； （3）个体防护要求； （4）严禁事项； （5）紧急情况现场处置措施	50	1. 与企业基本情况、安全生产责任制等资料对照，作业安全规程和各工种操作规程内容不全，每缺一项扣10分，扣完30分为止。 2. 作业安全规程和各工种操作规程不适用、不具备可操作性的，发现一项扣5分，扣完20分为止	《非煤矿矿山企业安全生产许可证实施办法》第六条
安全生产管理机构及人员	1. 从业人员总数超过100人的，应设置安全生产管理机构，按照不少于从业人员总数1%的比例配备专职安全生产管理人员，且最低不得少于3人。从业人员总数在100人以下的，应配备专职安全生产管理人员。 2. 配备的安全生产管理人员中，具有相应类别的注册安全工程师的数量，不得少于安全生产管理人员总数的15%，且最低不得少于1人。	60	1. 安全生产管理机构或安全生产管理人员配备人数不符合要求，扣30分。（注：被派遣劳动者的数量计入本单位从业人员总数） 2. 安全生产管理人员中注册安全工程师配备不符合要求，扣10分。 3. 主要负责人、安全管理人员未取证或证书过期的，扣10分。	《××市生产经营单位安全生产主体责任规定》第十一条、第十三条、第十四条；《安全生产法》第二十七条；《非煤矿矿山企

续表

指标类别	评定要求	评定分值	评分标准	依据
安全生产管理机构及人员	3. 主要负责人和安全生产管理人员经安全生产监督管理部门考核合格，取得安全资格证书	60	4. 主要负责人和安全生产管理人员与工商营业执照和安全生产管理人员任命书人员不一致，扣10分	业安全生产许可证实施办法》第六条
特种作业人员	1. 企业特种作业人员岗位设置说明应包括企业工艺、作业说明、特种作业类别、作业人员数量等内容。 2. 特种作业人员台账应包括工种、姓名、性别、取证时间、复审时间、证书编号等内容，以及特种作业人员特种作业操作资格证书复印件。 3. 企业无特种作业人员情况说明应包括企业安全生产许可范围、企业工艺流程、作业说明、无特种作业人员的说明等内容	30	对照"企业特种作业人员岗位设置说明"、安全生产责任制各岗位设置及规章制度，应取得特种作业操作资格证书的人员，未取得相应资格的，每人次扣10分，特种作业操作资格证书未在有效期内，每人次扣5分，扣完30分为止	《安全生产法》第三十条；《××市生产经营单位安全生产主体责任规定》第十九条；《非煤矿矿山企业安全生产许可证实施办法》第六条
安全生产费用	1. 应按照规定提取和使用安全生产费用：地质勘探单位按地质勘查项目或工程总费用的2%，钻井、物探、测井、录井、井下作业、油建、海油工程等企业按照项目或工程造价中的直接工程成本的2%，矿山建设以矿山工程造价的3.5%，逐月提取企业安全生产费用，专门用于改善安全生产条件。安全生产费用在成本中据实列支。 2. 安全生产费用专项用于下列安全生产事项： （1）购置购建、更新改造、检测检验、检定校准、运行维护安全防护和紧急避险设施、设备支出（不含按照"建设项目安全设施必须与主体工程同时设计、同时施工、同时投入生产和使用"规定投入的安全设施、设备）； （2）购置、开发、推广应用、更新升级、运行维护安全生产信息系统、软件、网络安全、技术支出； （3）配备、更新、维护、保养安全防护用品和应急救援器材、设备支出； （4）企业应急救援队伍建设（含建设应急救援队伍所需应急救援物资储备、人员培训等方面）、安全生产宣传教育培训、从业人员发现报告事故隐患的奖励支出； （5）安全生产责任保险、承运人责任险等与安全生产直接相关的法定保险支出； （6）安全生产检查检测、评估评价（不含新建、改建、扩建项目安全评价）、评审、咨询、标准化建设、应急预案制修订、应急演练支出； （7）与安全生产直接相关的其他支出	100	1. 查看年度安全生产费用提取和使用计划：提取资金数额不符合要求的，扣10分；支出项目不符合规定，扣5分；使用范围和项目不具体的，扣5分。 2. 核对上一年度安全费用提取、使用情况，查看财务报表、台账、购物发票、报销凭证等，安全生产费用支出项目不符合规定，变相挤占、挪用安全生产费用的（如将人员工资、地面设施维修工程款、污水处理设备费、排污费等列入安全生产费用支出），每发现一处扣10分，扣完30分为止。 3. 安全生产费用支出证明材料与支出台账不一致的，每发现一处扣10分。重复列支安全生产费用，每发现一处扣10分，扣完30分为止。 4. 安全生产费用结余未转入下一年度的，扣20分	《安全生产法》第二十三条；《××市安全生产条例》第十八条；《企业安全生产费用提取和使用管理办法》第十条、第十三条、第十七条

续表

指标类别	评定要求	评定分值	评分标准	依据
工伤保险	依法参加工伤保险，为从业人员缴纳保险费。投保安全生产责任保险： （1）提供的工伤保险缴纳证明应为评定年度全年的缴纳证明。提供安全生产责任险缴纳证明材料。 （2）提供的企业职工名册应包括员工姓名、性别、部门、岗位、入职时间等内容。 （3）提供劳务派遣单位缴纳的劳务派遣人员用工期间安全生产责任险、意外伤害保险（非必须）的证明材料。 （4）提供的劳务派遣人员名册应包括被派遣人姓名、用工岗位、派遣日期、派遣期限、是否签订劳动合同、是否参加社会保险等内容。 （5）劳动派遣合同应明确派遣单位缴纳工伤保险的相关事项	60	1. 工伤保险缴费证明材料中缴费人员与非煤矿矿山类企业安全生产许可证申请书或企业职工名册员工人数不一致，每缺少一人扣5分，扣完20分为止。 2. 未提供评定年度工伤保险缴纳证明的，扣20分。 3. 劳务派遣合同未明确派遣单位缴纳工伤保险相关事项的，扣10分。 4. 未提供劳务派遣人员安全生产责任证明材料的，每发现一人，扣5分；缴纳单位非劳务派遣单位的，每发现一人，扣3分；缴纳时间与用工期不一致的，每发现一人，扣3分；扣完10分为止	《安全生产法》第五十一条；《××市安全生产条例》第三十六条；《非煤矿矿山企业安全生产许可证实施办法》第六条
危险性较大的设备设施检测检验	1. 危险性较大的设备、设施应按照国家有关规定进行定期检测检验。 2. 危险性较大的设备、设施（含特种设备）台账应包括设备设施名称、规格型号、制造厂家、所在部门/部位、购置时间、注册登记编号、使用状态、检测日期、下次检测日期、管理责任部门/人	100	1. 危险性较大的设备、设施（含特种设备）台账内容不完整，每缺一项扣5分，扣完20分为止。 2. 未提供检测检验合格证明材料（或三年内新购置设备未提交购置发票的），每发现一台，扣20分，检测检验合格证明材料不在有效期内，每发现1台，扣15分，扣完80分为止	《安全生产法》第三十七条；《中华人民共和国特种设备安全法》第三十五条；《非煤矿矿山企业安全生产许可证实施办法》第六条
应急救援	1. 应结合本企业组织管理体系、生产规模和可能发生的事故特点，科学合理确立本企业的应急预案体系。综合应急预案、专项应急预案、现场处置方案应符合《生产经营单位生产安全事故应急预案编制导则》（GB/T 29639—2020）的要求。应急预案中应急组织机构和人员的联系方式、应急物资储备清单等信息应与实际相符。 2. 应急预案应报应急管理部门备案，并进行评审形成书面评审意见。 3. 应制定应急预案演练计划，根据本企业事故风险特点，每年至少组织一次综合应急预案演练或者专项应急预案演练，每半年至少组织一次现场处置方案演练。 4. 每次应急预案演练结束后，应急预案演练组织单位应对应急预案演练效果进行评估，撰写应急预案演练评估报告，分析存在的问题，并对应急预案提出修订意见。演练评估报告应包括： ①演练基本概要； ②演练发现的问题，取得的经验和教训；	100	1. 应急预案未定期修订和完善的，扣10分。 2. 未提供生产安全事故应急预案备案登记表的，扣10分；未提供应急预案评审意见的，扣10分	《安全生产法》第八十一条；《××市安全生产条例》第五十五条；《非煤矿矿山企业安全生产许可证实施办法》第六条；《生产安全事故应急预案管理办法》第二十六条、第三十三条、第三十四条

续表

指标类别	评定要求	评定分值	评分标准	依据
应急救援	③应急管理工作建议。 5. 采掘施工企业应建立事故应急救援组织,并与邻近的矿山救护队或其他有资质的应急救援组织签订救护协议(或提供甲方与矿山救护队签订救护协议);地质勘探单位、石油天然气企业应与作业所在地医疗卫生机构签订救护协议: ①矿山救护队应取得矿山救护队资质证书;医疗卫生机构应具备急救能力。 ②救护协议要素包括但不限于:救护服务范围、服务方式(联系方式)、服务期限、服务费用、双方的权利、义务和责任、签订日期等内容。 6. 应根据实际需求,配备必要的应急救援器材、设备,指定专人负责管理,并建立使用状况台账,定期检测和维护	100	3. 应急预案中应急组织机构和人员的联系方式、应急物资储备清单等信息与实际不符,每发现一处扣2分,扣完10分为止。 4. 应急预案演练次数不足的,扣10分。 5. 应急预案演练总结报告内容不完整,每缺少一项扣5分,扣完15分为止。 6. 救护协议签署方不符合要求:矿山救护队未取得矿山救护队资质证书;或医疗卫生机构不具备急救能力,扣20分。 7. 救护协议要素不齐全,每缺少一项扣5分,扣完15分为止。 8. 应急救援器材、设备台账不完整的,扣10分	《安全生产法》第八十一条;《××市安全生产条例》第五十五条;《非煤矿矿山企业安全生产许可证实施办法》第六条;《生产安全事故应急预案管理办法》第二十六条、第三十三条、第三十四条
安全生产工作总结	1. "企业申请安全生产许可有关情况的说明"应包括企业名称、地址、从业人数、专职安全管理人员数量、许可范围、作业流程等内容。 2. 评定年度安全生产工作总结应包括评定年度安全生产开展的工作情况(如安全生产责任制履职情况、安全生产教育和培训开展情况、安全风险分级管控和隐患排查治理双重预防工作机制建设情况、生产安全事故应急救援预案建设及应急救援演练情况等)、安全生产特色亮点工作、安全生产工作成效等内容	50	1. 情况说明内容不完整、存在缺项的,每缺少一项扣5分,扣完20分为止。 2. 评定年度安全生产工作总结内容不完整、存在缺项的,扣20分;总结千篇一律,未能体现企业特色,扣10分	
综合扣分项	1. 评估年度内受到安全生产行政处罚。 2. 评估年度内被举报投诉到"12345"等平台或各级应急管理部门,且经查证举报内容属实。 3. 评估年度被列入经营异常名录	50	1. 评估年度内受到安全生产行政处罚,扣20分。 2. 每出现一次投诉举报,扣10分。 3. 被列入经营异常名录的,扣10分。 4. 扣满50分为止	

第4章 作业条件危险性分析

4.1 方法概述

4.1.1 分析原理

作业条件危险性分析（LEC）是由 K.J. 格雷厄姆和 G.F. 金尼提出的，其将影响作业危险性的因素归纳为三个因素：

① 发生事故或危险事件的可能性；
② 暴露于危险环境的频繁程度；
③ 事故一旦发生可能产生的后果。

以作业条件危险性 D 为因变量，其与三个影响因素（自变量）之间的关系可用下式表示：

$$D = LEC$$

式中　D——作业条件的危险性；
　　　L——作业条件下事故或危险事件发生的可能性；
　　　E——人员暴露于危险环境中的频率；
　　　C——发生事故或危险事件的可能后果。

依据实际情况对作业条件危险性三个影响因素进行赋值，通过上式计算出作业条件危险性的数值，即可确定该作业条件的危险程度。

作业条件危险性分析法是对人员在具有潜在危险性环境中作业时危险性进行评价的半定量评价方法，适用于作业的局部评价，不适用于普遍分析。

（1）自变量 L 的取值

考虑到事故或危险事件发生的可能性与其实际发生的概率相关。使用概率表示时，绝对不可能发生的概率为 0，而必然发生的事件，其概率为 1。实际评估作业危险性时，不存在绝对不可能发生的事故，即概率可以趋近于 0，但不能为 0，故将实际上不可能发生的情况作为"打分"的参考点，定其分数值为 0.1。

作业条件下事故或危险事件发生的可能性（L 值）的赋分标准见表 4.1。

表 4.1 作业条件下事故或危险事件发生的可能性（L 值）的赋分标准

分数	事故或危险事件发生可能性	分数	事故或危险事件发生可能性
10	完全可以预料	0.5	很不可能，可以设想
6	相当可能	0.2	极不可能
3	可能，但不经常	0.1	实际不可能
1	可能性小，完全意外		

（2）自变量 E 的取值

作业人员暴露于危险作业条件的时间越长、次数越多，受到伤害的可能性也就越大。规定连续出现在潜在危险环境的暴露频率分值为 10，一年仅出现几次非常稀少的暴露频率分值为 1。以 10 和 1 为参考点，根据在潜在危险作业条件中暴露情况进行划分，并对应地确定其分值。人员暴露于危险环境中的频率（E 值）的赋分标准见表 4.2。

表 4.2 人员暴露于危险环境频率（E 值）的赋分标准

分数	暴露于危险环境的频繁程度	分数	暴露于危险环境的频繁程度
10	连续暴露	2	每月一次暴露
6	每天工作时间内暴露	1	每年几次暴露
3	每周一次或偶然暴露	0.5	非常罕见地暴露

（3）自变量 C 的取值

发生事故或危险事件的可能后果变化范围较大，如从轻微伤害到许多人死亡之间变化，规定需要救护的轻微伤害的后果值为 1，造成许多人死亡的后果值规定为 100，在这两个参考点 1~100 之间，插入相应的中间值，如表 4.3 所示为发生事故或危险事件的可能后果的赋分标准。

表 4.3 发生事故或危险事件的可能后果（C 值）的赋分标准

分数	事故或危险事件产生的后果	分数	事故或危险事件产生的后果
100	大灾难，许多人死亡	7	严重，重伤
40	灾难，数人死亡	3	重大，致残
15	非常严重，一人死亡	1	引人注目，需要救护

（4）因变量 D 的分值

确定了上述 3 个具有潜在危险性的作业条件的分值，按公式进行计算，即可得危险性分值。由经验可知，危险性分值小于 20 的情况为低危险性，通常可以被接受。危险性分值大于等于 320 时，表示该作业条件极其危险，应立即停止作业直至危险消除、作业条件得到改善才能恢复作业。危险性（D 值）分值分级见表 4.4。

表 4.4　危险性（D 值）分值分级

危险源级别	分数值	事故发生的可能性
一级	$D \geqslant 320$	极其危险，不能继续作业
二级	$160 \leqslant D < 320$	高度危险，须立即整改
三级	$70 \leqslant D < 160$	显著危险，需整改
四级	$20 \leqslant D < 70$	一般危险，需注意
五级	$D < 20$	稍有危险，可以接受

4.1.2　分析程序

作业条件危险性分析程序为：
① 组建评价小组；
② 识别评价对象的危险有害因素；
③ 参照标准对 L、E、C 分别进行赋值，取平均值作为 L、E、C 的计算分值；
④ 根据 $D=LEC$，计算危险性分值 D，并对照标准确定危险性等级；
⑤ 提出风险控制措施建议。

4.1.3　方法评述

作业条件危险性分析的优点：简单易行，易于推广，危险程度的级别划分清楚、醒目。
作业条件危险性分析的缺点：依据评估人员经验确定三个自变量的分值，具有一定的主观性，此外，该方法是针对一种作业的局部评价，不适用于普遍分析。

4.2　LEC 分析实例 1：动火作业危险性分析

动火作业是指直接或间接产生明火的工艺装置以外的禁火区内可能产生火焰、火花和炽热表面的非常规作业，如使用电焊、气焊（割）、喷灯、电钻、砂轮、风镐、开凿等能产生火焰、火花和炙热表面的施工作业。

动火作业主要风险包括火灾、爆炸、触电、灼伤、有害气体和烟尘、光辐射作用等。

作业前：作业单位未对作业现场及作业涉及的设备、设施、工器具等进行检查，如作业现场消防通道、行车通道不畅通，影响作业安全的杂物未清理，可能引发火灾；作业现场可能危及安全的坑、井、沟、孔洞等未采取有效防护措施，可能引发高处坠落事故；作业使用的电气焊用具不符合作业安全要求，可能引发触电；作业单位未办理作业审批手续，可能引发火灾爆炸。

作业过程中：未清除动火现场及周围的易燃物品；未配备消防器材；动火点周围有可能泄漏易燃、可燃物料的设备，未采取有效的隔离措施；作业监护人员未坚守岗位；气焊、气割动火作业时，氧气瓶和乙炔瓶未设置防倾倒措施，氧气瓶和乙炔瓶间距小于5m，氧气瓶、乙炔瓶与作业地点间距小于10m；气焊火焰、电弧、熔渣或金属飞溅等产生明火，可能引发火灾爆炸；气焊火焰、电弧、熔渣或金属飞溅可能产生灼烫；电焊作业时，电焊产生烟尘、有毒气体，电弧光辐射，焊接放射性射线、高频电磁场辐射可能产生职业伤害；此外，五级及以上大风天气开展露天动火作业也可能引发火灾爆炸。

作业后：未确认无残留火种即离开可能引发火灾爆炸；作业用的工器具、临时电源、临时照明设备等未撤离现场，可能引发触电或其他伤害。动火作业危险因素辨识见表4.5。

表4.5 动火作业危险因素辨识表

阶段	危险因素	可能引发的事故
作业前	作业现场消防通道、行车通道不畅通，影响作业安全的杂物未清理	火灾
	作业现场可能危及安全的坑、井、沟、孔洞等未采取有效防护措施	高处坠落
	作业使用的电气焊用具不符合作业安全要求	触电
	作业单位未办理作业审批手续	火灾、爆炸
作业中	未清除动火现场及周围的易燃物品	火灾、爆炸
	未配备消防器材	火灾、爆炸
	动火点周围有可能泄漏易燃、可燃物料的设备，未采取有效的隔离措施	火灾、爆炸
	作业监护人员未坚守岗位	火灾、爆炸
	气焊、气割动火作业时，氧气瓶和乙炔瓶未设置防倾倒措施	火灾、爆炸
	气焊、气割动火作业时，氧气瓶和乙炔瓶间距小于5m，氧气瓶、乙炔瓶与作业地点间距小于10m	火灾、爆炸
	气焊火焰、电弧、熔渣或金属飞溅等产生明火	火灾、爆炸、灼烫
	电焊产生烟尘、有毒气体，电弧光辐射	职业伤害
	焊接放射性射线、高频电磁场辐射	职业伤害
	五级及以上大风天气开展露天动火作业	火灾、爆炸
作业后	作业完毕后未确认无残留火种即离开	火灾、爆炸
	作业用的工器具、临时电源、临时照明设备等未撤离现场	触电、其他伤害

根据表4.5，结合工作经验和历史事故案例，对辨识的危险因素进行危险性分析，对L、E、C进行赋值，计算D值，计算结果见表4.6。

表4.6 动火作业危险性分析与危险评价

危险因素	可能引发的事故	L	E	C	D	危险源等级
作业现场消防通道、行车通道不畅通，影响作业安全的杂物未清理	火灾	6	2	15	180	二级
作业现场可能危及安全的坑、井、沟、孔洞等未采取有效防护措施	高处坠落	3	2	15	90	三级
作业使用的电气焊用具不符合作业安全要求	触电	3	2	15	90	三级

续表

危险因素	可能引发的事故	L	E	C	D	危险源等级
作业单位未办理作业审批手续	火灾、爆炸	6	2	15	180	二级
未清除动火现场及周围的易燃物品	火灾、爆炸	6	2	15	180	二级
未配备消防器材	火灾、爆炸	3	2	15	90	三级
动火点周围有可能泄漏易燃、可燃物料的设备，未采取有效的隔离措施	火灾、爆炸	3	2	15	90	三级
作业监护人员未坚守岗位	火灾、爆炸	3	2	15	90	三级
气焊、气割动火作业时，氧气瓶和乙炔瓶未设置防倾倒措施	火灾、爆炸	3	2	15	90	三级
气焊、气割动火作业时，氧气瓶和乙炔瓶间距小于5m，氧气瓶、乙炔瓶与作业地点间距小于10m	火灾、爆炸	6	2	15	180	二级
气焊火焰、电弧、熔渣或金属飞溅等产生明火	火灾、爆炸、灼烫	6	2	15	180	二级
电焊产生烟尘、有毒气体，电弧光辐射	职业伤害	6	2	3	36	四级
焊接放射性射线、高频电磁场辐射	职业伤害	6	2	1	12	五级
五级及以上大风天气开展露天动火作业	火灾、爆炸	1	2	15	30	四级
作业完毕后未确认无残留火种即离开	火灾、爆炸	3	2	15	90	三级
作业用的工器具、临时电源、临时照明设备等未撤离现场	触电、其他伤害	3	2	7	42	四级

4.3　LEC分析实例2：熏蒸作业危险性分析

粮食、烟草、货物运输、物资储备等行业涉及熏蒸作业，熏蒸作业是指利用磷化铝等化学药剂释放磷化氢气体，进行熏蒸杀灭害虫的过程。熏蒸作业经常采用磷化铝等化学药剂，杀虫原理为磷化铝吸收水分后会产生剧毒气体磷化氢（PH_3），以实现有效杀死各种害虫成虫与虫卵的效果。磷化氢具有无色、无味、剧毒、易于燃爆等特性，因磷化氢气体其特殊化学特性及理化反应，遇水或潮气易发生自燃，熏蒸操作中存在燃爆、中毒、因密闭缺氧等安全风险，且磷化氢对金属铜腐蚀严重，影响库内电气线路设施及消防报警系统的正常使用。

熏蒸作业危险因素见表4.7。

表4.7　熏蒸作业危险因素辨识表

阶段	危害因素	可能导致的事故
作业前	熏蒸作业前未进行审批	中毒、火灾、爆炸
	作业人员未掌握磷化氢熏蒸基本知识	中毒、火灾、爆炸
	未掌握磷化氢熏蒸设备和器具操作技能	中毒、火灾、爆炸
	熏蒸药剂未存放于专门药剂室	中毒
	药剂室通风装置失效	中毒
	磷化铝熏蒸前未切断仓库电源	火灾、爆炸
	库内漏雨或帐幕内结露，水滴滴入药剂	火灾、爆炸

续表

阶段	危害因素	可能导致的事故
作业中	磷化氢发生器施药过程中突然停电,二氧化碳供应中断	火灾、爆炸
	进库人员穿戴金属物件或带铁钉的鞋	火灾、爆炸
	作业人员使用金属器具,产生火花	火灾爆炸
	作业人员未穿工作服(长袖衣裤),无渗透手套防护性能失效	中毒
	熏蒸作业未佩戴空气呼吸器或空气呼吸器失效	窒息、中毒
	磷化氢发生器施药或磷化氢与二氧化碳钢瓶混合气施药仓外操作时,作业人员未佩戴防护器具或防护器具失效,未站在上风处	窒息、中毒
	熏蒸现场未配备消防器材	火灾、爆炸
	熏蒸现场未配备中毒急救用品	中毒
	熏蒸过程未对熏蒸现场及周围设置警戒标志	中毒
	气体浓度检测报警仪失效	中毒
	独自一人进行熏蒸操作	中毒
	未清点作业人数,人员被关闭在库内	中毒、窒息
作业后	散气作业未佩戴空气呼吸器或空气呼吸器失效	中毒、窒息
	独自一人进行散气操作	中毒
	熏蒸后磷化铝残渣未妥善处理	中毒

根据表 4.7,结合工作经验和历史事故案例,对辨识的危险因素进行危险性分析,对 L、E、C 进行赋值,计算 D 值,计算结果见表 4.8。

表 4.8 熏蒸作业危险性分析与危险评价

危险因素	可能引发的事故	L	E	C	D	危险源等级
熏蒸作业前未进行审批	中毒、火灾、爆炸	3	1	15	45	四级
作业人员未掌握磷化氢熏蒸基本知识	中毒、火灾、爆炸	6	1	40	240	二级
未掌握磷化氢熏蒸设备和器具操作技能	中毒、火灾、爆炸	6	1	40	240	二级
熏蒸药剂未存放于专门药剂室	中毒	3	1	15	45	四级
药剂室通风装置失效	中毒	3	1	7	21	五级
磷化铝熏蒸前未切断仓库电源	火灾、爆炸	6	1	7	42	四级
库内漏雨或帐幕内结露,水滴滴入药剂	火灾、爆炸	3	1	7	21	五级
磷化氢发生器施药过程中突然停电,二氧化碳供应中断	火灾、爆炸	3	1	15	45	四级
进库人员穿戴金属物件或带铁钉的鞋	火灾、爆炸	3	1	15	45	四级
作业人员使用金属器具,产生火花	火灾、爆炸	3	1	15	45	四级
作业人员未穿工作服(长袖衣裤),无渗透手套防护性能失效	中毒	3	1	15	45	四级
熏蒸作业未佩戴空气呼吸器或空气呼吸器失效	窒息、中毒	6	1	15	90	三级
磷化氢发生器施药或磷化氢与二氧化碳钢瓶混合气施药仓外操作时,作业人员未佩戴防护器具或防护器具失效,未站在上风处	窒息、中毒	6	1	15	90	三级

续表

危险因素	可能引发的事故	L	E	C	D	危险源等级
熏蒸现场未配备消防器材	火灾、爆炸	3	1	7	21	五级
熏蒸现场未配备中毒急救用品	中毒	3	1	7	21	五级
熏蒸过程未对熏蒸现场及周围设置警戒标志	中毒	6	1	7	42	四级
气体浓度检测报警仪失效	中毒	6	1	15	90	三级
独自一人进行熏蒸操作	中毒	3	1	15	45	四级
未清点作业人数，人员被关闭在库内	中毒、窒息	3	1	15	45	四级
散气作业未佩戴空气呼吸器或空气呼吸器失效	中毒、窒息	6	1	15	90	三级
独自一人进行散气操作	中毒	3	1	15	45	四级
熏蒸后磷化铝残渣未妥善处理	中毒	3	1	7	21	五级

4.4 LEC 分析实例 3：客运索道作业危险性分析

客运索道是指动力驱动，利用柔性绳索牵引箱体等运载工具运送人员的机电设备，包括客运架空索道、客运缆车、客运拖牵索道等。非公用客运索道和专用于单位内部通勤的客运索道除外。

客运索道安全风险可分为人的不安全行为、物的不安全状态和管理缺陷。

（1）客运索道作业人员不安全行为

① 作业人员未取得相应设备操作证书，无证上岗。

② 每日开始运行之前，未彻底检查全线设备是否处于完好状态，在运送乘客之前未进行一次试车。

③ 索道每天停止运营前，作业人员未检查并确认索道线路上或上车区域是否仍有乘客，即关闭索道的入口。

④ 未在客运索道等待乘坐区域设置乘客引导标志。

⑤ 未将安全注意事项和警示标志置于易于被乘客注意的显著位置。

⑥ 未对客运索道的主要受力结构件、安全附件、安全保护装置、运行机构、控制系统等进行日常维护保养。

⑦ 作业人员违规操作。

⑧ 作业人员未具备安全操作技能，缺乏安全责任意识。

（2）客运索道的不安全状态

① 吊具横向摆动与外侧障碍物的水平净空不满足规范要求，吊具纵向摆动触碰走台或横担。

② 索道线路两侧有危及索道安全的树木和山石。

③ 架空索道离地最小距离不满足规范要求。

④ 架空索道站口附近区域无防止人员穿行的安全隔离措施。
⑤ 循环索道配备的救护设备不足2套。
⑥ 救护绳的长度及缓降器的剩余次数不满足救护要求。
⑦ 钢丝绳接头绳股插入部位表面的损伤达到报废规定。
⑧ 绳股插入点钢丝绳直径增大量超过检规规定。
⑨ 托压索轮组工作不正常，转动不灵活，运行有异响。
⑩ 轮衬异常磨损。
⑪ 站内机械设备、电气设备及钢丝绳无必要的防护。
⑫ 站内只有一套独立的电源供电，备用动力系统工作不正常，不能带动紧急驱动装置启动。
⑬ 站台站口有人员跌落风险时，未装设防护网，或防护网结不结实牢固。
⑭ 行程极限位置未设有限位开关，或触发装置不能触碰到限位开关。
⑮ 未装设风速仪，未在站房设置风速显示及报警装置。
⑯ 有乘务员的车厢和驱动站之间通话故障，车厢没有乘务员时，沿线路或车厢内广播无法全线覆盖。

（3）客运索道管理缺陷
① 未建立安全管理制度和客运索道技术档案。
② 事故应急预案不健全。
③ 年度自行检查记录不健全。
④ 未每3年进行1次全面检验或检测不合格。
⑤ 索道辖区内道路、站台地面在冬季、雨季缺乏防滑措施。

客运索道作业及运行危险因素见表4.9。

表4.9 客运索道作业及运行危险因素辨识表

分类	危害因素	可能导致的事故
客运索道作业人员不安全行为	作业人员未取得相应设备操作证书，无证上岗	高处坠落、摔伤、挤压
	每日开始运行之前，未彻底检查全线设备是否处于完好状态，在运送乘客之前未进行一次试车	高处坠落
	索道每天停止运营前，作业人员未检查并确认索道线路上或上车区域是否仍有乘客	高处坠落
	未在客运索道等待乘坐区域设置乘客引导标志	高处坠落、摔伤、挤压
	未将安全注意事项和警示标志置于易于被乘客注意的显著位置	高处坠落、摔伤、挤压
	站台上未设置人流方向指示及上下车线、禁止线、上车区、下车区、等待区等安全指示标志	高处坠落、摔伤、挤压
	未对客运索道的主要受力结构件、安全附件、安全保护装置、运行机构、控制系统等进行日常维护保养	高处坠落
	作业人员违规操作	高处坠落、摔伤、挤压
	作业人员未具备安全操作技能，缺乏安全责任意识	高处坠落、摔伤、挤压

续表

分类	危害因素	可能导致的事故
客运索道的不安全状态	吊具横向摆动与外侧障碍物的水平净空不满足规范要求，吊具纵向摆动触碰走台或横担	高处坠落
	索道线路两侧有危及索道安全的树木和山石	高处坠落、挤压
	架空索道离地最小距离不满足规范要求	碰撞、挤压
	架空索道站口附近区域无防止人员穿行的安全隔离措施	摔伤、挤压
	循环索道配备的救护设备不足2套	高处坠落
	救护绳的长度及缓降器的剩余次数不满足救护要求	高处坠落
	钢丝绳接头绳股插入部位表面的损伤达到报废规定	高处坠落
	绳股插入点钢丝绳直径增大量超过检规规定	高处坠落
	托压索轮组工作不正常，转动不灵活，运行有异响	高处坠落
	轮衬异常磨损	高处坠落
	站内机械设备、电气设备及钢丝绳无必要的防护	触电、机械伤害
	站内只有一套独立的电源供电，备用动力系统工作不正常，不能带动紧急驱动装置启动	停车、高处坠落
	站台站口有人员跌落风险时，未装设防护网，或防护网结不结实牢固	高处坠落
	行程极限位置未设有限位开关，或触发装置不能触碰到限位开关	高处坠落
	未装设风速仪，未在站房设置风速显示及报警装置	高处坠落
	有乘务员的车厢和驱动站之间通话故障，车厢没有乘务员时，沿线路或车厢内广播无法全线覆盖	高处坠落
客运索道管理缺陷	未建立安全管理制度和客运索道技术档案	高处坠落、摔伤、挤压
	事故应急预案不健全	高处坠落、摔伤、挤压
	年度自行检查记录不健全	高处坠落、摔伤、挤压
	未每3年进行1次全面检验或检测不合格	高处坠落、摔伤、挤压
	索道辖区内道路、站台地面在冬季、雨季缺乏防滑措施	高处坠落、摔伤、挤压

根据表 4.9，结合工作经验和历史事故案例，对辨识的危险因素进行危险性分析，对 L、E、C 进行赋值，计算 D 值，计算结果见表 4.10。

表 4.10 客运索道作业及运行危险性分析与危险评价

危险因素	可能引发的事故	L	E	C	D	危险源等级
作业人员未取得相应设备操作证书，无证上岗	高处坠落、摔伤、挤压	3	6	7	126	三级
每日开始运行之前，未彻底检查全线设备是否处于完好状态，在运送乘客之前未进行一次试车	高处坠落	6	6	7	252	二级
索道每天停止运营前，作业人员未检查并确认索道线路上或上车区域是否仍有乘客	高处坠落	3	6	7	126	三级
未在客运索道等待乘坐区域设置乘客引导标志	高处坠落、摔伤、挤压	3	6	3	54	四级

续表

危险因素	可能引发的事故	L	E	C	D	危险源等级
未将安全注意事项和警示标志置于易于被乘客注意的显著位置	高处坠落、摔伤、挤压	6	6	3	108	三级
站台上未设置人流方向指示及上下车线、禁止线、上车区、下车区、等待区等安全指示标志	高处坠落、摔伤、挤压	3	6	3	54	四级
未对客运索道的主要受力结构件、安全附件、安全保护装置、运行机构、控制系统等进行日常维护保养	高处坠落	3	6	7	126	三级
作业人员违规操作	高处坠落、摔伤、挤压	3	6	7	126	三级
作业人员未具备安全操作技能,缺乏安全责任意识	高处坠落、摔伤、挤压	6	6	7	252	二级
吊具横向摆动与外侧障碍物的水平净空不满足规范要求,吊具纵向摆动触碰走台或横担	高处坠落	1	6	7	42	四级
索道线路两侧有危及索道安全的树木和山石	高处坠落、挤压	1	6	7	42	四级
架空索道离地最小距离不满足规范要求	碰撞、挤压	1	6	7	42	四级
架空索道站口附近区域无防止人员穿行的安全隔离措施	摔伤、挤压	3	6	3	54	四级
循环索道配备的救护设备不足 2 套	高处坠落	3	6	3	54	四级
救护绳的长度及缓降器的剩余次数不满足救护要求	高处坠落	3	6	3	54	四级
钢丝绳接头绳股插入部位表面的损伤达到报废规定	高处坠落	3	6	3	54	四级
绳股插入点钢丝绳直径增大量超过检规规定	高处坠落	3	6	15	270	二级
托压索轮组工作不正常,转动不灵活,运行有异响	高处坠落	3	6	7	126	三级
轮衬异常磨损	高处坠落	3	6	7	126	三级
站内机械设备、电气设备及钢丝绳无必要的防护	触电、机械伤害	6	6	7	252	二级
站内只有一套独立的电源供电,备用动力系统工作不正常,不能带动紧急驱动装置启动	停车、高处坠落	3	6	3	54	四级
站台站口有人员跌落风险时,未装设防护网,或防护网结不结实牢固	高处坠落	3	6	7	126	三级
行程极限位置未设有限位开关,或触发装置不能触碰到限位开关	高处坠落	3	6	7	126	三级
未装设风速仪,未在站房设置风速显示及报警装置	高处坠落	3	6	3	54	四级
有乘务员的车厢和驱动站之间通话故障,车厢没有乘务员时,沿线路或车厢内广播无法全线覆盖	高处坠落	3	6	3	54	四级
未建立安全管理制度和客运索道技术档案	高处坠落、摔伤、挤压	3	6	3	54	四级
事故应急预案不健全	高处坠落、摔伤、挤压	6	6	3	108	三级
年度自行检查记录不健全	高处坠落、摔伤、挤压	6	6	3	108	三级
未每 3 年进行 1 次全面检验或检测不合格	高处坠落、摔伤、挤压	3	6	15	270	二级
索道辖区内道路、站台地面在冬季、雨季缺乏防滑措施	高处坠落、摔伤、挤压	6	1	3	18	五级

4.5 LEC 分析实例 4：吊装作业危险性分析

吊装作业是指使用各种吊装机具将设备、工件、器具、材料等吊起，使其发生位置变化的过程。

（1）作业前危险因素分析

作业前的危险因素包括：

① 吊装指挥和操作的人员无资质。

② 实施吊装作业的相关人员未对起重吊装机械和吊具进行安全检查确认。

③ 实施吊装作业的相关人员未对吊装区域内的安全状况进行检查（包括吊装区域的划定、标识、障碍）。

④ 警戒区域及吊装现场未设置安全警戒标志。

⑤ 警戒区域及吊装现场未设专人监护，非作业人员可随意进入吊装现场。

⑥ 实施吊装作业的相关人员未在施工现场核实天气情况。室外作业遇到大雪、暴雨、大雾及 6 级以上大风时，仍安排吊装作业。

（2）作业中危险因素分析

作业中的危险因素包括：

① 吊装作业时未明确指挥人员，或指挥人员未佩戴明显的标志或安全帽。

② 正式起吊前未进行试吊，试吊中未检查全部机具、地锚受力情况。

③ 利用管道、管架、电杆、机电设备等作吊装锚点。

④ 吊装作业中，夜间未设有足够的照明。

⑤ 室外作业遇到大雪、暴雨、大雾及 6 级以上大风时，未停止作业。

⑥ 起吊重物就位前，解开吊装索具。

⑦ 当起重臂吊钩或吊物下面有人、吊物上有人或浮置物时，仍进行起重操作。

⑧ 起吊超负荷或重物质量不明和埋置物体，捆挂、起吊不明质量，与其他重物相连、埋在地下或与其他物体冻结在一起的重物。

⑨ 在制动器、安全装置失灵，吊钩防松装置损坏，钢丝绳损伤达到报废标准，等等情况下仍然起吊操作。

⑩ 重物捆绑、紧固、吊挂不牢，吊挂不平衡而可能滑动，或斜拉重物，棱角吊物与钢丝绳之间没有衬垫时仍然进行起吊。

⑪ 用吊钩直接缠绕重物，或将不同种类或不同规格的索具混在一起使用。

⑫ 吊物捆绑未牢靠，吊点和吊物的中心未在同一垂直线上。

⑬ 无法看清场地、无法看清吊物情况和指挥信号时，仍然进行起吊。

⑭ 起重机械及其臂架、吊具、辅具、钢丝绳、缆风绳和吊物靠近高低压输电线路。

⑮ 输电线路近旁作业时，未按规定保持足够的安全距离，不能满足时，未停电后再进行起重作业。

⑯ 停工和休息时，将吊物、吊笼、吊具和吊索吊在空中。

⑰ 在有载荷的情况下，调整起升变幅机构的制动器。

⑱ 下方吊物时，自由下落（溜）或利用极限位置限制器停车。

（3）作业后危险因素分析

作业后的危险因素包括：

① 未将起重臂和吊钩收放到规定的位置，所有控制手柄未放到零位，使用电气控制的起重机械，未断开电源开关。

② 对在轨道上作业的起重机，未将起重机停放在指定位置有效锚定。

根据上述分析，结合工作经验和历史事故案例，对辨识的吊装作业危险因素进行危险性分析，对 L、E、C 进行赋值，计算 D 值，计算结果见表 4.11。

表 4.11 吊装作业危险性分析与危险评价

危险因素	可能引发的事故	L	E	C	D	危险源等级
吊装指挥和操作的人员无资质	起重伤害	3	3	7	63	四级
实施吊装作业的相关人员未对起重吊装机械和吊具进行安全检查确认	起重伤害	6	3	7	126	三级
实施吊装作业的相关人员未对吊装区域内的安全状况进行检查（包括吊装区域的划定、标识、障碍）	起重伤害	6	3	7	126	三级
警戒区域及吊装现场未设置安全警戒标志	起重伤害	6	3	3	54	四级
警戒区域及吊装现场未设专人监护，非作业人员可随意进入吊装现场	起重伤害	6	3	3	54	四级
实施吊装作业的相关人员未在施工现场核实天气情况。室外作业遇到大雪、暴雨、大雾及 6 级以上大风时，仍安排吊装作业	起重伤害	3	1	7	21	四级
吊装作业时未明确指挥人员，或指挥人员未佩戴明显的标志或安全帽	起重伤害	6	3	7	126	三级
正式起吊前未进行试吊，试吊中未检查全部机具、地锚受力情况	起重伤害	6	3	7	126	三级
利用管道、管架、电杆、机电设备等作吊装锚点	起重伤害	3	3	7	63	四级
吊装作业中，夜间未设有足够的照明	起重伤害	3	3	7	63	四级
室外作业遇到大雪、暴雨、大雾及 6 级以上大风时，未停止作业	起重伤害	1	1	7	7	五级
起吊重物就位前，解开吊装索具	起重伤害	1	3	7	21	四级
当起重臂吊钩或吊物下面有人、吊物上有人或浮置物时，仍进行起重操作	起重伤害	1	3	15	45	四级
起吊超负荷或重物质量不明和埋置物体，捆挂、起吊不明质量，与其他重物相连、埋在地下或与其他物体冻结在一起的重物	起重伤害	1	3	7	21	四级
在制动器、安全装置失灵，吊钩防松装置损坏，钢丝绳损伤达到报废标准等情况下仍然起吊操作	起重伤害	1	3	7	21	四级
重物捆绑、紧固、吊挂不牢，吊挂不平衡而可能滑动，或斜拉重物，棱角吊物与钢丝绳之间没有衬垫时仍然进行起吊	起重伤害	3	3	3	27	四级
用吊钩直接缠绕重物，或将不同种类或不同规格的索具混在一起使用	起重伤害	1	3	15	45	四级

续表

危险因素	可能引发的事故	L	E	C	D	危险源等级
吊物捆绑未牢靠，吊点和吊物的中心未在同一垂直线上	起重伤害	3	3	7	63	四级
无法看清场地、无法看清吊物情况和指挥信号时，仍然进行起吊	起重伤害	3	3	7	63	四级
起重机械及其臂架、吊具、辅具、钢丝绳、缆风绳和吊物靠近高低压输电线路	触电	3	3	15	135	三级
输电线路近旁作业时，未按规定保持足够的安全距离，不能满足时，未停电后再进行起重作业	触电	3	3	15	135	三级
停工和休息时，将吊物、吊笼、吊具和吊索吊在空中	起重伤害	6	3	7	126	三级
在有载荷的情况下，调整起升变幅机构的制动器	起重伤害	3	3	7	63	四级
下方吊物时，自由下落（溜）或利用极限位置限制器停车	起重伤害	3	3	7	63	四级
未将起重臂和吊钩收到规定的位置，所有控制手柄未放到零位，使用电气控制的起重机械，未断开电源开关	起重伤害	6	3	3	54	四级
对在轨道上作业的起重机，未将起重机停放在指定位置有效锚定	起重伤害	6	3	3	54	四级

4.6　LEC 分析实例 5：动土作业危险性分析

动土作业是指挖土、打桩、钻探、坑探、地锚入土深度在 0.5m 以上，使用各类施工机械可能对地下隐蔽设施产生影响的作业。

动土作业可能引发坍塌、淹溺、车辆伤害、物体打击、机械伤害、触电、中毒和窒息、火灾、爆炸、起重伤害等事故。

动土作业过程中涉及的危险因素包括：

① 未办理《动土安全作业证》。

② 作业前，项目负责人未对作业人员进行安全教育。

③ 作业前，未检查工具、现场支撑是否牢固、完好。

④ 动土作业施工现场未根据需要设置护栏、盖板和警告标志，夜间未悬挂红灯示警。

⑤ 擅自变更动土作业内容、扩大作业范围或转移作业地点。

⑥ 动土临近地下隐蔽设施时，未使用适当工具挖掘，造成地下隐蔽设施损坏。

⑦ 动土中如暴露出电缆、管线以及不能辨认的物品时，未立即停止作业。

⑧ 挖掘坑、槽、井、沟等作业，未自上而下逐层挖掘，采用挖底脚的办法挖掘。使用的材料、挖出的泥土未堆放在距坑、槽、井、沟边沿至少 0.8m 处，挖出的泥土堵塞下水道和窨井。在土壁上挖洞攀登。在坑、槽、井、沟上端边沿站立、行走。发现边坡有裂缝、疏松或支撑有折断、走位等异常情况，未立即停止工作。在坑、槽、井、沟内休息。

⑨ 危险场所动土时，未设专业人员现场监护。

⑩ 施工结束后未及时回填土恢复地面设施。

根据上述分析，结合工作经验和历史事故案例，对辨识的动土作业危险因素进行危险性分析，对 L、E、C 进行赋值，计算 D 值，计算结果见表 4.12。

表 4.12 动土作业危险性分析与危险评价

危险因素	可能引发的事故	L	E	C	D	危险源等级
未办理《动土安全作业证》	坍塌、高处坠落等	3	6	7	126	三级
作业前，项目负责人未对作业人员进行安全教育	坍塌、高处坠落等	6	6	3	108	三级
作业前，未检查工具、现场支撑是否牢固、完好	坍塌、高处坠落、物体打击等	6	6	7	252	二级
动土作业施工现场未根据需要设置护栏、盖板和警告标志，夜间未悬挂红灯示警	高处坠落、车辆伤害等	6	6	7	252	二级
擅自变更动土作业内容、扩大作业范围或转移作业地点	坍塌、高处坠落等	3	6	7	126	三级
动土临近地下隐蔽设施时，未使用适当工具挖掘，造成地下隐蔽设施损坏	设施破坏	3	6	3	54	四级
动土中如暴露出电缆、管线以及不能辨认的物品时，未立即停止作业	触电、火灾爆炸	1	6	7	42	三级
挖掘坑、槽、井、沟等作业，未自上而下逐层挖掘，采用挖底脚的办法挖掘。使用的材料、挖出的泥土未堆放在距坑、槽、井、沟边沿至少 0.8m 处，挖出的泥土堵塞下水道和窨井。在土壁上挖洞攀登。在坑、槽、井、沟上端边沿站立、行走。发现边坡有裂缝、疏松或支撑有折断、走位等异常情况，未立即停止工作；在坑、槽、井、沟内休息	坍塌、高处坠落、物体打击等	3	6	7	126	三级
危险场所动土时，未设专业人员现场监护	坍塌、高处坠落、物体打击等	3	6	7	126	三级
施工结束后未及时回填土恢复地面设施	高处坠落等	3	6	7	126	三级

4.7 LEC 分析实例 6：职工食堂后厨危险性分析

某食堂后厨设备包括蒸箱、和面机、压面机、烤箱、搅拌机、电饼铛、电热水炉、冰柜等，设有燃气调压间 1 间，该食堂危险有害因素主要包括：

① 电气线路敷设不规范、接地保护不良和私拉电线等可能引发电气火灾。
② 燃气管道及调压间燃气设施老化等可能导致燃气泄漏，遇点火源引发火灾、爆炸等。
③ 蒸箱、和面机、压面机、烤箱、搅拌机、电饼铛、电热水炉、冰柜等电气设备老化、过载、接地不良或失效，可能引发火灾、触电事故。
④ 蒸箱、烤箱高温可能造成作业人员烫伤，电热水炉可能造成作业人员热水烫伤。
⑤ 压面机的压面辊挤压造成机械伤害，人员着装不规范也可能引发机械伤害，搅拌机绞伤手部可能造成机械伤害。
⑥ 烹饪过程中油温过高飞溅等造成烫伤。

⑦ 排油烟管道清洗周期过长导致油污堆积引发火灾事故。

根据上述分析，结合工作经验和历史事故案例，对辨识的职工食堂后厨作业危险因素进行危险性分析，对 L、E、C 进行赋值，计算 D 值，计算结果见表 4.13。

表 4.13 后厨作业危险性分析与危险评价

危险因素	可能引发的事故	L	E	C	D	危险源等级
电气线路敷设不规范、接地保护不良和私拉电线等	火灾、触电	3	6	7	126	三级
燃气管道及调压间燃气设施老化等导致燃气泄漏	火灾、爆炸	3	6	7	126	三级
蒸箱、和面机、压面机、烤箱、搅拌机、电饼铛、电热水炉、冰柜等电气设备老化、过载、接地不良或失效	火灾、触电	3	6	3	54	四级
蒸箱、烤箱热表面、电热水炉热介质	灼烫	10	6	1	60	四级
压面机、搅拌机人员操作不当或着装不规范等	机械伤害	6	6	3	108	三级
烹饪过程中油温过高飞溅	灼烫	10	6	1	60	四级
排油烟管道清洗周期过长导致油污堆积	火灾	3	6	7	126	三级

4.8 LEC 分析实例 7：爆破作业危险性分析

爆破作业是指利用炸药的爆炸能量对介质做功，以达到预定工程目标的作业。

爆破作业可能引发多种类型的事故，例如：地质地形条件不清、违规操作、组织管理不到位等原因可能引起的土石和建筑物坍塌、脚手架坍塌、堆置物坍塌等；炸药和爆破器材在运输、贮存及使用过程中发生的炸药爆炸事故；爆破现场有易燃易爆物品时，由爆破、用电或其他明火引起的火灾；爆破施工使用的凿岩机、钻机、装药机械、铲装设备等直接与人体接触引起的夹击、碰撞、剪切、卷入、绞、碾、割、刺等机械伤害事故；爆破现场使用电气设备和照明设备如老化、绝缘破损等可能引发触电事故；爆破过程中产生的飞石可能造成对人和设备造成物体打击伤害；等等。

表 4.14 以爆破作业装药和填塞阶段为例，开展作业条件危险性分析。

表 4.14 爆破作业装药和填塞阶段危险性分析与危险评价

危险因素	L	E	C	D	危险源等级
装药前未对作业场地、爆破器材堆放场地进行清理	3	6	15	270	二级
装药人员未准备装药的全部炮孔、药室进行检查	3	6	15	270	二级
炸药运入现场后，未划定装药警戒区	1	6	40	240	二级
作业人员携带火柴、打火机等火源进入警戒区域	1	6	40	240	二级
采用普通电雷管起爆时，携带手机或其他移动式通信设备进入警戒区	1	6	40	240	二级
炸药在警戒区临时集中大量堆放	3	6	15	270	二级

续表

危险因素	L	E	C	D	危险源等级
起爆器材、起爆药包和炸药混合堆放	3	6	15	270	二级
装药时冲撞起爆药包	3	6	15	270	二级
在铵油、重铵油炸药与导爆索直接接触的情况下，未采取隔油措施或采用耐油型导爆索	1	6	15	90	三级
炎热天气将爆破器材在强烈日光下暴晒	3	6	7	126	三级
爆破装药现场使用明火照明	1	6	15	90	三级
硐室、深孔和浅孔爆破装药后未进行填塞	3	6	7	126	三级
填塞炮孔的炮泥中混有石块和易燃材料	3	6	7	126	三级
填塞作业中夹扁、挤压和拉扯导爆管、导爆索	3	6	15	270	二级

4.9　LEC 分析实例 8：配电室作业危险性分析

配电室值班运行维护是指对配电室及其内部电气设备进行日常的监视、操作、检查、维护和保养工作，以确保配电系统的安全、稳定、可靠运行，包括交接班和值班、消防、防汛、防小动物、安全工器具和设备巡视管理等。

根据上述分析，结合工作经验和历史事故案例，对配电室值班作业进行危险性分析，对 L、E、C 进行赋值，计算 D 值，计算结果见表 4.15。

表 4.15　配电室值班作业危险性分析与危险评价

危险因素	可能引发的事故	L	E	C	D	危险源等级
电缆沟盖板缺失，电缆夹层、电缆沟和电缆室设置的防水、排水措施失效	短路故障、触电、停电等	1	10	3	30	四级
设备构架、基础严重腐蚀，房屋漏雨，存在未封堵的孔洞、沟道	短路故障、触电、停电等	1	10	3	30	四级
配电室出入口未设置高度不低于 400mm 的防小动物挡板并采取其他防鼠措施	短路、设备损坏、停电	3	10	3	90	三级
10/6kV 及以上电压等级的配电室设备设施的检修、改装、调整、试验、校验等工作，未填写工作票	触电、电气火灾、停电等	6	10	7	420	一级
值班人员未取得合格有效的电工作业操作资格证书	触电、电气火灾、停电等	1	10	15	150	三级
配电室值班人员上岗期间未穿全棉长袖工作服和绝缘鞋	触电	3	10	3	90	三级
35kV 电压等级的配电室、10/6kV 电压等级且变压器容量在 630kW 及以上的配电室，1 人值班	触电、电气火灾、停电等	3	10	15	450	一级
发现缺陷及异常，未及时汇报，单人进行处理	触电	1	10	3	30	四级
巡视检查不到位，整体运行情况和设备外观检查存在缺项、漏项	触电、电气火灾、停电等	3	10	3	90	三级

第5章 风险矩阵

5.1 方法概述

（1）分析方法

根据《风险管理 术语》（GB/T 23694—2024），风险是不确定性对目标的影响。通常用事件后果（包括情形的变化）和事件发生的可能性的组合来表示风险。风险矩阵（risk matrix）是根据风险发生的概率和风险后果的影响程度两个方面对风险进行评估的工具，以风险后果严重性为横坐标，以风险发生概率为纵坐标，绘制风险矩阵，从而确定风险评估等级结果。

对风险发生可能性的高低、后果严重程度的评估有定性、定量等方法。定性方法是直接用文字描述风险发生可能性的高低、后果严重程度，如"极低""低""中等""高""极高"等。定量方法是对风险发生可能性的高低、后果严重程度用具有实际意义的数量描述，如对风险发生可能性的高低用概率表示，对后果严重程度用伤亡人数、损失金额等表示。可能性和严重性的等级标度可为任何数量的点，其中3、4或5个点的等级标度较为常见。划分等级标度时，各点定义应尽量避免含混不清。

由于风险矩阵法和作业条件危险性分析法操作简便，易于推广，风险分级管控与隐患排查治理双重预防控制体系构建中，经常推荐使用这两种方法开展风险评估工作。

（2）分析程序

风险矩阵分析程序包括以下步骤：

① 针对分析对象行业领域特点，收集相关的法律法规、标准规范。
② 确定事故可能性判定依据，划分事故可能性等级。
③ 确定后果严重程度判定依据，划分后果严重度等级。
④ 制定风险矩阵。
⑤ 识别风险。
⑥ 判定可能性和严重性等级。
⑦ 根据风险矩阵确定风险等级。

如相关行业领域风险评估技术规范中涉及风险矩阵方法，可直接使用作为可能性和严重性等级判定及风险分级依据。风险矩阵分析流程如图5.1所示。

图 5.1 风险矩阵分析流程

(3) 方法评述

风险矩阵的优点：定性与定量相结合，可计算风险等级，操作简单，易于使用推广。

风险矩阵的缺点：主观性较强，不同分析者评估结果会有明显差异；各行业领域的风险矩阵等级划分差异较大，需要根据评估对象选择或设计适合的风险矩阵。

5.2 风险矩阵分析实例1：危险化学品企业风险评估

危险化学品企业风险矩阵的可能性分析可采用定性或半定量两种分级形式，见表5.1，按照事故发生频率从高到低依次分为5个等级。

表 5.1 可能性分析度量表

等级	半定量 F/（次/年）	定性
5	$F \geqslant 10^{-1}$	作业场所发生过/本企业发生过多次
4	$10^{-1} > F \geqslant 10^{-2}$	本企业发生过/本系统内发生过多次
3	$10^{-2} > F \geqslant 10^{-3}$	本系统内发生过/本行业发生过多次
2	$10^{-3} > F \geqslant 10^{-4}$	本行业发生过/世界范围内发生过多次
1	$F < 10^{-4}$	本行业未发生过/世界范围内发生过

后果严重性从人员伤害、财产损失、防护目标影响和声誉影响四方面分析，每类影响按照其严重性从高到低依次分为5个等级，见表5.2。根据每类影响的等级值，计算平均值，若为小数则采用进一法取整，得出后果严重性值。

表 5.2 后果严重性分析度量表

等级	人员伤害	财产损失	防护目标影响	声誉影响
5	3人以上死亡；10人以上重伤	事故直接经济损失1000万元及以上；失控火灾或爆炸	距离风险源200m范围内存在敏感场所或是高密度场所	国际影响
4	1~2人死亡或丧失劳动能力；3~9人重伤	事故直接经济损失200万元及以上，1000万元以下；3套及以上装置停车	距离风险源200~500m范围内存在敏感场所或是高密度场所	国内影响；政府介入，媒体和公众关注负面后果
3	3人以上轻伤；1~2人重伤（包括急性工业中毒，下同）；职业相关疾病	事故直接经济损失50万元及以上，200万元以下；1~2套装置停车	距离风险源500~1000m范围内存在敏感场所或是高密度场所	本地区内影响；政府介入，公众关注负面后果

续表

等级	人员伤害	财产损失	防护目标影响	声誉影响
2	工作受限；1~2人轻伤	事故直接经济损失10万元及以上，50万元以下；局部停车	距离风险源1000~2000m范围内存在敏感场所或是高密度场所	社区、邻居、合作伙伴影响
1	急救处理；医疗处理，但不需住院；短时间身体不适	事故直接经济损失在10万元以下	距离风险源2000m范围内不存在敏感场所或是高密度场所	企业内部关注；形象没有受损

敏感场所包括：文化活动中心、学校、医疗卫生场所、社会福利设施、公共图书展览设施、古建筑、宗教场所、城市轨道交通设施、军事设施、外事场所等。高密度场所包括：住宅、行政办公设施、体育场馆、综合性商业服务建筑、旅馆住宿业建筑、交通枢纽设施等

根据安全风险发生可能性值和后果严重性，依据图5.2确定安全风险等级。

风险等级		后果严重性				
		很小1	小2	一般3	大4	很大5
可能性	基本不可能1	低	低	低	低	低
	较不可能2	低	低	低	一般	一般
	可能3	低	一般	一般	一般	较大
	较可能4	一般	一般	一般	较大	重大
	很可能5	一般	一般	较大	重大	重大

图5.2 实例1风险矩阵图（见文前彩插）

危险化学品企业的工艺装置、设备设施、场所、作业活动的风险评估可按照上述风险矩阵，在充分考虑对象的风险承受能力、控制能力等因素的基础上，通过技术分析、实地勘察、集体讨论等方式，分析安全风险引发事故或突发事件的可能性和后果严重性，确定可能性值和后果严重性值，并通过在矩阵上予以标明，确定安全风险等级。

5.3 风险矩阵分析实例2：××市城市安全风险评估

为贯彻落实《中共中央 国务院关于推进安全生产领域改革发展的意见》、《国务院安委会办公室关于印发标本兼治遏制重特大事故工作指南的通知》（安委办〔2016〕3号）、《国务院安委会办公室关于实施遏制重特大事故工作指南构建双重预防机制的意见》（安委办〔2016〕11号）、《××市人民政府关于加强公共安全风险管理工作的意见》（×政发〔2010〕10号）和《××市人民政府关于推进安全预防控制体系建设的意见》（×政发〔2016〕2号）等要求，建立全市安全风险管控机制，实现安全风险辨识、评估、监测和管控全过程综合管理，××市安全生产委员会自2017年开展城市安全风险评估工作，风险评估推荐采用风险矩

阵法。参考《生产经营单位安全生产风险评估与管控》(DB11/T 1478—2024),其方法如下。

(1) 分析风险可能性

风险的可能性分析可从同类风险事件的历史发生概率、安全管理水平两个方面进行。可能性等级从高到低通常分为 5、4、3、2、1 共五级,分别对应很可能、较可能、可能、较不可能、基本不可能,如表 5.3 所示。

表 5.3 可能性度量表

指标	释义	分级(P)	可能性	等级
历史发生概率(Q_1)	企业自身,全国、本市同行业同类风险过去 N 年发生此类生产安全事故(事件)的次数(频率)为评判依据	企业自身过去 3 年发生过事故 本市同行业过去 2 年发生过较大及以上事故 全国同行业过去 1 年发生过重大及以上事故	很可能	5
		企业自身过去 5 年发生过事故 本市同行业过去 4 年发生过较大及以上事故 全国同行业过去 2 年发生过重大及以上事故	较可能	4
		企业自身过去 7 年发生过事故 本市同行业过去 6 年发生过较大及以上事故 全国同行业过去 5 年发生过重大及以上事故	可能	3
		企业自身过去 9 年以上发生过事故 本市同行业过去 8 年以上发生过较大及以上事故 全国同行业过去 7 年以上发生过重大及以上事故	较不可能	2
		企业自身过去 10 年未发生过事故 本市同行业过去 10 年未发生过较大及以上事故 全国同行业过去 10 年未发生过重大及以上事故	基本不可能	1
初始安全管理水平(Q_2)	从安全生产标准化评审分值得出等级值	低于 700 分	很可能	5
		700~799 分	较可能	4
		800~899 分	可能	3
		900~950 分	较不可能	2
		950 分以上	基本不可能	1

生产经营单位排查出某风险源相关联的隐患或者被政府部门出具行政处罚的,该风险源的安全管理水平应在初始安全管理水平(Q_2)基础上,乘以系数予以修正。修正后的安全管理水平(Q_3)的计算取值进行向上取整,当修正后的安全管理水平计算得分超过 5 时,则取值为 5。可能性值为历史发生概率(Q_1)和修正后的安全管理水平(Q_3)的最大值。

(2) 分析风险后果

风险后果分析是指针对风险管理工作目标,分析风险事件可能产生的不利影响,确定后果类型、受影响对象和严重程度的过程。

评估调查工作组通过技术分析、实地查勘、集体会商等方式,依据表 5.4,量化分析风险源引发事故或突发事件的后果严重性。

表 5.4　后果严重性度量表

指标	释义	分级（S）	后果严重性	等级值
等效折算死亡人数（M）	将安全风险源对人、经济、周边重要目标、基础设施损坏或中断的损失折算成等效死亡人数进行计算，其对应指标的等效死亡人数分别用 M_1、M_2、M_3、M_4 表示	>10	很大	5
		3~10（含）	大	4
		2~3（含）	一般	3
		1~2（含）	小	2
		≤1	很小	1
$M=M_1+M_2+M_3+M_4$				

M_1、M_2、M_3、M_4 各项指标计算说明如下：

① 评估领域——人　安全风险对人所造成的损失主要从风险源所在场所、位置的从业人员数量来衡量，从业人员数量等效死亡人数（M_1）具体计算如下式所示。

当发生火灾、爆炸、坍塌、毒性气体泄漏引发的中毒和窒息时：

$$M_1=0.5N$$

当为其他安全风险类型时：

$$M_1=0.1N$$

式中，M_1 为从业人员数量等效死亡人数；N 为风险源所在场所、位置的从业人员数量。

② 评估领域——经济　安全风险对经济所造成的损失主要从设备设施、产品物料的资产总值来度量，经济损失等效死亡人数（M_2）具体计算如下式所示。

当发生火灾、爆炸、坍塌等可能导致设备设施完全损坏时：

$$M_2=0.005E$$

当为其他安全风险类型时：

$$M_2=0$$

式中，M_2 为经济损失等效死亡人数；E 为经济损失，万元。

③ 评估领域——社会　安全风险对社会所造成的损失主要包括对周边重要目标影响、基础设施损坏或中断两个参数。

周边重要目标等效死亡人数（M_3）具体计算如下式所示。

当发生火灾、爆炸、坍塌、毒性气体泄漏引发的中毒和窒息时：

$$M_3=5T$$

当为其他安全风险类型时：

$$M_3=0$$

式中，M_3 为周边重要目标等效死亡人数；T 为周边重要目标数量。

基础设施损坏或中断是指因安全风险引发的事故或突发事件造成供水、电力、燃气、热力、道路交通、通信的中断。基础设施等效死亡人数（M_4）具体计算如下式所示。

当发生火灾、爆炸、坍塌等可能导致基础设施损坏的安全风险类型时：

$$M_4=10I$$

当为其他安全风险类型时：

$$M_4 = 0$$

式中，M_4 为基础设施等效死亡人数；I 为基础设施数量。

（3）风险评价

风险评价是将风险分析结果与预定的风险准则进行比较，或者在风险分析结果之间进行比较，确定风险等级、应对优先次序以及风险关键控制点等，为风险控制决策提供依据的工作过程。

综合考虑风险发生的可能性与后果危害程度等因素，依据安全风险矩阵图（见图5.3）判定安全风险等级。风险等级从高到低划分为重大、较大、一般、低四级，分别用红色、橙色、黄色、蓝色四种颜色标示。

风险等级		后果严重性				
		很小1	小2	一般3	大4	很大5
可能性	基本不可能1	低	低	低	一般	一般
	较不可能2	低	低	一般	一般	较大
	可能3	低	一般	一般	较大	重大
	较可能4	一般	一般	较大	较大	重大
	很可能5	一般	较大	较大	重大	重大

图5.3 实例2风险矩阵图（见文前彩插）

5.4 风险矩阵分析实例3：在用电梯安全风险评估

××市地方标准《在用电梯安全风险评估规范》（DB11/T 1520—2022）提出了在用电梯安全风险评估方法，该方法应用了风险矩阵评估思想，对电梯设备本体（涉及电梯安全运行及作业人员人身安全的电梯机电部件所构成的整体）每一项评价项目（风险点）量化具体的严重程度和概率等级，通过风险矩阵，量化风险类别（风险等级），然后将各项评价指标进行综合，得到综合安全状况等级。

（1）伤害的严重程度（严重性）

对人身、财产或环境造成的伤害和严重程度划分标准：

① 1-高——死亡、系统损失或严重的环境损害；

② 2-中——严重损伤、严重职业病、主要的系统或环境损害；

③ 3-低——较小损伤、较轻职业病、次要的系统或环境损害；

④ 4-可忽略——不会引起伤害、职业病及系统或环境的损害。

（2）伤害发生的概率等级（可能性）

伤害发生的概率等级划分标准：

① A-频繁——在使用寿命内很可能经常发生；

② B-很可能——在使用寿命内很可能发生数次；
③ C-偶尔——在使用寿命内很可能至少发生一次；
④ D-极少——未必发生，但在使用寿命内可能发生；
⑤ E-不大可能——在使用寿命内很不可能发生；
⑥ F-几乎不可能——概率几乎为零。

（3）风险等级确定

通过综合衡量严重程度和概率等级，依据表5.5，确定设备本体相关的每个项目的风险等级。

表5.5 风险等级划分表

概率等级	严重程度			
	1-高	2-中	3-低	4-可忽略
A-频繁	1A	2A	3A	4A
B-很可能	1B	2B	3B	4B
C-偶尔	1C	2C	3C	4C
D-极少	1D	2D	3D	4D
E-不大可能	1E	2E	3E	4E
F-几乎不可能	1F	2F	3F	4F

注：1A、1B、1C、2A为Ⅰ类风险；1D、2B、2C、3A、3B为Ⅱ类风险；1E、2D、2E、3C、3D、4A、4B为Ⅲ类风险；1F、2F、3E、3F、4C、4D、4E、4F为Ⅳ类风险。

5.5 风险矩阵分析实例4：自然灾害卫生应急健康风险评估

自然灾害发生后，其自身及其衍生灾害可能引发各类突发公共卫生事件，如地震发生后，可能导致生态环境破坏、水源和食品污染、媒介生物滋生和传染病流行等。针对自然灾害卫生应急健康风险，北京市地方标准《自然灾害卫生应急健康风险快速评估技术规范》（DB11/T 1751—2020）提出采用风险矩阵法评估。

（1）评估内容

① 传染性疾病暴发风险　传染性疾病包括肠道传染病、呼吸道传染病、自然疫源性疾病及其他传染病。

a. 肠道传染病暴发风险从安置点补给方式、加工环境、饮用水供给情况、环境设施情况等方面进行评估。

b. 呼吸道传染病暴发风险从既往呼吸道传染病发病情况、安置点居住方式、通风状况、消杀频次、洗手设施情况等方面进行评估。

c. 自然疫源性疾病及其他传染病暴发风险从既往自然疫源性疾病发生情况、病媒生物种类和密度、消杀措施等方面进行评估。

② 突发中毒事件风险　突发中毒事件包括化学性中毒事件和生物性中毒事件。

a. 化学性中毒事件发生风险从安置点周边可能造成中毒的化学污染源及污染类型，安置点水源和供水管网的运转情况，消杀药品、鼠药、有毒有害药品的使用或储备情况等方面进行评估。

b. 生物性中毒事件发生风险从安置点食品和饮用水补给情况、食品存放加工制作情况、加工制作场所洗消设备配备情况、加工人员健康与卫生习惯、是否出现症状等方面进行评估。

（2）健康风险可能性评估

健康风险问题发生的可能性划分为五个等级并赋分值，见表5.6。

表5.6 风险发生可能性评分表

可能性	发生概率	评分
极不可能	≤5%	1
不太可能	<5%且≤30%	2
可能	<30%且≤70%	3
极可能	<70%且<95%	4
几乎肯定	≥95%	5

（3）健康风险严重性评估

健康风险问题发生后果的严重程度划分为五个等级并赋分值，见表5.7。

表5.7 风险发生后果等级释义及评分表

等级	后果	评分
极低	对人群健康影响极小，对灾区恢复生产、生活几乎无影响，灾区采取常规防控措施即可，无需采取特别准备	1
低	对少部分人群有轻微影响或对人群健康损害较小，对灾区恢复生产、生活有影响，需采取少量应急准备，消耗少量救灾物资	2
中等	对较多人群产生一定的影响或造成较严重健康损害；对灾区恢复生产、生活有一定的破坏作用；需要应急控制措施、需要消耗一定量的物资；政府需要额外投入一定量的费用	3
高	造成人群严重健康损害或主要系统损害；对灾区恢复生产、生活造成严重的破坏；需要严格的应急控制措施、需要消耗大量物资；政府需要投入的费用明显增多	4
极高	对大规模人群造成健康损害或极严重健康损害；对灾区恢复生产、生活造成极严重破坏；需要严格的应急控制措施、需要消耗大量物资；政府需要投入的费用急剧增加	5

（4）风险等级确定

根据各健康风险发生可能性和后果严重程度的得分，对照风险等级表（表5.8），对应得到风险等级分值，其中2~4为低风险、5~6为中等风险，7~8为高风险，9~10为极高风险。

表 5.8　风险等级表

发生可能性	后果严重性				
	极高（5）	高（4）	中等（3）	低（2）	极低（1）
几乎肯定（5）	10	9	8	7	6
极可能（4）	9	8	7	6	5
可能（3）	8	7	6	5	4
不太可能（2）	7	6	5	4	3
极不可能（1）	6	5	4	3	2

5.6　风险矩阵分析实例 5：烟草复烤行业风险评估

烟草复烤行业是指对初步调制好的原烟进行再次烘烤加工，调整烟叶水分的生产行业。××省地方标准《烟草复烤行业风险分级管控技术及规程》（DB23/T 2818—2021）提出了烟草复烤行业风险评价矩阵法，该方法在危险源及风险辨识的基础上，确定固有风险的严重性 S、风险导致事故的可能性 L，再将二者相乘，得出风险值 R，并根据 R 值确定风险等级为重大风险（红区）、较大风险（橙区）、一般风险（黄区）和低风险（蓝区）。

（1）可能性（L 值）的确定

根据烟草复烤企业的特点，设定隐患和事件等偏差发生频率、安全检查、操作规程、员工胜任程度、控制措施等分析因子，根据可能性最大的分析因子确定风险导致事故的可能性（L 值）。具体方法详见表 5.9。

表 5.9　风险导致事故发生的可能性（L 值）

可能性（L 值）	分析因子（按任一因素判定的最高分值确定可能性分值）				
	偏差发生频率	安全检查	操作规程	员工胜任程度（意识、技能、经验）	控制措施（监控、联锁、报警、应急措施等）
5（很大）	每次作业或每月发生	无检查（作业）标准或不按标准检查（作业）	无操作规程或从不执行操作规程	不胜任（无上岗资格证、无任何培训、无操作技能）	无任何控制措施或有措施从未投用；无应急措施
4（大）	每季度都有发生	检查（作业）标准不全或很少按标准检查（作业）	操作规程不全或很少执行操作规程	不够胜任（有上岗资格证、但没有接受有效培训、操作技能差）	有控制措施但不能满足控制要求，措施部分投用或有时投用；有应急措施但不完善或未演练
3（较大）	每年都有发生	发生变更后检查（作业）标准未及时修订或多数时候不按标准检查（作业）	发生变更后未及时修订操作规程或多数操作不执行操作规程	一般胜任（有上岗资证、接受培训，但经验、技能不足，曾多次出错）	控制措施能满足控制要求，但经常被停用或发生变更后不能及时恢复；有应急措施但未根据变更及时修订或作业人员不清楚

续表

可能性 （L值）	分析因子（按任一因素判定的最高分值确定可能性分值）				
	偏差发生频率	安全检查	操作规程	员工胜任程度 （意识、技能、经验）	控制措施（监控、联锁、报警、应急措施等）
2（一般）	曾经发生过	标准完善但偶尔不按标准检查（作业）	操作规程齐全但偶尔不执行	胜任（有上岗资格证、接受有效培训，经验、技能较好，但偶尔出错）	控制措施能满足控制要求，但供电、联锁偶尔失电或误动作；有应急措施但每年只演练一次
1（较小）	从未发生过	标准完善、按标准进行检查（作业）	操作规程齐全，严格执行并有记录	高度胜任（有上岗资格证接受有效培训、经验丰富，技能、安全意识强）	控制措施能满足要求，供电、联锁从未失电或误动作；有应急措施且每年至少演练二次

若发现风险所在岗位安全操作规程内容不充分或未得到有效实施，或隐患自查自改自报实施、内外部其他条件等有缺陷或出现不利于安全的变化情况，可视情节将可能性等级上调至少1个等级。

（2）严重性（S值）的确定

根据烟草复烤企业的特点，分析危险源的能量级别、可能导致事故的伤亡和损失情况、可能造成的社会影响等分析因子。根据危险源（第一类危险源）的能量级别或可能导致事故的伤亡和损失情况分析风险严重性，确定风险严重性（S值）。必要时可同时考虑可能造成的社会影响等因素。同时考虑各个分析因素时，应按严重性最大的确定。具体方法参见表5.10。

表5.10 风险的严重性（S值）

严重性 （S值）	分析因子		
	危险源的能量级别	可能导致事故的伤亡和损失情况	可能造成的社会影响
5（重大）	重大	灾难，数人死亡或特别重大、重大火灾，或严重职业病，或直接经济损失在100万元及以上	造成恶劣影响，引起国外主流媒体关注
4（大）	大	非常严重，1人死亡或多人重伤或较大火灾，或职业病，或直接经济损失在10万元及以上，100万元以下	造成严重影响，引起国内主流媒体和行业关注
3（较大）	较大	严重，1人重伤或多人轻伤或一般火灾，或职业禁忌症，或直接经济损失在1万元及以上，10万元以下	造成较大影响，引起媒体和省级公司、公众关注
2（一般）	一般	1人轻伤，或火灾，或对健康产生影响，直接经济损失在5000元及以上，1万元以下	造成一般影响，仅引起本企业内部关注
1（较小）	较小	无人员伤亡和火灾风险，或仅造成不构成轻伤的轻微伤害，或直接经济损失在5000元以下	未造成影响，仅岗位人员关注

（3）风险值（R值）的确定

由确定的可能性等级和严重性等级，根据公式 $R=LS$，计算风险值（R值）。

按表 5.11 的判定方法，将风险分为红区、橙区、黄区、蓝区四个等级，其中红区为风险最大。

表 5.11 风险值判定表（R 值）

风险值（R 值）	风险等级	风险程度
17～25	红区	重大风险，需立即停产按隐患治理
13～16	橙区	较大风险，需整改或改进控制措施
8～12	黄区	中度风险，重点控制并增加或改进措施
1～7	蓝区	低度风险，保持现有控制措施

5.7 风险矩阵分析实例 6：煤矿安全风险评估

风险矩阵可将危险事件发生的可能性、危险事件可能造成的损失及风险值组合成一张风险矩阵图，如××省地方标准《煤矿安全风险分级管控与隐患排查治理双重预防机制建设指南》（DB13/T 5052—2019）提出的煤矿安全风险矩阵法，见图 5.4。

风险矩阵	一般风险 Ⅲ级		较大风险 Ⅱ级		重大风险 Ⅰ级		有效类别	赋值	可能造成的损失	
									人员伤害程度及范围	由于伤害估算的损失
低风险 Ⅳ级	6	12	18	24	30	34	A	6	多人死亡	500万元以上
	5	10	15	20	25	30	B	5	1人死亡	100万～500万元
	4	8	12	16	20	24	C	4	多人受严重伤害	4万～100万元
	3	6	9	12	15	18	D	3	1人受严重伤害	1万～4万元
	2	4	6	8	10	12	E	2	1人受到伤害，需要急救；或多人受轻微伤害	0.2万～1万元
	1	2	3	4	5	6	F	1	1人受轻微伤害	0.2万元以下
	1	2	3	4	5	6	赋值		风险等级划分	
									风险值	风险等级	备注
	L	K	J	I	H	G	有效类别		30～36	重大风险	Ⅰ级
									18～25	较大风险	Ⅱ级
	不能	很少	低可能	可能发生	能发生	有时发生	发生可能性		9～16	一般风险	Ⅲ级
									1～8	低风险	Ⅳ级

图 5.4 实例 6 风险矩阵图（见文前彩插）

其中危险事件发生的可能性从低至高分为"不能""很少""低可能""可能发生""能发生""有时发生"六个等级。危险事件可能造成的损失由"人员伤害程度及范围"和"由于伤害估算的损失"两个评判维度确定，同样划分为六个等级，两个评判维度中按照可能造成损失最大的等级确定取值。

5.8 风险矩阵分析实例7：场（厂）内专用机动车辆风险评估

场（厂）内专用机动车辆是指除道路交通、农用车辆以外仅在工厂厂区、旅游景区、游乐场所等特定区域使用的专用机动车辆，包括机动工业车辆和非公路用旅游观光车辆。

场（厂）内专用机动车辆风险评估的内容包括使用管理、使用环境、设备本体的安全状况三方面，其中设备本体包括整车、动力系统、传动系统、行驶系统、转向与操纵系统、制动系统、灯光和电气、叉车专用机械装置、观光车安全装置。

××省地方标准《在用场（厂）内专用机动车辆风险评估规则》（DB34/T 3146—2018）提出了可能性和严重性划分等级不同的风险矩阵。

该方法根据现场安全检查结果，判定场（厂）内专用机动车辆引发危险事件可能造成后果及其发生的可能性。

（1）伤害严重程度等级

场（厂）内专用机动车辆引发危险事件可能造成后果的严重程度从人身、财产、环境等方面进行衡量，采用四分等级，根据下列判定准则进行判定，见表5.12。

表5.12 伤害严重程度判定准则

伤害等级	判定标准
1-高	死亡、系统损失或严重的环境影响
2-中	严重损伤、严重职业病、主要的系统或环境损害
3-低	较小损伤、较轻职业病、次要的系统或环境损害
4-可忽略	不会引起伤害、职业病及系统或环境的损害

（2）伤害发生的概率等级

场（厂）内专用机动车辆引发危险事件伤害发生的概率等级采用六分等级，根据表5.13判定。

表5.13 伤害概率等级判定准则

概率等级	判定标准
A-频繁	在使用寿命内很可能经常发生
B-很可能	在使用寿命内很可能会发生数次
C-偶尔	在使用寿命内很可能至少发生一次

续表

概率等级	判定标准
D-极少	未必发生,但在使用寿命内可能发生
E-不大可能	在使用寿命内不可能发生
F-几乎不可能	概率几乎为零

(3) 风险等级

根据伤害严重程度判定准则和伤害概率等级判定准则确定的伤害严重程度和伤害概率等级,参照图5.5,确定风险等级。

概率等级	严重程度			
	1-高	2-中	3-低	4-可忽略
A-频繁	1A	2A	3A	4A
B-很可能	1B	2B	3B	4B
C-偶尔	1C	2C	3C	4C
D-极少	1D	2D	3D	4D
E-不大可能	1E	2E	3E	4E
F-几乎不可能	1F	2F	3F	4F

图5.5 实例7风险等级判定图(见文前彩插)

该标准将风险划分为三个等级,分别对应于Ⅰ、Ⅱ、Ⅲ三个风险类别,根据不同的风险类别,建议采取的风险控制措施也有所差异,其中:Ⅰ类是需采取防护措施降低风险;Ⅱ类是需要复查,综合考虑解决方案和社会价值的实用性后,确定是否需要增加防护措施以降低风险;Ⅲ类为保留风险,即不需要采取风险控制措施。风险等级与风险类别的对应表如表5.14所示。

表5.14 风险类别对应表

概率等级	判定标准	采取的措施建议
Ⅰ	1A、1B、1C、1D、2A、2B、2C、3A、3B	需采取防护措施降低风险
Ⅱ	1E、2D、2E、3C、3D、4A、4B	需要复查,综合考虑解决方案和社会价值的实用性后,确定是否需要增加防护措施以降低风险
Ⅲ	1F、2F、3E、3F、4C、4D、4E、4F	不需要采取风险控制措施

5.9 风险矩阵分析实例8:游乐设施风险评估

国家标准《游乐设施风险评价 总则》(GB/T 34371—2017)提出了游乐设施风险矩阵

法,其可能性和严重性也是采取五分等级,从游乐设施的机械危险、电气危险、噪声危险、热危险、人机工程相关危险、环境相关危险等方面综合评估其可能性和严重性。

(1) 伤害严重程度

游乐设施的严重程度从人身伤害(伤害程度、波及范围等)、社会影响(影响范围、性质等)和经济损失等方面进行评判。伤害严重程度等级划分如表 5.15 所示。

表 5.15 伤害严重程度等级

伤害严重程度等级	说明
1-非常高	a. 人员伤亡; b. 社会影响巨大; c. 设备损坏严重; d. 经济损失非常大。 注:达到上述任一伤害严重程度均为等级 1
2-高	a. 人员高空滞留一小时以上或受伤; b. 社会影响较大; c. 设备损坏较严重; d. 经济损失比较大。 注:达到上述任一伤害严重程度均为等级 2
3-中	a. 人员轻微受伤; b. 有一定的社会影响; c. 设备损坏中等; d. 经济损失中等。 注:达到上述任一伤害严重程度均为等级 3
4-低	a. 不会引起人员伤亡; b. 可能需要启动应急措施; c. 社会影响较小; d. 设备损坏较小; e. 经济损失较小。 注:达到上述任一伤害严重程度均为等级 4
5-可忽略	a. 无影响; b. 不会引起人员伤亡; c. 无社会影响; d. 无设备损坏; e. 无经济损失。 注:达到上述任一伤害严重程度均为等级 5

(2) 伤害发生概率

伤害发生的概率通常可从如下因素考虑:

① 人员暴露于危险中的概率,包括进入危险区的频次、处于危险区的持续时间、进入危险区的人数、进入危险区的需要和性质(如正常操作、维护保养或故障修理);

② 危险事件发生的概率,包括可靠性和其他数据统计、游乐设施事故历史、与类似的游乐设施比较的结果;

③ 避免或限制该伤害的可能性,包括对危险的可检测性(如对关键部件进行无损检测、

日常检查等）、危险状态导致伤害的速度（如突然、快、慢）、对该风险的认识（如有警示标示和安全提示、可以直接观察等）。

伤害发生概率同样采取五个等级，见表5.16。

表 5.16 伤害发生的概率等级

伤害发生的概率等级	说明
A-频繁	在使用寿命内很可能经常发生
B-很可能	在使用寿命内很可能会发生数次
C-偶尔	在使用寿命内很可能至少发生一次
D-极少或不大可能	未必发生，但在使用寿命内可能发生
E-不可能	在使用寿命内不可能发生

（3）风险等级

风险等级分为Ⅰ、Ⅱ、Ⅲ、Ⅳ四个等级。

根据伤害的严重程度和伤害发生的概率评估结果，根据表5.17进行风险分级。

表 5.17 风险等级

伤害严重程度等级	伤害发生的概率等级				
	A	B	C	D	E
1	Ⅳ	Ⅳ	Ⅳ	Ⅲ	Ⅰ
2	Ⅳ	Ⅲ	Ⅲ	Ⅲ	Ⅰ
3	Ⅲ	Ⅲ	Ⅲ	Ⅱ	Ⅰ
4	Ⅲ	Ⅲ	Ⅱ	Ⅰ	Ⅰ
5	Ⅱ	Ⅱ	Ⅰ	Ⅰ	Ⅰ

第 6 章　鱼刺图分析

6.1　方法概述

鱼刺图（fishbone diagram analysis，FDA），或称因果分析图、石川分析法。该方法以事故致因理论中事故因果关系为理论基础，通过分层剖析引发事故的各类因素，分析系统事故原因和结果的对应关系，采用简明的文字和线条绘制成因果关系图，将复杂的因果关系转化为逻辑清晰、层次分明、简单易懂的图形。鱼刺图既可用于对已发生的事件事故进行原因分析，也可识别分析可能导致尚未发生的事故的各类因素。

6.1.1　分析方法

鱼刺图由原因、结果及枝干组成。原因是可能引发事故的各种因素。结果是系统已发生或可能发生的事故类型。枝干是各种原因与对应结果之间的因果关系，分为主干、大枝、中枝和小枝。

6.1.2　分析步骤

应用鱼刺图法进行分析时，从主要原因入手，先主后次、先粗后细、由表及里、逐层深入，绘制步骤如下：

① 选定所要分析的特定问题和事故，写于图的右侧，画出主干，箭头指向右端。

② 确定引发事故的主要原因类型，如人机物环管等，画出大枝，一类原因画一枝，文字标记在大枝的上下。

③ 将上述各原因展开深入分析，中枝表示对应项目造成事故的原因，一个原因画出一枝，文字标记在中枝的上下。

④ 将上述原因层层展开分析，直到不能再分为止。

⑤ 确定鱼刺图中引发事故的主要原因，标上标记作为重点控制对象。

⑥ 注明鱼刺图的名称。

6.1.3 方法评述

鱼刺图分析的优点：通过头脑风暴等方式，全面探寻引发事故的各种原因，有助于挖掘事故的根本原因，而不局限于表面原因，通过有序的、易于理解的图形阐明因果关系，层次分明、系统直观。

鱼刺图分析的缺点：鱼刺图分析成果的全面性与分析人员的技术水平及生产经验息息相关，此外，对于部分极端复杂、因果关系错综复杂的问题分析成效不显著。

6.2 FDA 分析实例 1：地铁亡人事件分析

6.2.1 案例概述

2021 年 7 月 17 日至 23 日，特大暴雨引发××省中北部地区严重汛情，导致了一系列次生、衍生灾害事件，如 7 月 20 日该省某市地铁×号线×××次列车行驶途中遭遇涝水灌入、失电迫停，经疏散救援，953 人安全撤出、14 人死亡。

6.2.2 鱼刺图分析

参考《"7·20"特大暴雨灾害调查报告》，应用鱼刺图法，从设计、建设、人员、管理、环境五方面进行具体分析。

（1）设计建设因素

擅自变更设计。因物业开发等因素，××地铁集团有限公司将 A 停车场运用库东移 30m，地面布置调整为下沉 1.973m，使得停车场处于较深的低洼地带，导致自然排水条件变差，不符合《地铁设计规范》相关规定。

A 停车场挡水围墙质量不合格。停车场围墙按当时地面地形"百年一遇内涝水深 0.24m"设计，经调查组专家验算"百年一遇"应为 0.5m。建设单位未经充分论证，用施工临时围挡替代停车场西段新建围墙，长度占四成多，几乎没有挡水功能。施工期间，违反工程基本建设程序，对工程建设质量把关不严，围墙未按图做基础。

（2）人员因素

行车指挥调度失误。20 日 17 时左右，涝水冲倒停车场出入场线洞口上方挡水围墙、急速涌入地铁隧道后，因道岔发生故障报警，列车在 B 站被扣停车，在未查清原因、不了解险情的情况下于 17：46 放行。17：47 水淹过轨面后，司机按照规定制动停车，但线网控制中心（OCC）主任调度员在未研判、掌握列车现场险情的情况下，指令列车退行，约 30m 后列车失电迫停，导致列车所在位置标高比退行前所在位置标高低约 75cm，增加了车内水深，加重了车内被困乘客险情。

（3）管理因素

运营单位层面：应对处置不力，19日至20日，气象部门多次发布暴雨红色预警后，××地铁集团有限公司未按有关预案要求加强检查巡视，对运营线路淹水倒灌隐患排查不到位。20日15：09 A停车场多处临时围挡倒塌、16：00地铁×号线多处进水的情况下，该地铁集团有限公司没有引起高度重视，没有领导在线网控制中心（OCC）和现场一线统一指挥、开展有效的应急处置，直到18：04才发布线网停运指令，此时列车已失电迫停。该地铁集团有限公司应对处置管理混乱，未执行重大险情报告制度，事发整个过程都没有启动应急响应，18：37乘客疏散被迫中断，但直到19：48地铁运营分公司才向该地铁集团有限公司值班处报告，400多名乘客已被困车厢1个多小时，严重延误了救援时机。

政府管理层面：应急响应严重滞后，《××市防汛应急预案》明确了启动Ⅰ级响应的7个条件，其中之一为"常庄水库发生重大险情"，常庄水库20日10：30开始出现"管涌"险情，该市未按规定启动Ⅰ级应急响应，直到20日16：01气象部门发布第5次红色预警，该市才于16：30启动Ⅰ级应急响应，但也未按预案要求宣布进入紧急防汛期；应对措施不精准不得力，20日早上6时气象部门发布了第2次暴雨红色预警，在这个关键时刻，相关政府主要负责人仍没有足够重视，行动不果断、措施不得力，8时许，市政府主要负责人虽然签发市防指紧急通知，但没有按红色预警果断采取停止集会、停课、停业措施，只提出"全市在建工程一律暂停室外作业、教育部门暂停校外培训机构"，仅建议"全市不涉及城市运行的机关、企（事）业单位今日采取弹性上班方式或错峰上下班"，且媒体网站发布上述建议要求时，人们早已正常上学上班了，错失了有效避免大量人员伤亡的时机；关键时刻统一指挥缺失，该市政府缺乏全局统筹，对市领导在前后方、点和面上的指挥没有具体的统一安排，关键时刻无市领导在指挥中心坐镇指挥、掌控全局。市委、市政府主要负责人因灾导致通信不畅、信息不灵，不了解全市整体受灾情况，对该地铁线路重大险情灾情均未及时掌握，失去了领导应对这场全域性灾害的主动权；缺少有效的组织动员，该省委7月13日就宣布进入"战时状态"，直到20日8：30该市在召开防汛紧急调度视频会时才提出全面动员各方面力量全力做好防大汛、抢大险、救大灾工作，整个过程未实际开展全社会组织动员，没有提前有效组织广播、电视、报纸、新媒体等广泛宣传防汛安全避险知识，由于组织动员不力，20日当天许多群众正常出行，机关企事业单位常态运转，人员密集场所、城市隧道、地铁等没有提前采取有效的避险防范措施。

（4）环境因素

暴雨过程长、范围广、总量大，短历时降雨极强。17日8时至23日8时，该市累计降雨400mm以上面积达5590km^2，600mm以上面积达2068km^2。20日午后强降雨从西部山丘区移动到中心城区，强度剧烈发展，15时至18时小时雨强猛增，16时至17时出现201.9mm的极端小时雨强，突破我国大陆气象观测记录历史极值。

A停车场附近明沟排涝功能严重受损。明沟西侧因道路建设弃土形成长约300m、高约1m至2m带状堆土，没有及时清理，阻碍排水。有关单位违规将部分明沟加装了长约58m的盖板，降低了收水能力。总结的鱼刺图如图6.1所示。

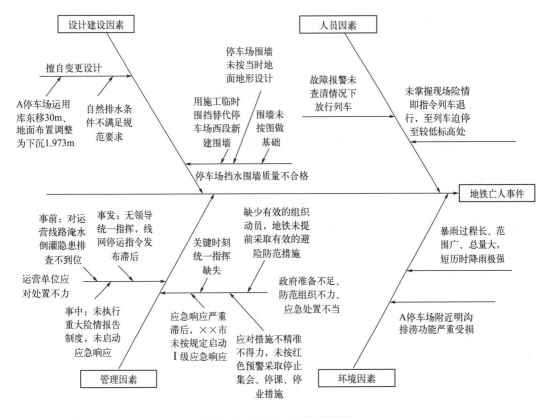

图 6.1 地铁亡人事件鱼刺图

6.2.3 改进措施及建议

设计建设方面加强地铁防涝排涝能力建设，人员、管理方面提高政府、企事业单位和公众的应急风险意识，培养应急思维。开展应急预案评估、修订、演练工作，强化预警和响应一体化管理，增强预案体系整体性、协调性、实效性。

6.3　FDA 分析实例 2：建筑施工高处作业风险分析

6.3.1　高处作业风险分析

《高处作业分级》（GB/T 3608—2008）规定：高处作业是在坠落高度基准面 2m 或 2m 以上有可能坠落的高处进行的作业。

建筑施工领域，高处作业可分为临边作业（工作面边沿无围挡设施或围挡设施高度低于 80cm 时的高处作业）、洞口作业（施工现场及通道旁深度在 2m 及 2m 以上的桩孔、人孔、沟槽与管道、孔洞等边沿上的作业）、攀登作业（借助登高用具或登高设施，在攀登条件下进行的高处作业）、悬空作业（在周边临空状态下进行的高处作业）、操作平台（在施工现场中用以站人、载料及操作的平台上进行的作业）、交叉作业（在施工现场的上下不同层次、于空间贯通状态下同时进行的高处作业）等。

建筑施工高处作业风险可从设施因素、人员因素、管理因素、环境因素进行分析。

（1）设施因素

高处作业工具、仪表、电气设施和各类设备存在缺陷，高处作业防护设施缺失或存在缺陷，安全标志缺失；等等。

（2）人员因素

人的不安全行为是引发高处作业事故的主要因素之一，如作业人员安全操作技能不足、疲劳作业、违反操作规程、未正确穿戴个人防护用品、进入施工区域未注意高空坠物风险等。

（3）管理因素

管理因素包括：高处作业安全技术措施未列入施工组织设计，或施工组织设计不合理；安全技术教育及交底未落实；安全规章制度不完善；等等。

（4）环境因素

环境因素包括：雨天和雪天高处作业时，未采取可靠的防滑、防寒和防冻措施；遇有6级以上强风、浓雾等恶劣天气时开展露天攀登与悬空高处作业；等等。

6.3.2 鱼刺图分析

应用鱼刺图，从设备、人员、管理、环境四方面进行具体分析，如图6.2所示。

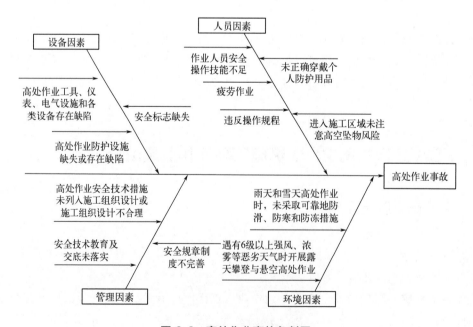

图 6.2 高处作业事故鱼刺图

6.3.3 对策措施及建议

结合鱼刺图分析，从设施、人员、管理、环境四方面加强高处作业事故风险管理。

（1）设施因素

高处作业施工前，应检查高处作业的安全标志、工具、仪表、电气设施和设备，确认其完好后，方可进行施工。

应根据要求将各类安全警示标志悬挂于施工现场各相应部位。

高处作业人员应根据作业的实际情况配备相应的高处作业安全防护用品。

高处作业前应对安全防护设施进行检查、验收，验收合格后方可进行作业。

施工现场应按规定设置消防器材，当进行焊接等动火作业时，应采取防火措施。

对需临时拆除或变动安全防护设施时，应采取可靠措施，作业后应立即恢复。

（2）人员因素

作业人员应按规定正确佩戴和使用相应的安全防护用品、用具。作业使用的工具、材料、零件等应随手放入工具袋，上下时手中不应持物，不应投掷工具、材料及其他物品。

加强对作业人员的安全教育培训，确保其具备相应的安全技能。

（3）管理因素

建筑施工中涉及临边与洞口作业、攀登与悬空作业、操作平台、交叉作业及安全网搭设的，应在施工组织设计或施工方案中制定高处作业安全技术措施。

高处作业施工前，应对作业人员进行安全技术交底，对初次作业人员进行培训。

应设置专人对各类安全防护设施进行检查和维修保养，发现隐患应及时采取整改措施。

（4）环境因素

对施工作业现场所有可能坠落的物料，应及时拆除或采取固定措施。高处作业所用的物料应堆放平稳，不得妨碍通行和装卸。作业中的走道、通道板和登高用具，应随时清理干净。拆卸下的物料及余料和废料应及时清理运走，不得任意放置或向下丢弃。

雨、霜、雾、雪等天气进行高处作业时，应采取防滑、防冻措施，并应及时清除作业面上的水、冰、雪、霜。

遇有 6 级以上强风、浓雾、沙尘暴等恶劣气候，不得进行露天攀登与悬空高处作业。暴风雪及台风暴雨后，应对高处作业安全设施进行检查，当发现有松动、变形、损坏或脱落等现象时，应立即修理完善，维修合格后再使用。

6.4 FDA 分析实例 3：安全生产管理风险分析

6.4.1 安全生产管理风险分析

安全生产管理是企业生产管理的重要组成部分，通过探寻生产经营活动中由于人、物、环境的相互影响而产生的不安全因素，揭示其存在的本质和规律，减少和消除伤亡事故、职业病及其他危害，保障作业人员安全与健康，其管理对象是生产经营活动人、物、环境的行为与状态，是动态管理。

企业安全生产管理内容主要包括安全生产责任制、安全生产规章制度、安全操作规程、安全生产管理机构与人员、安全生产教育培训、应急救援、事故隐患排查和治理、相关方管理、劳动防护用品、特种设备安全、职业卫生等方面。

（1）安全生产责任制

未建立安全生产责任制或责任制内容不全：未涵盖主要负责人、安全生产管理人员、各岗位从业人员的安全生产职责；未涵盖安全生产管理机构、各部门的安全生产职责；缺少安全生产责任考核及奖惩相关内容。

未对安全生产职责的履行情况进行逐年考核。

（2）安全生产规章制度

未结合企业实际，建立健全安全生产规章制度。

未及时跟踪适用于其生产经营活动的安全生产法律法规、标准规范，定期更新安全生产规章制度。

安全生产规章制度未执行或执行记录不健全。

（3）安全操作规程

未编制安全操作规程或安全操作规程内容不完善。

工艺、设备发生变化后安全操作规程未及时更新。

（4）安全生产管理机构与人员

未设置安全生产管理机构或配备安全生产管理人员。

未建立涵盖各层级的安全生产管理网络。

（5）安全生产教育培训

未开展安全生产培训。

安全生产教育培训内容与岗位安全生产技能需求不匹配。

安全生产培训学时不足：

• 煤矿、非煤矿山、危险化学品、烟花爆竹、金属冶炼等生产经营单位主要负责人和安全生产管理人员初次安全培训时间不应少于 48 学时，每年再培训时间不应少于 16 学时。其他单位的主要负责人和安全生产管理人员初次安全培训时间不应少于 32 学时，每年再培训时间不应少于 12 学时。

• 新上岗的从业人员应进行"单位（厂）、部门（车间）、基层（班组）"三级安全培训教育，岗前安全培训时间不应少于 24 学时，每年再培训时间不应少于 8 学时。煤矿、非煤矿山、危险化学品、烟花爆竹、金属冶炼等生产经营单位新上岗的从业人员安全培训时间不应少于 72 学时，每年再培训时间不应少于 20 学时。

• 工作场所存在职业病危害因素分类目录所列职业病危害因素的单位，其主要负责人和职业卫生管理人员初次职业卫生培训不应少于 16 学时，每年继续教育不应少于 8 学时。

• 工作场所存在职业病危害因素分类目录所列职业病危害因素的单位，接触职业病危害的从业人员初次职业卫生培训不应少于 8 学时，每年继续教育不应少于 4 学时。

特种作业、特种设备作业人员和其他特殊岗位人员未取得相应资格证书。

（6）应急救援

未设置安全生产应急管理机构或配备专、兼职安全生产应急管理人员。

应急预案体系不完善，未能涵盖企业各类风险。

应急预案实操性不强。

未开展应急预案演练或演练频次不足。

未配备应急设施或装备或配备不完善。

应急设施或装备未进行定期检测和维护。

（7）事故隐患排查和治理

未定期开展危险源辨识。

各岗位事故隐患排查清单不健全。

未定期开展事故隐患排查。

未建立事故隐患治理台账。

未开展事故隐患公示及过程管理。

（8）相关方管理

选用的供应单位、承包（承租）单位不具备相应资质。

未与供应单位、承包（承租）单位签订安全生产管理协议，或未在合同中约定各自的安全生产管理职责。

未将被派遣劳动者纳入本单位从业人员进行统一管理，未对被派遣劳动者进行安全操作技能的教育和培训。

未对承包（承租）单位的安全生产工作统一协调、管理，未定期进行安全检查并督促相关单位及时整改。

（9）劳动防护用品

劳动防护用品的发放标准与企业危险有害因素或职业病危害因素暴露水平不匹配。

劳动防护用品质量不符合国家、行业的相关标准要求。

作业人员未正确佩戴和使用劳动防护用品。

（10）特种设备安全

未办理特种设备使用登记，或未按规定的周期进行检验。

特种设备的安全附件、安全保护装置未定期校验检定、检修。

（11）职业卫生

工作场所存在职业病危害因素分类目录所列职业病危害因素的单位，未定期开展职业病危害因素检测与评价。

工作场所存在职业病危害因素分类目录所列职业病危害因素的单位，未对接触职业病危害因素人员进行上岗前、在岗期间和离岗时的职业健康检查。

职业健康管理档案不健全。

未开展职业病危害告知。

未开展职业病危害预防和应急处理措施的宣传和培训。

6.4.2 鱼刺图分析

应用鱼刺图，从安全生产责任制、安全生产规章制度、安全操作规程、安全生产管理机构与人员、安全生产教育培训、应急救援、事故隐患排查和治理、相关方管理、劳动防护用品、特种设备安全、职业卫生11个方面进行具体分析，如图6.3所示。

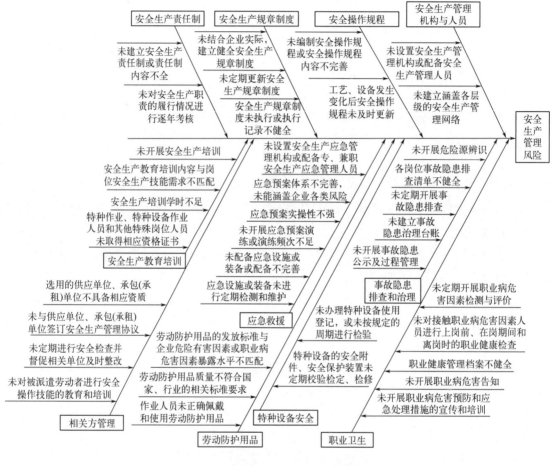

图6.3 安全生产管理风险鱼刺图

6.5 FDA分析实例4：储油罐火灾事故风险分析

6.5.1 储油罐火灾事故风险分析

石油储备基地、炼油厂、油田、油库以及其他工业中广泛使用储油罐储存原油或其他石油产品，原油及其下游产品大多属于易燃易爆物质，易引发火灾，且储油罐火灾蔓延速度快，热辐射强，爆炸危险性大，易引发大面积火灾事故。

储油罐区火灾事故可从设备设施、人员、环境三方面展开分析。

（1）设备设施因素

储罐缺陷：设计选材不合理、焊接缺陷、储罐内外腐蚀等。

管线缺陷：施工破坏、应力集中、泵体泄漏、连接处泄漏等。

其他设备缺陷：阀门密封缺陷、法兰密封缺陷、安全阀失效、检测报警装置（液位计、测温计等）失效、输油系统故障、消防设备缺陷、防雷防静电设备缺陷等。

（2）人员因素

操作失误（如超量进油）、施工维修失误（如违规动火作业）、违章作业（如穿钉鞋进入罐区、未穿防静电服、携带火种进入罐区）等。

（3）环境因素

自然环境（地震、雷击、暴雨、低温等）和作业环境（如储罐防火间距不满足规范要求）等。

6.5.2 鱼刺图分析

结合上述分析，绘制鱼刺图，如图6.4所示。

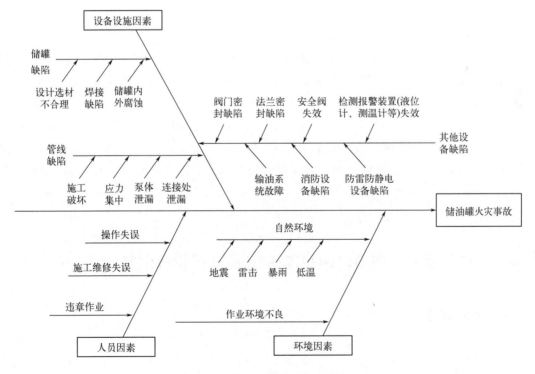

图6.4 储油罐火灾事故鱼刺图

6.5.3 储油罐火灾防范措施

结合鱼刺图分析,从设备设施、人员、环境三方面加强储油罐火灾风险管理。

(1) 设备设施方面

储油罐应符合 GB 50074 等相关规定,加强对罐体、防雷防静电设备、检测设备、消防设备等设备设施的安全检查,确保其满足安全性能要求。

(2) 人员方面

加强作业人员安全教育,确保其作业行为符合安全操作规程要求,减少人为失误。

人员进入储罐区,应遵循下列要求:工作人员应佩戴胸卡、持证上岗,不应携带火柴、打火机及其他易燃易爆物品入库;工作期间应穿戴防静电工作服(鞋),严禁携带非防爆移动通信工具;未经批准,非本岗位人员不应擅自进入储罐区、油品装卸区、油品输送泵区、发电间、变配电间、消防泵房等场所;临时入库人员入库应佩戴临时出入证。

进行检维修作业时应执行下列程序:检维修前进行危险有害因素识别,编制检维修方案,办理工艺、设备设施交付检维修手续,对检维修人员进行安全培训教育,检维修前对安全控制措施进行确认,为检维修作业人员配备适当的劳动保护用品;对检维修现场进行安全检查;检维修后办理检维修交付生产手续;检维修作业中涉及的动火作业、受限空间作业、盲板抽堵作业、高处作业、吊装作业、临时用电作业、动土作业、断路作业,应符合 GB 30871 的规定,并办理相应级别的作业许可证;特种作业人员在岗数量应符合相应作业的要求。

(3) 环境方面

针对地震、暴雨、雷电、大风、低温等极端天气,制定应急预案。加强极端天气防范措施,如加强防雷装置的维护管理;加强排水设施设备维护保养,确保排水通畅;等等。

确保安全距离:储罐区与库外居住区、公共建筑物、工矿企业、交通线的安全距离,储罐区、铁路罐车和汽车罐车装卸设施、其他易燃可燃液体设施与架空通信线路(或通信发射塔)、架空电力线路的安全距离,应符合 GB 50074 的规定。相邻储罐区储罐之间的防火间距,同一个地上储罐区内、相邻罐组储罐之间的防火间距,应符合 GB 50074 的规定。

6.6 FDA 分析实例 5:伊品羊杂馆液化石油气爆炸事故分析

6.6.1 案例概述

2020 年 5 月 13 日 9 时 15 分左右,××市羊杂馆内发生液化石油气爆炸事故,造成现场 7 名人员不同程度受伤(2 人重症、5 人轻伤),周边 26 户门店建筑物、5 台轿车受损,直接经济损失 48 万元。

2019年7月12日至2020年3月30日期间，房主王某某以个人名义分别与"羊杂馆"店主韩某某、"炸鸡"店主马某某、"烟酒店"店主程某某签订租赁合同，将房屋出租用于经营。3家租户利用王某某个体工商户营业执照和食品经营许可证从事经营，其中，韩某某将房屋装修后作为羊杂馆进行经营。

羊杂馆所在房屋（砖混结构）里侧为就餐区，外侧（彩钢板结构，建筑面积41.12m²）为操作区，两个区域内外连通。在操作区内靠东墙自北向南分别设置1台蒸煮炉、2个单眼燃气灶具和2个50kg液化石油气钢瓶，单眼灶具上方安装有1个抽油烟机，东侧墙面距离地面约1.6m处装有1个燃气报警器。就餐区和操作区内设有电灯、排风扇、电冰箱、驱蚊灯等电气设施。

羊杂馆安装的燃气设施由店主韩某某本人自行购买安装，由不具备燃气经营资质的个人王某某为其送气，所供液化石油气从某燃气销售有限公司充装。

2020年5月13日9时01分左右，店主韩某某进店后发现液化石油气气瓶与南侧熬羊杂单眼灶具连接气瓶（河北百工）的橡胶软管漏气，购买软管后更换。9时15分许，韩某某准备熬羊杂，打开气瓶阀门，并试图点燃气灶，前两次打火均未点燃气灶，第三次打火时发现火迅速向下引燃，随即发生爆炸。

6.6.2 鱼刺图分析

参考《伊品羊杂馆"5.13"液化石油气爆炸事故调查报告》，应用鱼刺图法，从设备设施、人员、管理三方面进行具体分析。

（1）设备设施因素

① 店主韩某某未委托具有资质的单位安装燃气设施，将所使用的气瓶组与燃气燃烧器具布置在同一房间内。

② 燃气灶具燃烧器和调压器不符合国家标准。

（2）人员因素

① 店主韩某某在事发前一晚灶具燃烧器使用后，未关紧气瓶阀门，造成液化石油气从破损的橡胶软管处长时间缓慢泄漏，沿地面在房间内扩散，并逐渐向上聚集，达到爆炸极限，遇韩某某打开气灶开关产生的明火后引发爆炸。

② 店主韩某某未经燃气知识的专业培训，不具备燃气安全使用操作技能。

③ 未开展相应事故应急演练，发现液化石油气泄漏后，未能正确进行处置。

（3）管理因素

① 企业作业人员对燃气设施和设备维护、检修、检验不到位。

② 相关方管理不到位：房东王某某私自加盖违章建筑，在与韩某某签订房屋出租合同时，将营业执照租借给韩某某使用，对韩某某的实际经营活动失管、失察，致使其在不具备安全生产条件的情况下从事经营活动。

③ ××乡综合行政执法队（原××乡城市管理行政执法队），在具体负责辖区内相关燃气安全日常检查和专项执法检查过程中，未建立完整、全面的基础工作台账，未制定执法计划，违反工作纪律，不正确履行职责，未发现羊杂馆存在的安全隐患。

④ 供气人王某某，未取得燃气经营许可，非法供应燃气。

⑤ 燃气销售有限公司违反《城镇燃气管理条例》规定，向未取得燃气经营许可证的个人提供用于经营的燃气，且擅自为非自有气瓶充装燃气。该公司同时存在用户服务档案、充装记录缺失等问题。

结合上述分析，绘制鱼刺图，如图 6.5 所示。

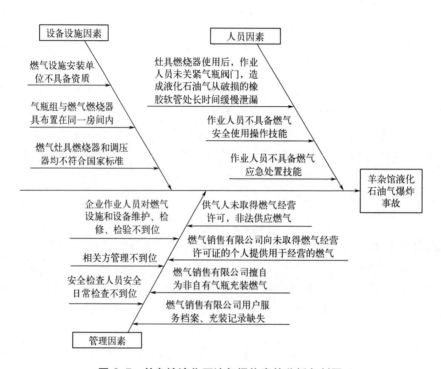

图 6.5 羊杂馆液化石油气爆炸事故分析鱼刺图

6.6.3 改进措施及建议

（1）瓶装液化石油气使用单位

严格落实企业主体责任，加强燃气设备设施管理，瓶装液化石油气使用单位购买、使用的灶具和配件应符合安全规范，正确设置气瓶储存间，配备联动报警强制通风系统，定期开展燃气设备设施检查，及时治理排除安全隐患。

加强燃气设备设施操作人员岗前教育、操作技能及应急处置措施等相关培训，确保作业人员具备燃气安全使用操作技能和应急处置能力。

（2）相关行业管理部门

行业管理部门要进一步落实"管行业必须管安全、管业务必须管安全、管生产经营必须管安全"的要求，要从"重审批轻监管"转变为"宽准入严监管"，加强事前审批，严格事中、事后监管，切实改进工作作风，主动担当作为，确保职责履行到位、防护措施到位。

持续开展事故隐患排查治理，科学准确建立液化石油气使用单位台账和安全隐患台账，严厉打击非法充装、销售、运输、使用等违法违规行为，查清网络、深挖幕后、锁定窝点，实施全链条打击。

充分利用各类媒体，加大对居民用户和餐饮等商业用户用气安全宣传教育培训力度，增强广大群众燃气安全防范意识和应急自救能力。

（3）属地管理部门

牢固树立安全发展理念，汲取事故教训，定期分析本辖区安全生产工作的重点和难点，深化重点区域、重点行业治理，主动联合有关部门，对不符合安全生产条件的场所、违法建设予以严厉打击，落实监管责任和措施。

6.7　FDA 分析实例 6：临时用电作业风险分析

6.7.1　临时用电作业风险分析

临时用电是指在正式运行的电源上所接的非永久性用电。临时用电作业属于危险作业之一。

从设备设施、人员、管理、环境四方面入手，分析临时用电作业主要风险。

（1）设备设施因素

临时用电线缆未按要求接入配电箱，私自拉设线缆。

线缆经过过道未按要求架空或采取防护措施。

临时用电线路未采用相应耐压等级的电缆。

电缆电线连接处无防雨水措施。

剩余电流保护装置（漏电保护器）未安装或故障。

配电箱未采取防雨措施。

配电箱未接地。

未落实一机一闸要求。

火灾爆炸危险场所未使用相应防爆等级的电源及电气元件。

（2）人员因素

临时用电作业人员安全技能不足。

电气作业人员缺少上岗资质。

未按要求正确穿戴个人劳动防护用品（如绝缘电工鞋）。

现场作业人员违章作业、违章指挥。

（3）管理因素

员工安全生产责任制未落实到位。

未按要求申请临时用电，或临时用电作业到期后，未及时重新申请。

（4）环境因素

缺少临时用电安全标志。

现场杂物摆放不规范。

6.7.2 鱼刺图分析

结合上述风险分析,绘制鱼刺图如图6.6所示。

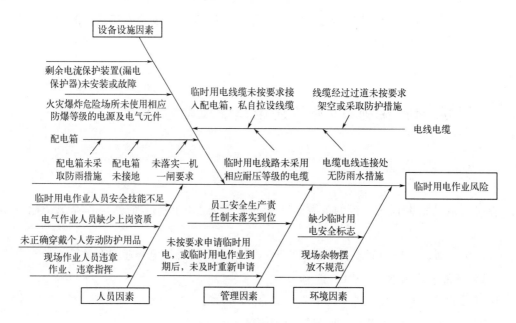

图6.6 临时用电作业事故鱼刺图

6.7.3 对策措施及建议

结合鱼刺图分析,从设备设施、人员、管理、环境三方面开展临时用电作业风险管控。

(1) 设备设施方面

每台用电设备应有各自专用的开关箱,严禁用同一开关箱直接控制2台及以上用电设备(含插座)。

临时用电应设置保护开关,使用前应检查电气设备设施和保护设施的可靠性。临时用电设备应设置接地或接零保护。

临时用电设备和线路应按供电电压等级和容量正确使用,所用的电器元件应符合国家相关产品标准及作业现场环境要求,临时用电电源施工、安装应符合JGJ 46的有关要求,并有良好的接地或接零。

火灾爆炸危险场所应使用相应防爆等级的电源及电气元件,并采取相应的防爆安全措施。

临时用电线路及设备应有良好的绝缘,临时用电线路应采用耐压等级不低于500V的绝缘导线。

临时用电线路经过有高温、振动、腐蚀、积水及产生机械损伤等区域，不应有接头，并应采取相应的保护措施。

电缆线路应采用架空或埋地敷设，架空线必须采用绝缘导线，并应架设在专用电杆或支架上。其最大弧垂与地面距离，在作业现场不低于 2.5m，穿越机动车道不低于 5m，埋地电缆路径应设方位标志和安全标志。电缆埋地深度不应小于 0.7m，穿越道路时应加设防护套管。

现场临时用电配电盘、箱应有防雨措施，盘、箱、门应能牢靠关闭并能上锁。

临时用电设施应安装符合规范要求的漏电保护器，移动工具、手持式电动工具应逐个配置漏电保护器和电源开关。

临时用电单位不应擅自向其他单位转供电或增加用电负荷，以及变更用电地点和用途。

（2）人员方面

定期开展安全教育培训，作业人员经考试合格后，方可上岗。杜绝违章作业、违章指挥。

临时用电作业人员应持电工有效资质证上岗。

督促作业人员按要求正确穿戴个人劳动防护用品。

（3）管理方面

建立健全临时用电作业管理制度，定期对临时用电作业场所进行安全巡检。

临时用电时间不应超过一个月。临时用电结束后，用电单位应及时通知供电单位拆除临时用电线路。

（4）环境方面

现场临时用电配电盘、箱应有电压标识和危险标识。

在开关上接引、拆除临时用电线路时，其上级开关应断电上锁并加挂安全警示标牌，应符合 GB/T 33579 的有关要求。

6.8　FDA 分析实例 7：固定式压力容器爆炸事故分析

6.8.1　固定式压力容器爆炸事故风险分析

压力容器是指盛装气体或者液体，承载一定压力的密闭设备。根据《特种设备目录》：最高工作压力大于或者等于 0.1MPa（表压）的气体、液化气体和最高工作温度高于或者等于标准沸点的液体、容积大于或者等于 30L 且内直径（非圆形截面指截面内边界最大几何尺寸）大于或者等于 150mm 的固定式容器和移动式容器；盛装公称工作压力大于或者等于 0.2MPa（表压），且压力与容积的乘积大于或者等于 1.0MPa·L 的气体、液化气体和标准沸点等于或者低于 60℃液体的气瓶；氧舱，属于特种设备。

固定式压力容器是指安装在固定位置使用的压力容器。

压力容器可能引发容器爆炸事故，包括物理爆炸和化学爆炸：物理爆炸是指容器内高压气体迅速膨胀，引发压力容器破裂，高速释放内在能量，引起的爆炸；化学爆炸是指容器内的介质发生化学反应，迅速释放能量，产生高压和高温，或者容器内盛装的可燃性液化气在容器破裂后迅速蒸发，与周围空气混合形成爆炸性气体混合物，在遇到点火源时发生的爆炸。压力容器破裂爆炸时，冲击波、高速喷出的爆破碎片可能导致人员伤亡，压力容器内承装的有毒介质或高温水汽也可能导致人员中毒和灼烫。

（1）设备因素

设备因素主要包括压力容器结构设计不合理，本体变形、开裂，外表面出现腐蚀，受压元件及其焊缝出现裂纹、泄漏、鼓包、变形、机械接触损伤、过热等现象，法兰、密封面及其紧固螺栓缺陷，支撑、支座或者基础存在下沉、倾斜、开裂问题，地脚螺栓缺陷，以及安全阀、爆破片装置、紧急切断装置、安全联锁装置等安全附件存在缺陷。

（2）人员因素

人员因素主要包括作业人员安全操作技能不足、作业人员违章作业、快开门压力容器操作人员未取得特种设备作业人员证等。

（3）管理因素

管理因素主要包括：压力容器安全技术档案不健全；未定期开展自行检查，运行记录不齐全；设备维修保养不到位；压力容器未定期检验；安全附件未定期检验等。

6.8.2 鱼刺图分析

结合上述分析，绘制鱼刺图如图 6.7 所示。

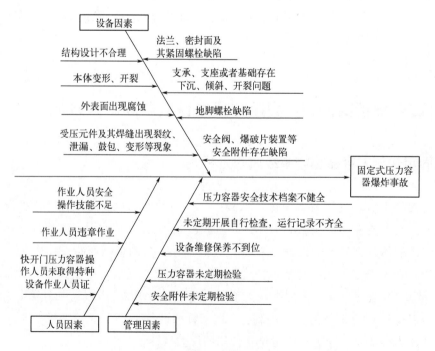

图 6.7 固定式压力容器爆炸事故分析鱼刺图

6.8.3　固定式压力容器爆炸事故防范措施

（1）提升压力容器设备安全性能

① 压力容器的外观应符合下列要求：
- 本体应无变形、无开裂。
- 外表面无腐蚀情况。
- 主要受压元件及其焊缝无裂纹、泄漏、鼓包、变形、机械接触损伤、过热现象。
- 工卡具无焊迹、电弧灼伤。
- 法兰、密封面及其紧固螺栓完好。
- 支承、支座或者基础无下沉、倾斜、开裂。
- 地脚螺栓完好。

② 校验合格的安全阀应加装有铅封，且应保持铅封完好。

③ 压力表在刻度盘上应画出指示工作压力的红线。压力表校验合格后，保持铅封完好。

④ 液位计应安装在便于观察的位置，否则应增加其他辅助设施。大型压力容器还应有集中控制的设施和警报装置。液位计上最高和最低安全液位，应作出明显的标志。

⑤ 需要控制壁温的压力容器，应装设测试壁温的测温仪表（或者温度计），测温仪表应定期校准。

⑥ 固定式压力容器安全保护装置应符合下列要求：
- 应根据设计要求装设超压泄放装置。
- 易爆介质或者毒性危害程度为极度、高度或者中度危害介质的压力容器，应在安全阀或者爆破片的排出口装设导管，将排放介质引至安全地点，并且进行妥善处理，毒性介质不应直接排入大气。
- 压力容器设计压力低于压力源压力时，在通向压力容器进口的管道上应装设减压阀，如因介质条件减压阀无法保证可靠工作时，可用调节阀代替减压阀，在减压阀或者调节阀的低压侧，应装设安全阀和压力表。

（2）加强压力容器的日常管理

① 建立健全工艺操作规程和岗位操作规程　压力容器使用单位，应在工艺操作规程和岗位操作规程中，明确提出压力容器安全操作要求。操作规程至少包括以下内容：a.操作工艺参数（含工作压力、最高或者最低工作温度）；b.岗位操作方法（含开、停车的操作程序和注意事项）；c.运行中重点检查的项目和部位，运行中可能出现的异常现象和防止措施，以及紧急情况的处置和报告程序。

② 经常性维护保养　使用单位应建立压力容器装置巡检制度，并且对压力容器本体及其安全附件、装卸附件、安全保护装置、测量调控装置、附属仪器仪表进行经常性维护保养。对发现的异常情况及时处理并且记录，保证在用压力容器始终处于正常使用状态。

③ 开展定期自行检查　压力容器的自行检查，包括月度检查、年度检查：a.月度检查：使用单位每月对所使用的压力容器至少进行1次月度检查，并且应当记录检查情况；当年度检查与月度检查时间重合时，可不再进行月度检查。月度检查内容主要为压力容器本体及其

安全附件、装卸附件、安全保护装置、测量调控装置、附属仪器仪表是否完好，各密封面有无泄漏，以及其他异常情况等。b. 年度检查：使用单位每年对所使用的压力容器至少进行 1 次年度检查，年度检查工作完成后，应进行压力容器使用安全状况分析，并且对年度检查中发现的隐患及时消除；年度检查工作可以由压力容器使用单位安全管理人员组织经过专业培训的作业人员进行，也可以委托有资质的特种设备检验机构进行。

④ 开展压力容器定期检验　使用单位应在压力容器定期检验有效期届满前 1 个月，向特种设备检验机构提出定期检验申请，并且做好定期检验相关的准备工作。定期检验完成后，由使用单位组织对压力容器进行管道连接、密封、附件（含安全附件及仪表）和内件安装等工作，并且对其安全性负责。

金属压力容器一般于投用后 3 年内进行首次定期检验。以后的检验周期由检验机构根据压力容器的安全状况等级，按照以下要求确定：

a. 安全状况等级为 1、2 级的，一般每 6 年检验一次；

b. 安全状况等级为 3 级的，一般每 3 年至 6 年检验一次；

c. 安全状况等级为 4 级的，监控使用，其检验周期由检验机构确定，累计监控使用时间不得超过 3 年，在监控使用期间，使用单位应当采取有效的监控措施；

d. 安全状况等级为 5 级的，应当对缺陷进行处理，否则不得继续使用。

非金属压力容器一般于投用后 1 年内进行首次定期检验。以后的检验周期由检验机构根据压力容器的安全状况等级，按照以下要求确定：

a. 安全状况等级为 1 级的，一般每 3 年检验一次；

b. 安全状况等级为 2 级的，一般每 2 年检验一次；

c. 安全状况等级为 3 级的，应当监控使用，累计监控使用时间不得超过 1 年；

d. 安全状况等级为 4 级的，不得继续在当前介质下使用，如果用于其他适合的腐蚀性介质时，应当监控使用，其检验周期由检验机构确定，但是累计监控使用时间不得超过 1 年；

e. 安全状况等级为 5 级的，应对缺陷进行处理，否则不得继续使用。

（3）加强压力容器操作人员技能培训

① 压力容器操作人员应定期进行安全教育与专业培训。学习压力容器的基本知识，熟悉国家颁发的安全技术法规、技术标准中有关安全使用的内容，熟记本岗位的工艺流程，熟悉有关容器的结构、类别、技术参数和主要技术性能。

② 督促操作人员严格遵守安全操作规程，熟悉掌握本岗位压力容器操作程序和操作方法及对一般故障、事故的处理技能，认真填写操作运行记录或工艺生产记录，加强对容器和设备的巡回检查和维护保养。

③ 快开门压力容器操作应当取得特种设备作业人员证 R1。

④ 压力容器使用过程中，发现下列异常现象时，应立即采取紧急措施，停止容器运行：

- 超温、超压、超负荷运行，采取措施后仍不能得到有效的控制。
- 压力容器主要受压元件发生裂纹、鼓包、变形等现象。
- 安全附件失效。接管、紧固件损坏，难以保证安全运行。
- 发生火灾、撞击等直接威胁压力容器安全运行的情况。

- 充装过量。压力容器液位超过规定，采取措施后仍不能得到有效控制。
- 压力容器与管道发生严重振动，危及安全运行。

6.9 FDA 分析实例 8：公园火灾事故分析

6.9.1 公园火灾事故风险分析

根据我国《公园设计规范》（GB 51192—2016）规定，公园是指供公众游览、观赏、休憩、开展科学文化及锻炼身体等活动，有较完善的设施和良好的绿化环境的公共绿地，作为自然观赏区和供公众的休息游玩的公共区域。随着国民经济的高速发展，人们追求更加健康、解压、愉悦的生活方式，促使人们对能够提供休息、锻炼、社交场所的城市园林消费需求快速上升，公园成了广受人们喜爱的人员密集场所。

随着各类公园的普及，公园园区内自身存在的风险、游客等外部因素带入风险及其衍生、次生风险日益引发社会的关注，公园及其周边发生的各类突发事件也日益增多。作为人员密集场所，公园一旦发生火灾事故，易造成群死群伤，产生较为恶劣的社会影响。

公园可能存在的火灾风险类型如下。

古建火灾：古建多以木质结构为主，木质建筑耐火等级低，遇电气线路老化、过负荷用电、短路、明火、建筑物防雷装置破损、射灯等建筑内装置电气故障等原因，可能引发火灾。

充电设施火灾：园内电瓶车及游船充电设施长时间工作、现场通风不良、高温等，可能引发火灾。

电气设备、电气线路火灾：用电场所电气线路敷设不规范、接地保护不良，私拉电线，电气设备老化、过载等，可能引发火灾。

高低压配电装置火灾：配电室配电装置过负荷、短路、过电压、接地故障、接触不良等，可能产生电气火花、电弧或过热，引发电气火灾或引燃周围的可燃物质，造成火灾事故。

汽、柴油火灾：汽油、柴油存储不当可能引起泄漏，遇火源引发火灾、爆炸。

燃气管道及调压间火灾：燃气设施老化等可能导致燃气泄漏，遇点火源引发火灾、爆炸等。

餐饮场所火灾：餐饮场所后厨排油烟管道、排烟口、净化器等设备内积存油污，遇火源可能导致火灾。

柳絮、杨絮火灾：春季柳絮、杨絮遇火源可能导致火灾。

绿化垃圾火灾：残枝树叶等绿化垃圾处理不当可能引发火灾。

游客引发火灾：游客携带易燃易爆品入园，遇火源可能引发火灾、爆炸，或因个人极端行为引发火灾爆炸事件。

林木火灾：因自然或人为等原因可能引发林木火灾，具有突发性强、破坏性大、处置扑救困难等特点。

危险作业火灾：园区施工现场动火作业、气瓶存放不当等可能引发火灾。园区施工现场临时用电线路敷设不规范、无剩余电流动作保护装置、接地保护不良等可能引发火灾。

6.9.2 鱼刺图分析

结合上述分析，从人、物、管理、环境四方面绘制公园火灾事故鱼刺图，如图6.8所示。

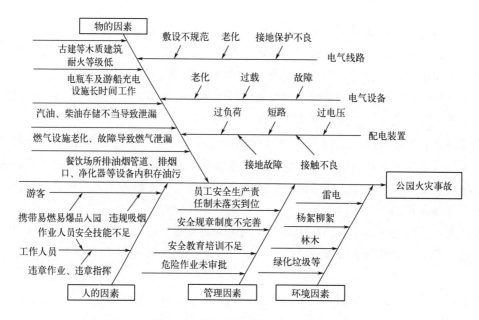

图6.8 公园火灾事故分析鱼刺图

6.9.3 公园火灾事故防范措施

加强日常安全巡查。针对古建、配电室、餐饮场所、充电间、汽柴油存储点等重点部位，设置专人定期定点巡查。利用视频监控系统全方位监控园区火灾风险点位。

健全安全管理制度，加大培训宣传力度。针对工作人员，落实"一岗双责"，加强安全培训，提升工作人员安全意识及安全技能。利用多种手段进行安全宣传教育，提高游客的防火安全意识。

完善应急措施，结合公园风险特点，完善火灾应急预案、现场处置方案，开展防火应急实战演练，加强应急队伍能力建设，做好应急装备器材的维护保养工作。

第 7 章 事件树分析

7.1 方法概述

事件树分析（event tree analysis，ETA）是一种归纳的程序方法，以某一初始事件为分析起点，按照事故发展的时间顺序，分析该初始事件可能导致的各种事件序列的结果，从而定性或定量评价系统的特性。

7.1.1 分析原理

事故是一系列事件按照时间顺序相继出现的结果，初始事件是事件树的起始点，即可能引起不同结果的事件序列的起始事件，但初始事件不一定必然导致事故的发生，在初始事件发生之后，由于系统安全控制措施、作业人员操作控制等因素的存在，会直接影响初始事件的走向，这类介于初始事件和最终事故之间的中间事件，称为环节事件。环节事件有达到目标的"成功"和达不成目标的"失败"两种状态，如果这些环节事件全部失败或部分失败，就会导致事故的发生。

从初始事件出发，事件树处理"如果……会发生什么"的问题，基于初始事件，可以构建一棵包含各种可能结果的事件树，即事件树可描述为一种表示可考虑减缓因素（减轻初始事件后果的系统、功能或其他具体因素）对初始事件影响的方法。

7.1.2 分析程序

事件树的分析程序如图 7.1 所示。

图 7.1　事件树分析程序

(1) 确定分析系统

清晰定义系统边界,限定分析的范围,将某些类型的事件(如人为破坏)排除在分析之外,有助于聚焦于分析重点,避免忽略关键因素。

(2) 识别初始事件

初始事件通常是防止不期望后果出现的需要安全控制措施启动或操作人员响应的偏差,包括系统故障、作业人员误操作或者工艺异常等。初始事件的筛选可采取两种方式:依据物理性质排除(当设计参数严格控制在额定值以下,并有可靠的安全措施支持时,可排除相关初始事件),或是基于保守估计的频率排除(若初始事件在保守分析中的频率仍低于可接受风险阈值,且其后果严重性较低时则可排除)。

(3) 识别环节事件

事件树分析聚焦于初始事件由于各个环节事件失效导致事故的路径。对环节事件的细致识别是确保分析结果有效性的关键。

环节事件通常可从以下几方面考虑:

① 能对初始事件响应的安全控制系统,如自动控制系统、紧急停车系统等。
② 初始事件发生时的报警装置。
③ 操作人员的处置程序。
④ 防止事故扩大的安全措施,如隔离带等。
⑤ 其他可能发生的内部或外部事件。

(4) 绘制事件树

事件树构建过程包含以下步骤:

① 首先将初始事件置于树的最左边。
② 从树的顶部开始,按照环节事件影响事故演化的逻辑顺序进行绘制。
③ 在每个节点处标记每个环节事件的成功(通常置于上面的分支)和失败(通常置于下面的分支)。
④ 以此类推,直至分析完最后一个环节事件为止。
⑤ 在事件树最末端,写明每一条事件链最终导致的结果。

(5) 事件树定性分析

事件树的每个分支都代表初始事件发生后事件发展的一种途径,其中导致事故的途径越多,系统就越危险。

(6) 事件树定量分析

事件树定量分析是根据初始事件及各环节事件的发生概率,计算每条事件链的结果事件的概率。

7.1.3 方法评述

事件树分析的优点:适用于所有类型的系统;能够提供由初始事件引发的形象化事件链;既可定性分析事故发生的途径并提出预防措施,又可定量分析事故概率,确定最易发生事故的途径。

事件树分析的缺点：事件树分析是基于某一个初始事件展开的，难于分析多原因共同导致的事故；分析人员的实践经验及预先的系统调研对于正确处理条件概率和相关环节事件具有一定的影响；环节事件只能是成功、失败两种对立的状态，对于呈现两种以上状态的环节事件，需将其归纳为两种状态或将事件树两分支转变为多分支。

7.2 ETA 分析实例 1：事件树定量计算

7.2.1 串联物料输送系统

某物料输送系统由水泵 A 与阀门 B、阀门 C 串联组成，已知泵 A、阀门 B、阀门 C 的可靠度均为 0.9。应用事件树分析方法，求解系统的可靠度及失败概率。

这是事件树在可靠性分析领域的应用，根据上述描述，事件树的初始事件为系统发出启动信号，环节事件依次为泵 A、阀门 B、阀门 C 的运行成功或失败，由于该物料系统属于串联系统，泵 A、阀门 B、阀门 C 均成功运行时，系统才能完成物料输送任务。事件树如图 7.2 所示。

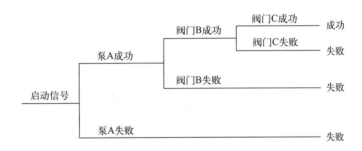

图 7.2　串联物料输送事件树

物料系统成功的概率：

$$R = R_{泵A} R_{阀门B} R_{阀门C} = 0.9 \times 0.9 \times 0.9 = 0.729$$

物料系统失败的概率：

$$R = R_{泵A} R_{阀门B} (1 - R_{阀门C}) + R_{泵A} (1 - R_{阀门B}) + (1 - R_{泵A})$$
$$= 0.9 \times 0.9 \times (1 - 0.9) + 0.9 \times (1 - 0.9) + (1 - 0.9) = 0.271$$

7.2.2 并联物料输送系统

某物料输送系统由水泵 A 与两个并联的阀门 B、阀门 C 组成，阀门 C 为阀门 B 的备用件，只有阀门 B 失效时，阀门 C 才启用。已知泵 A、阀门 B、阀门 C 的可靠度均为 0.9。应用事件树分析方法，求解系统的可靠度及失败概率。

根据上述描述，事件树的初始事件为系统发出启动信号，环节事件依次为泵 A、阀门

B、阀门 C 的运行成功或失败，由于该物料系统属于并联系统，泵 A 和阀门 B 成功运行时或是泵 A 成功、阀门 B 失败、阀门 C 成功时，系统即可完成物料输送任务。事件树如图 7.3 所示。

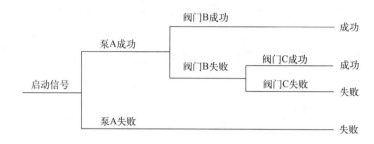

图 7.3　并联物料输送事件树

物料系统成功的概率：

$$R = R_{泵A} R_{阀门B} + R_{泵A}(1 - R_{阀门B}) R_{阀门C}$$
$$= 0.9 \times 0.9 + 0.9 \times (1 - 0.9) \times 0.9 = 0.891$$

物料系统失败的概率：

$$R = R_{泵A}(1 - R_{阀门B})(1 - R_{阀门C}) + (1 - R_{泵A})$$
$$= 0.9 \times (1 - 0.9) \times (1 - 0.9) + (1 - 0.9) = 0.109$$

7.3　ETA 分析实例 2：档案馆火灾风险分析

7.3.1　案例简介

某档案馆设置有七氟丙烷灭火装置。七氟丙烷灭火系统是一种高效的灭火设备，其灭火原理为：化学抑制——七氟丙烷灭火剂能惰化火焰中的活性自由基，阻断燃烧时的链式反应；冷却——七氟丙烷灭火剂在喷出喷嘴时，液体灭火剂迅速转变成气态需要吸收大量热量，降低了保护区内火焰周围的温度；窒息——保护区内灭火剂的喷放降低了氧气的浓度，降低了燃烧的速度。

档案馆发生火情时，如初起火灾被工作人员及时发现，使用周边灭火器灭火成功，则无需启动七氟丙烷灭火系统，可将其作为第一、二个环节事件。当该火情未能被工作人员及时发现时，火灾探测系统探测发现防护区火情后会进行报警，将其设置为第三个环节事件。由于该档案馆的七氟丙烷灭火系统设置为电气手动启动模式，工作人员需要手动按下火灾报警控制器面板上手动启动按钮或防护区门外手动启动按钮，将其作为第四个环节事件。火灾报警控制器接受启动命令如成功动作，将按预定程序启动灭火装置——开启容器阀、喷放灭火剂，将其作为第五个环节事件。如作业人员手动操作失效时，可采取机械应急手动方式，将其作为第六个环节事件，通过机械手动方式成功启动系统，系统正常运行时会关闭联动设备，释放灭火剂，将其作为第七个环节事件。最终得到的事件树一共有 16 条事件链，在每条事件链的末尾写出该事件链所导致的最终结果——灭火成功（7 条事件链）、灭火失败（9 条事件链），完成事件树的绘制。

7.3.2 事件树绘制

结合上述分析，绘制事件树如图 7.4 所示。

图 7.4　档案馆火灾风险事件树

7.4　ETA 分析实例 3：铁路道口事故分析

7.4.1　案例简介

道口是指在铁路线路上铺面宽度在 2.5m 及以上，直接与道路贯通的平面交叉，分为有人看守道口和无人看守道口。铁路干、支线上的有人看守道口由铁路运输企业负责看守。无人看守道口是指不够道口看守标准，由地方负责监护的道口。专用铁路、铁路专用线上的无人看守道口由其产权单位或受益单位负责监护,通常而言,铁路无人看守道口也会设置监护人员。

铁路道口易发生列车与机动车、非机动车和行人之间的碰撞事故。以列车接近道口为初始事件,如道口监护人员坚守岗位、认真瞭望,及时根据报警和列车运行情况,适时关闭栏杆(门),及时拦阻欲抢越道口的车辆和行人,则不会引发道口交通事故,将其作为第一个环节事件。机动车、非机动车、行人通过道口时如遵循"一停、二看、三通过"的原则,及时发现列车,并成功停车躲避,则可避免交通事故的发生,将其作为第二、三个环节事件。

7.4.2 事件树绘制

结合上述分析,绘制事件树如图 7.5 所示。

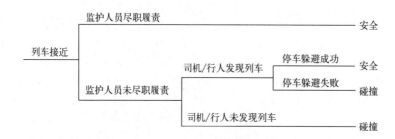

图 7.5 铁路道口碰撞事故事件树

7.5 ETA 分析实例 4:堰塞湖溃坝事故分析

7.5.1 案例简介

根据《堰塞湖风险等级划分与应急处置技术规范》(SL/T 450—2021),堰塞湖是指滑坡、崩塌、泥石流、火山熔岩流等自然作用堵塞河道形成的湖泊。堰塞体是指由自然作用形成,且对河道或沟谷形成堰塞的堆积体。由于受堰塞湖水体的冲刷、渗流和侵蚀,堰塞体发生溶解、崩塌进而溃坝产生的冲击力极其危险,称为堰塞湖效应。

堰塞湖坝体主要是由岩土快速堆积而成,坝体结构松垮、组成物质松散,以较大的长高比、宽级配、结构非均一性与人工建造的坝体相区别。堰塞体很可能由于漫顶溢流、渗透破坏等原因而导致溃坝,堰塞湖一旦发生溃坝,瞬间下泄的湖水将给下游群众的生命及财产带来灾难性的破坏。

堰塞体的危险性体现在堰塞体是否溃决、溃决进程、溃决的洪峰流量三个方面。

堰塞湖的来水量和库容直接影响漫顶溢流时水流的冲刷力大小、冲刷发展进程、流量过程和溃堰洪峰流量,是致使堰塞体发生冲刷溃决的外在驱动因素。影响堰塞体溃决的内在因素是堰塞体的物质组成和几何形态，堰塞体抵抗水流冲刷的关键因素是颗粒大小和母岩岩性，堰塞体形态主要由堰塞体高度和堰塞体长度确定，堰高直接影响冲刷水流的势能大小，堰塞体长度影响流道溯源侵蚀进程，也直接影响堰塞体溃决的历时。

堰塞湖库容直接影响溃决洪峰的大小，库容越大，洪峰流量越大。堰塞湖来水量决定堰塞体冲刷能否启动及流道冲刷早期发展进程。堰塞湖溃决时，上游来水起着补给堰塞湖、阻止库容快速消减、维持溃口水位的稳定器作用。

堰塞体物质对危险性的影响体现在岩性与颗粒粒径两个方面。颗粒越大，抗冲刷能力越强，冲刷下切进程越慢，湖水下泄过程延长，洪峰趋于坦化，堰塞体危险性越小。因此堰塞体物质组成影响堰塞体抵抗水流冲刷侵蚀的能力。

7.5.2 事件树绘制

由于堰塞体通常具有较大的长高比值，在不受渗透破坏、地震、涌浪冲击等因素影响下，一般整体处于稳定状态，漫顶冲刷成为绝大部分堰塞体溃决的原因。结合上述分析，漫顶导致的堰塞湖溃坝事故的事件树如图 7.6 所示。

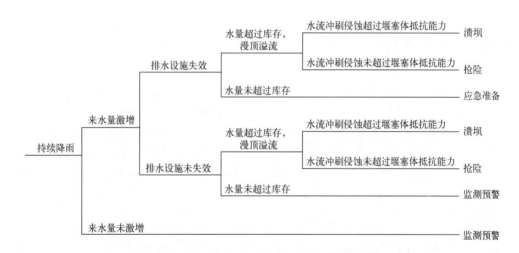

图 7.6　漫顶导致的堰塞湖溃坝事故的事件树

7.6　ETA 分析实例 5：网络订餐外卖食品安全事件分析

7.6.1　案例简介

随着平台经济的快速发展，网络订餐外卖服务呈现爆发式增长，但与此同时，网络订餐外卖食品安全问题也日益凸显，如部分网络订餐外卖食品来源缺乏有效监管，运送过程产生二次污染或交叉污染等问题，致使现实生活中出现诸多食品安全纠纷，甚至引发食品安全事件。

网络订餐外卖食品安全涉及外卖平台、餐饮企业经营者、外卖骑手、消费者等主体。

对外卖平台而言，需严把准入审查关口，做好入网餐饮单位资质核查，重点检查餐饮企业经营者持有的营业执照与食品经营许可证是否有效，网上公示的许可证经营地址等信息与实际是否一致，食品安全管理制度建立、餐饮场所布局、设备设施配备、从业人员培训考核和健康管理是否健全等。对于证照不齐全、没有固定经营场所及其他不具备许可条件的商家，不得从事网络食品经营。同时，加强外卖骑手管理，严格审核外卖骑手个人身份信息、健康状况等。

对于餐饮企业经营者而言，食品加工过程中，食品原料采购是食品安全的重要环节，需要严格把控食材采购，保障食材新鲜及品质。此外，后厨环境卫生、餐饮从业人员操作流程规范程度、外卖食品包装质量等也会对食品安全产生影响。

对于外卖骑手而言，应加强配送环节管理，确保送餐食物质量，降低二次污染或交叉污染的可能性。

7.6.2 事件树绘制

结合上述分析，绘制事件树如图 7.7 所示。

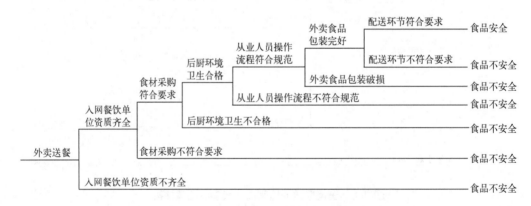

图 7.7 网络订餐外卖食品安全事件树

第8章 事故树

8.1 方法概述

8.1.1 事故树名词术语及含义

事故树分析（fault tree analysis，FTA）又称故障树分析，该方法利用树形图表示系统可能发生的某种事故与导致事故发生的各种原因之间的逻辑关系，通过对事故树的定性与定量分析，找出事故发生的主要原因。

（1）事件符号

条件或动作的发生称为事件。事件分为底事件、结果事件和特殊事件三类。

① 底事件　底事件是指导致其他事件的原因事件，位于事故树的底部，总是某个逻辑门的输入事件而不是输出事件。底事件分为基本事件和省略事件（或称为未探明事件）。

基本事件是指导致顶上事件发生的最基本的或是不能再向下分析的原因事件或缺陷事件，用圆形符号表示，如图8.1(a)。

省略事件，或称为未探明事件，是指原则上应进一步分析其原因，但因某些原因暂时无法或不需要继续深入分析的底事件，用菱形符号表示，如图8.1(b)。

② 结果事件　结果事件是指由其他事件或事件组合所导致的事件，其总是位于某个逻辑门的输出端。用矩形符号表示，如图8.1(c)。结果事件分为顶上事件和中间事件。

顶上事件是所有事件联合发生作用的结果事件，位于事故树的最顶端，其只能是所讨论事故树中逻辑门的输出事件。

中间事件是位于顶上事件和底事件之间的结果事件，既是某个逻辑门的输出事件，又是其他逻辑门的输入事件。

③ 特殊事件　特殊事件是指需用特殊符号表明其特殊性或引起注意的事件。特殊事件分为开关事件和条件事件。

开关事件是指在正常工作条件下必然发生或必然不发生的特殊事件。用屋形符号表示，如图8.1(d)。

条件事件是指限制逻辑门开启的事件，用椭圆形符号表示，如图8.1(e)。

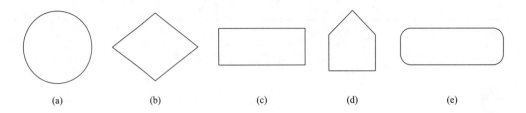

图 8.1 事件符号

（2）逻辑门及逻辑门含义

事故树分析中，逻辑门是用于连接各事件，表示其逻辑因果关系的符号。

① 与门　与门表示仅当所有输入事件发生时，输出事件才发生。与门符号如图 8.2(a)。

② 或门　或门表示至少一个输入事件发生时，输出事件就发生。或门符号如图 8.2(b)。

③ 非门　非门表示输出事件是输入事件的对立事件。非门符号如图 8.2(c)。

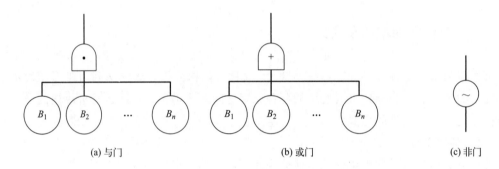

图 8.2 逻辑门符号

④ 特殊门　条件与门表示输入事件同时发生，且必须满足条件 a，输出事件才发生。条件与门符号如图 8.3(a)。

条件或门表示输入事件中至少有一个发生，且必须满足条件 a，输出事件才发生。条件或门符号如图 8.3(b)。

表决门表示仅当 n 个输入事件中有 $m(m \leqslant n)$ 个或 m 个以上的事件同时发生时，输出事件才发生。表决门符号如图 8.3(c)。

异或门表示仅当单个输入事件发生时，输出事件才发生。异或门符号如图 8.3(d)。

禁门表示仅当条件事件发生时，输入事件的发生才导致输出事件的发生。禁门符号如图 8.3(e)。

（3）转移符号

为避免构建事故树时重复，确保事故树简明而设置的符号称为转移符号，包括相同转移符号和相似转移符号。

① 相同转移符号　事故树中多处包含重复部分的子树时，或是事故树规模较大需要换页时，为简化事故树图，可使用相同转移符号，包括转入符号和转出符号。转入符号表示从其他部分转入，如图 8.4(a)。转出符号表示向其他部分转出，如图 8.4(b)。

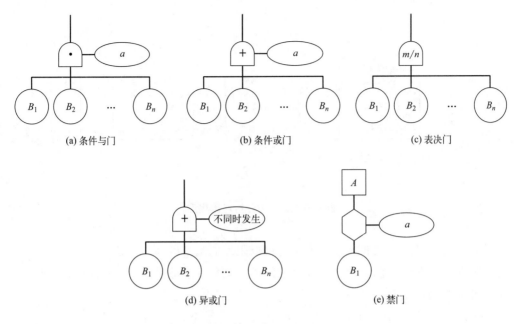

图 8.3 特殊门符号

图 8.4 相同转移符号

② 相似转移符号 相似转移符号用于表示事故树相似子树的位置,即结构相似而事件标号不同的子树。相似转移符号用倒三角形表示。

8.1.2 事故树分析程序

事故树分析是根据系统已经发生或可能发生的事故,分析该事故发生的有关原因,以采取安全防范措施避免同类事故的发生,根据分析目的、资料掌握程度,分析程序也有所不同,图 8.5 为事故树分析通用程序。

8.1.3 事故树定性分析

(1) 最小割集及求解
① 定义 割集是导致事故树顶上事件发生的若干基本事件的集合。

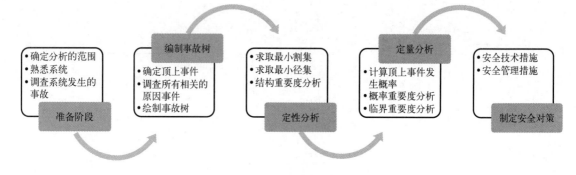

图 8.5 事故树分析通用程序

最小割集是导致事故树顶上事件发生的最低限度的基本事件的集合。

最小割集表示了系统的危险性，通过求解最小割集，能够发现系统事故的发生规律和表现形式，找到系统的最薄弱环节。

② 求解方法　最小割集常用的求解方法主要有布尔代数法和行列法。

布尔代数法求解步骤为：建立事故树的布尔表达式；将布尔表达式化为析取标准式；将析取标准式化为最简析取标准式。

行列法求解步骤为：从顶上事件开始，依次用下一层事件替代上一层事件，其中与门连接的事件，按行横向排列，或门连接的事件，按列纵向排列，逐层向下逐一替换，直到各基本事件为止，最后将每一行基本事件集合进行化简，若集合内元素不重复出现，且各集合间没有包含关系，这些集合即为最小割集。

（2）最小径集及求解

① 定义　事故树中某些基本事件不同时发生时，可以使顶上事件不发生的基本事件的集合，称为径集。

最小径集是确保顶上事件不发生的最低限度的基本事件的集合。

最小径集表示系统的安全性，每一个最小径集均表示顶上事件不发生的一种条件，最小径集越多，事故预防的途径就越多，系统就越安全。

② 求解方法　最小径集常用的求解方法主要有对偶树法和行列法。

对偶树法求解步骤为：将原事故树中的与门改为或门，或门改为与门，构造对偶树，再将基本事件及顶上事件改为其的补事件，得到成功树，根据对偶关系，求取成功树的最小割集即可得到原事故树的最小径集。

行列法求解步骤为：从顶上事件开始，依次用下一层事件替代上一层事件，其中与门连接的事件，按列纵向排列，或门连接的事件，按行横向排列，逐层向下逐一替换，直到各基本事件为止，最后将每一行基本事件集合进行化简，若集合内元素不重复出现，且各集合间没有包含关系，这些集合即为最小径集。

（3）基本事件结构重要度分析　结构重要度是指不考虑基本事件的发生概率，仅从事故树结构上分析各基本事件的发生对顶上事件发生的影响程度。

结构重要度三个近似计算公式：

$$I_{\Phi(i)} = \frac{1}{k}\sum_{r=1}^{k}\frac{1}{n_j(x_i \in K_r)}$$

式中　$I_{\Phi(i)}$——第 i 个基本事件的结构重要度系数；
　　　　k——最小割集/最小径集个数；
　　　　n_j——第 i 个基本事件所在 K_r 中各基本事件总数。

$$I_{\Phi(i)} = \sum_{x_i \in K_r}\frac{1}{2^{n_j-1}}$$

式中　$I_{\Phi(i)}$——第 i 个基本事件的结构重要度系数；
　　　　n_j——第 i 个基本事件所在 K_r 中各基本事件总数；
　　　　n_j-1——第 i 个基本事件所在 K_r 中各基本事件总数减 1。

$$I_{\Phi(i)} = 1 - \prod_{x_i \in K_r}\left(1 - \frac{1}{2^{n_j-1}}\right)$$

式中　$I_{\Phi(i)}$——第 i 个基本事件的结构重要度系数；
　　　　n_j——第 i 个基本事件所在 K_r 中各基本事件总数；
　　　　n_j-1——第 i 个基本事件所在 K_r 中各基本事件总数减 1。

8.1.4　事故树定量分析

（1）顶上事件发生概率

① 最小割集法　利用最小割集计算顶上事件发生概率：

$$P(T) = \sum_{r=1}^{k}\prod_{x_i \in K_r}q_i - \sum_{1\leqslant r<s\leqslant k}\prod_{x_i \in K_r \cup K_s}q_i + \cdots + (-1)^{k-1}\prod_{r=1}^{k}\prod_{x_i \in K_r}q_i$$

式中　r, s——最小割集的序数，$r<s$；
　　　　i——基本事件的序号，$x_i \in K_r$；
　　　　k——最小割集数；
$1\leqslant r<s\leqslant k$——$k$ 个最小割集中第 r、s 两个最小割集的组合顺序；
　　　　$x_i \in K_r$——属于第 r 个最小割集的第 i 个基本事件；
$x_i \in K_r \cup K_s$——属于第 r 个或第 s 个最小割集的第 i 个基本事件。

② 最小径集法　利用最小径集法计算顶上事件发生概率：

$$P(T) = 1 - \sum_{r=1}^{k}\prod_{x_i \in D_r}(1-q_i) + \sum_{1\leqslant r<s\leqslant k}\prod_{x_i \in D_r \cup D_s}(1-q_i) + \cdots + (-1)^{k-1}\prod_{r=1}^{k}\prod_{x_i \in D_r}(1-q_i)$$

式中　D_r——最小径集（$r=1, 2, \cdots, k$）；
　　　　r, s——最小径集的序数，$r<s$；
　　　　i——基本事件的序号，$x_i \in K_r$；
　　　　k——最小径集数；
$1\leqslant r<s\leqslant k$——$k$ 个最小径集中第 r、s 两个最小径集的组合顺序；
　　　　$x_i \in D_r$——属于第 r 个最小径集的第 i 个基本事件；
$x_i \in D_r \cup D_s$——属于第 r 个或第 s 个最小径集的第 i 个基本事件。

③ 近似计算法　首相近似法：

$$P(T) = F_1 = \sum_{r=1}^{k} \prod_{x_i \in K_r} q_i$$

平均近似法：

$$P(T) = \sum_{r=1}^{k} \prod_{x_i \in K_r} q_i - \frac{1}{2} \sum_{1 \leq r < s \leq k} \prod_{x_i \in K_r \cup K_s} q_i$$

（2）基本事件概率重要度分析

概率重要度是指基本事件概率变化量对顶上事件概率的影响。

$$I_{g(i)} = \frac{\partial P(T)}{\partial q_i} (i = 1, 2, \cdots, n)$$

式中　$I_{g(i)}$——第 i 个基本事件的概率重要度系数；

　　　$P(T)$——顶上事件发生概率；

　　　q_i——第 i 个基本事件的发生概率。

（3）基本事件临界重要度分析

临界重要度，也称关键重要度，是指基本事件概率变化率对顶上事件概率变化率的影响。

$$I_{C(i)} = \frac{q_i}{P(T)} I_{g(i)}$$

式中　$I_{C(i)}$——第 i 个基本事件的临界重要度系数；

　　　$P(T)$——顶上事件发生概率；

　　　q_i——第 i 个基本事件的发生概率；

　　　$I_{g(i)}$——第 i 个基本事件的概率重要度系数。

8.1.5　方法评述

事故树分析的优点：提供了一种基于图形演绎的逻辑推理方法，聚焦某一特定事故，探索系统内各要素间的内在联系，有助于掌握各种潜在因素对事故发生影响的途径和程度，识别复杂系统中事故路径。

事故树分析的缺点：事故树只能处理二进制状态（正常/故障）的事件，难于处理系统中局部正常、局部故障的状态；顶上事件的概率取决于基本事件的发生概率，但基本事件的概率不确定性较高，导致计算的顶上事件概率存在较大的误差；事故树建树过程较为复杂，可能出现顶上事件重要途径的遗漏；事故树是静态模型，无法处理时序上的相互关系。

8.2　FTA 分析实例 1：定性定量计算分析

根据图 8.6 所示事故树，计算各基本事件的结构重要度系数、概率重要度系数和关键重要度系数，其中 $q_1=0.01$、$q_2=0.02$、$q_3=0.03$、$q_4=0.04$、$q_5=0.05$，顶上事件发生概率采用首项近似法计算。

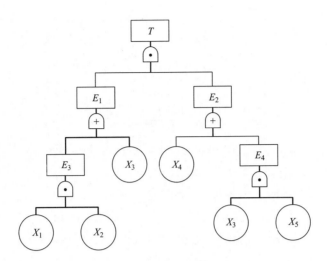

图 8.6　事故树计算案例一

用布尔代数法计算最小割集：
$$T = E_1 E_2 = (E_3 + X_3)(X_4 + X_3 X_5) = (X_1 X_2 + X_3)(X_4 + X_3 X_5)$$
$$= X_1 X_2 X_4 + X_3 X_4 + X_3 X_5$$

得到最小割集：$\{X_1, X_2, X_4\}$、$\{X_3, X_4\}$、$\{X_3, X_5\}$

用首项近似法计算顶事件发生概率为
$$P(T) = q_1 q_2 q_4 + q_3 q_4 + q_3 q_5 = 0.01 \times 0.02 \times 0.04 + 0.03 \times 0.04 + 0.03 \times 0.05 = 0.002708$$

计算结构重要度系数：
$$I_{\Phi(i)} = \frac{1}{k} \sum_{r=1}^{k} \frac{1}{n_j (x_i \in K_r)}$$

$$I_{\Phi(1)} = \frac{1}{3} \times \frac{1}{3} = \frac{1}{9}$$

$$I_{\Phi(2)} = \frac{1}{3} \times \frac{1}{3} = \frac{1}{9}$$

$$I_{\Phi(3)} = \frac{1}{3} \times \left(\frac{1}{2} + \frac{1}{2} \right) = \frac{1}{3}$$

$$I_{\Phi(4)} = \frac{1}{3} \times \left(\frac{1}{3} + \frac{1}{2} \right) = \frac{5}{18}$$

$$I_{\Phi(5)} = \frac{1}{3} \times \frac{1}{2} = \frac{1}{6}$$

$$I_{\Phi(3)} > I_{\Phi(4)} > I_{\Phi(5)} > I_{\Phi(1)} = I_{\Phi(2)}$$

计算概率重要度系数：
$$I_{g(i)} = \frac{\partial P(T)}{\partial q_i} \quad (i = 1, 2, \cdots, n)$$

$$I_{g(1)} = q_2 q_4 = 0.02 \times 0.04 = 0.0008$$
$$I_{g(2)} = q_1 q_4 = 0.01 \times 0.04 = 0.0004$$
$$I_{g(3)} = q_4 + q_5 = 0.04 + 0.05 = 0.09$$
$$I_{g(4)} = q_1 q_2 + q_3 = 0.01 \times 0.02 + 0.03 = 0.0302$$
$$I_{g(5)} = q_3 = 0.03$$
$$I_{g(3)} > I_{g(4)} > I_{g(5)} > I_{g(1)} > I_{g(2)}$$

计算临界重要度系数：

$$I_{C(i)} = \frac{q_i}{P(T)} I_{g(i)}$$

$$I_{C(1)} = 0.01/0.002708 \times 0.0008 = 0.00295$$
$$I_{C(2)} = 0.02/0.002708 \times 0.0004 = 0.00295$$
$$I_{C(3)} = 0.03/0.002708 \times 0.09 = 0.997$$
$$I_{C(4)} = 0.04/0.002708 \times 0.0302 = 0.446$$
$$I_{C(5)} = 0.05/0.002708 \times 0.03 = 0.554$$
$$I_{C(3)} > I_{C(5)} > I_{C(4)} > I_{C(1)} = I_{C(2)}$$

8.3 FTA 分析实例 2：铁路客运站火灾风险事故树分析

8.3.1 铁路客运站火灾危险分析

铁路客运站属于人员密集场所，具有客流量大、建筑结构复杂、设备设施繁多、运行管理复杂等特点，一旦发生火灾事故，易于引发群死群伤。

参考《生产过程危险和有害因素分类与代码》（GB/T 13861—2022），从人的因素、物的因素、环境因素等方面分析铁路客运站火灾危险源。

（1）人的因素

人的因素是指可能诱发铁路客运站火灾事故的人的不安全行为，可从车站运行管理人员和乘客两方面展开分析，例如：车站运行管理人员因安全意识不足、教育培训不到位等导致违章操作、违章作业，从而引发火情；乘客因违规吸烟、携带易燃易爆物品、人为故意纵火等原因引发火情。

（2）物的因素

铁路客运站建筑结构复杂，涉及设备设施繁多，设备设施自身缺陷或故障、使用不当（如长期满负荷运行）等可能引发火灾事故。

（3）环境因素

客运站商业区域内建筑装饰材料、广告牌等可燃材料，以及餐饮设备和电气线路设备等可能引发火情。

8.3.2 铁路客运站火灾事故树构建及分析

（1）编制事故树

结合铁路客运站火灾危险分析，编制铁路客运站火灾事故树，见图8.7。

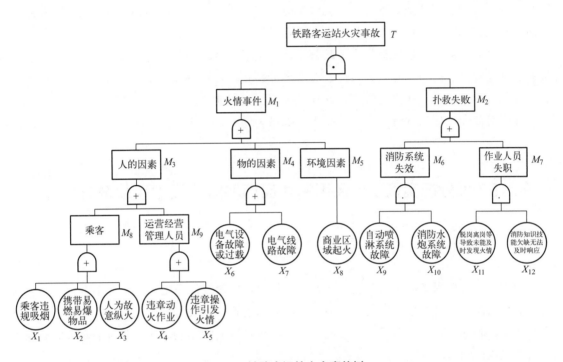

图 8.7 铁路客运站火灾事故树

（2）求解最小割集

$$T = M_1 M_2$$
$$= (M_3 + M_4 + M_5)(M_6 + M_7) = (M_8 + M_9 + M_4 + M_5)(M_6 + M_7)$$
$$= (X_1 + X_2 + X_3 + X_4 + X_5 + X_6 + X_7 + X_8)(X_9 X_{10} + X_{11} X_{12})$$
$$= X_1 X_9 X_{10} + X_2 X_9 X_{10} + X_3 X_9 X_{10} + X_4 X_9 X_{10} + X_5 X_9 X_{10} + X_6 X_9 X_{10} +$$
$$X_7 X_9 X_{10} + X_8 X_9 X_{10} + X_1 X_{11} X_{12} + X_2 X_{11} X_{12} + X_3 X_{11} X_{12} + X_4 X_{11} X_{12} +$$
$$X_5 X_{11} X_{12} + X_6 X_{11} X_{12} + X_7 X_{11} X_{12} + X_8 X_{11} X_{12}$$

最小割集一共有16个，分别为$\{X_1, X_9, X_{10}\}$、$\{X_2, X_9, X_{10}\}$、$\{X_3, X_9, X_{10}\}$、$\{X_4, X_9, X_{10}\}$、$\{X_5, X_9, X_{10}\}$、$\{X_6, X_9, X_{10}\}$、$\{X_7, X_9, X_{10}\}$、$\{X_8, X_9, X_{10}\}$、$\{X_1, X_{11}, X_{12}\}$、$\{X_2, X_{11}, X_{12}\}$、$\{X_3, X_{11}, X_{12}\}$、$\{X_4, X_{11}, X_{12}\}$、$\{X_5, X_{11}, X_{12}\}$、$\{X_6, X_{11}, X_{12}\}$、$\{X_7, X_{11}, X_{12}\}$、$\{X_8, X_{11}, X_{12}\}$。

（3）结构重要度

$$I_{\Phi(i)} = \frac{1}{k} \sum_{r=1}^{k} \frac{1}{n_j (x_i \in K_r)}$$

$$I_{\Phi(1)} = I_{\Phi(2)} = I_{\Phi(3)} = I_{\Phi(4)} = I_{\Phi(5)} = I_{\Phi(6)} = I_{\Phi(7)} = I_{\Phi(8)} = \frac{1}{16}\left(\frac{1}{3} + \frac{1}{3}\right) = \frac{1}{24}$$

$$I_{\Phi(9)} = I_{\Phi(10)} = I_{\Phi(11)} = I_{\Phi(12)} = \frac{1}{16}\left(\frac{1}{3} + \frac{1}{3} + \frac{1}{3} + \frac{1}{3} + \frac{1}{3} + \frac{1}{3}\right) = \frac{1}{6}$$

$$I_{\Phi(9)} = I_{\Phi(10)} = I_{\Phi(11)} = I_{\Phi(12)} > I_{\Phi(1)} = I_{\Phi(2)} = I_{\Phi(3)} = I_{\Phi(4)} = I_{\Phi(5)} = I_{\Phi(6)} = I_{\Phi(7)} = I_{\Phi(8)}$$

通过结构重要度分析可知：自动喷淋系统故障、消防水炮系统故障、脱岗离岗等导致未能及时发现火情、消防知识技能欠缺无法及时响应四个基本事件的结构重要度最大，铁路客运站应将此作为重点管控工作，从根本上消除隐患。

加强对运行经营管理人员的安全教育培训，发现乘客的不安全行为（乘客违规吸烟、携带易燃易爆物品、人为故意纵火）应及时劝导并制止，加强安检工作。

加强对电气设备及线路等检修，确保系统安全正常使用。

加强对商业区域的日常检查，减少火灾隐患。

8.4 FTA分析实例3：民用爆炸品运输爆炸风险事故树分析

8.4.1 民用爆炸品运输爆炸危险性分析

根据我国《民用爆炸物品安全管理条例》规定，民用爆炸品是指用于非军事目的、列入民用爆炸物品品名表的各类火药、炸药及其制品和雷管、导火索等点火、起爆器材。民用爆炸品在运输时的危险性要远远高于其他货物，一旦在运输时发生爆炸，会对沿途人民群众生命安全造成巨大影响。

在运输过程中，民用爆炸品主要是热作用和机械作用产生爆炸威胁。

通过热作用导致爆炸品产生爆炸，原因包括温度达到爆发点、出现明火、存在电火花。当通风散热系统失效时，外界温度过高（天气温度过高或车辆接近热源）会导致民用爆炸品在运输过程中因热作用引发爆炸。车辆排气管出现的火花，或者在爆炸品车辆周边出现未灭烟头或其他明火时，会因热作用导致爆炸。若电气设备不存在防爆设施或防爆设施失效，以及遇到雷电天气，会产生电火花，从而因热作用引发爆炸事故。

机械作用主要是由撞击和摩擦产生的静电引起的。交通事故和车体互撞等是由于驾驶员的不安全驾驶行为引起的撞击作用。此外，运输过程中未对爆炸品采取紧固措施造成爆炸品与爆炸品之间、爆炸品与车体之间产生的撞击，是产生撞击作用的主要因素。对于摩擦生电造成的爆炸风险主要来自人体静电和车体静电：人体静电主要由化纤品衣物摩擦或者人与带电材料接触产生静电；车体静电是由静电累积和接地不良共同作用引起的，静电累积包括车辆行驶过程中的颠簸摩擦、车辆超重超量超高装载以及装有爆炸品的容器存在缺陷，当运输车辆未安设接地装置或者接地导线损坏或接地电阻不符合要求时，会造成接地不良，若静电累积到一定程度，会使车体带电，有引发爆炸的风险。

8.4.2 民用爆炸品运输爆炸风险事故树构建及分析

（1）编制事故树

结合民用爆炸品运输爆炸风险分析，编制民用爆炸品运输爆炸风险事故树，如图 8.8 所示。

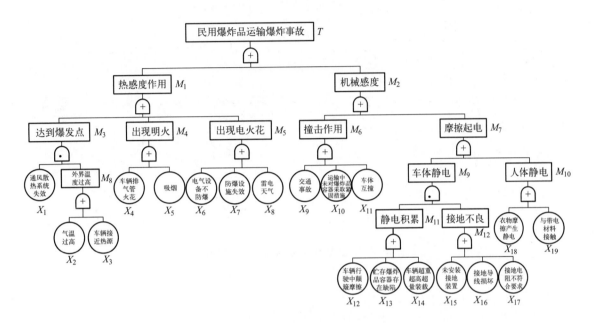

图 8.8 民用爆炸品运输爆炸事故树

（2）求解最小割集

$$T = M_1 + M_2$$
$$= (M_3 + M_4 + M_5) + (M_6 + M_7)$$
$$= (X_1 M_8) + (X_4 + X_5) + (X_6 + X_7 + X_8) + (X_9 + X_{10} + X_{11}) + (M_9 + M_{10})$$
$$= X_1(X_2 + X_3) + X_4 + X_5 + X_6 + X_7 + X_8 + X_9 + X_{10} + X_{11} + M_{11}M_{12} + (X_{18} + X_{19})$$
$$= X_1(X_2 + X_3) + X_4 + X_5 + X_6 + X_7 + X_8 + X_9 + X_{10} + X_{11} +$$
$$(X_{12} + X_{13} + X_{14})(X_{15} + X_{16} + X_{17}) + X_{18} + X_{19}$$
$$= X_1 X_2 + X_1 X_3 + X_4 + X_5 + X_6 + X_7 + X_8 + X_9 + X_{10} + X_{11} + X_{12} X_{15} + X_{12} X_{16} +$$
$$X_{12} X_{17} + X_{13} X_{15} + X_{13} X_{16} + X_{13} X_{17} + X_{14} X_{15} + X_{14} X_{16} + X_{14} X_{17} + X_{18} + X_{19}$$

经过计算，本事故树共有 21 个最小割集，分别为 $\{X_1, X_2\}$、$\{X_1, X_3\}$、$\{X_4\}$、$\{X_5\}$、$\{X_6\}$、$\{X_7\}$、$\{X_8\}$、$\{X_9\}$、$\{X_{10}\}$、$\{X_{11}\}$、$\{X_{12}, X_{15}\}$、$\{X_{12}, X_{16}\}$、$\{X_{12}, X_{17}\}$、$\{X_{13}, X_{15}\}$、$\{X_{13}, X_{16}\}$、$\{X_{13}, X_{17}\}$、$\{X_{14}, X_{15}\}$、$\{X_{14}, X_{16}\}$、$\{X_{14}, X_{17}\}$、$\{X_{18}\}$、$\{X_{19}\}$。

（3）求解最小径集

考虑到该事故树的最小割集较多,将该事故树转化为成功树,利用最小径集进行计算求解。事故树转化为成功树见图8.9。

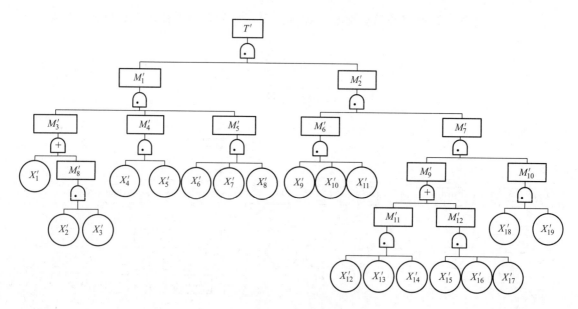

图8.9 民用爆炸品运输爆炸成功树

$$T' = M'_1 M'_2$$
$$= (M'_3 M'_4 M'_5)(M'_6 M'_7)$$
$$= (X'_1 + M'_8)(X'_4 X'_5)(X'_6 X'_7 X'_8)(X'_9 X'_{10} X'_{11})(M'_9 M'_{10})$$
$$= (X'_1 + X'_2 X'_3)(X'_4 X'_5)(X'_6 X'_7 X'_8)(X'_9 X'_{10} X'_{11})[(M'_{11} + M'_{12})(X'_{18} X'_{19})]$$
$$= (X'_1 + X'_2 X'_3)(X'_4 X'_5)(X'_6 X'_7 X'_8)(X'_9 X'_{10} X'_{11})(X'_{12} X'_{13} X'_{14} + X'_{15} X'_{16} X'_{17})(X'_{18} X'_{19})$$
$$= (X'_1 + X'_2 X'_3)(X'_{12} X'_{13} X'_{14} + X'_{15} X'_{16} X'_{17})(X'_4 X'_5)(X'_6 X'_7 X'_8)(X'_9 X'_{10} X'_{11})(X'_{18} X'_{19})$$
$$= (X'_1 X'_{12} X'_{13} X'_{14} + X'_2 X'_3 X'_{12} X'_{13} X'_{14} + X'_1 X'_{15} X'_{16} X'_{17} + X'_2 X'_3 X'_{15} X'_{16} X'_{17})$$
$$(X'_4 X'_5 X'_6 X'_7 X'_8 X'_9 X'_{10} X'_{11} X'_{18} X'_{19})$$

最小径集共有4个,分别为$\{X_1, X_4, X_5, X_6, X_7, X_8, X_9, X_{10}, X_{11}, X_{12}, X_{13}, X_{14}, X_{18}, X_{19}\}$、$\{X_1, X_4, X_5, X_6, X_7, X_8, X_9, X_{10}, X_{11}, X_{15}, X_{16}, X_{17}, X_{18}, X_{19}\}$、$\{X_2, X_3, X_4, X_5, X_6, X_7, X_8, X_9, X_{10}, X_{11}, X_{12}, X_{13}, X_{14}, X_{18}, X_{19}\}$、$\{X_2, X_3, X_4, X_5, X_6, X_7, X_8, X_9, X_{10}, X_{11}, X_{15}, X_{16}, X_{17}, X_{18}, X_{19}\}$。

（4）结构重要度

$$I_{\Phi(i)} = \frac{1}{k} \sum_{r=1}^{k} \frac{1}{n_j (x_i \in K_r)}$$

式中 $I_{\Phi(i)}$ ——第i个基本事件的结构重要度系数;

k——最小割集/最小径集个数；

n_j——第 i 个基本事件所在 K_r 中各基本事件总数。

$$I_{\Phi(1)} = \frac{1}{4}\left(\frac{1}{14} + \frac{1}{14}\right) = 0.0357$$

$$I_{\Phi(2)} = I_{\Phi(3)} = \frac{1}{4}\left(\frac{1}{15} + \frac{1}{15}\right) = 0.0333$$

$$I_{\Phi(4)} = I_{\Phi(5)} = I_{\Phi(6)} = I_{\Phi(7)} = I_{\Phi(8)} = I_{\Phi(9)} = I_{\Phi(10)} = I_{\Phi(11)} = I_{\Phi(18)} = I_{\Phi(19)}$$
$$= \frac{1}{4}\left(\frac{1}{14} + \frac{1}{14} + \frac{1}{15} + \frac{1}{15}\right) = 0.0690$$

$$I_{\Phi(12)} = I_{\Phi(13)} = I_{\Phi(14)} = I_{\Phi(15)} = I_{\Phi(16)} = I_{\Phi(17)} = \frac{1}{4}\left(\frac{1}{14} + \frac{1}{15}\right) = 0.0345$$

根据结构重要度大小，排序如下：

$$I_{\Phi(4)} = I_{\Phi(5)} = I_{\Phi(6)} = I_{\Phi(7)} = I_{\Phi(8)} = I_{\Phi(9)} = I_{\Phi(10)} = I_{\Phi(11)} = I_{\Phi(18)} = I_{\Phi(19)} > I_{\Phi(1)} > I_{\Phi(12)}$$
$$= I_{\Phi(13)} = I_{\Phi(14)} = I_{\Phi(15)} = I_{\Phi(16)} = I_{\Phi(17)} > I_{\Phi(2)} = I_{\Phi(3)}$$

根据事故树分析法的重要度排序，基本事件 $X_4 \sim X_{11}$、X_{18}、X_{19} 的结构重要度最大，这表明出现明火、存在电火花、撞击作用以及人体产生的静电是造成民用爆炸品在运输过程中爆炸的最大原因，因此，在运输过程中，要避免明火和电火花出现，保证车辆安全行驶，并在搬运过程中，减少化纤品衣物的出现，减少人体静电造成的爆炸事故。

爆炸品周围热量积聚导致热作用引起爆炸，应定期对通风散热系统进行检修，保证系统正常运行，此外，在爆炸品运输时，应注意天气，在高温天气时减少运输作业。

在载有爆炸品的车辆发车前，要对接地装置进行仔细检查，检查接地导线是否有损坏，若有损坏应及时更换，并检查接地电阻是否符合要求。

对于静电累积产生的车体静电，在爆炸品装载上车之前，应检查爆炸品的包装是否完整，是否存在绝缘绝热保护和静电消除装置，并确定其是否能正常发挥作用。在装载时，严禁超高超重超量装载。在行车过程中，减少颠簸，避免摩擦生电。

8.5　FTA分析实例4：商场电梯事故风险事故树分析

8.5.1　商场电梯事故危险性分析

随着经济的快速发展，人们的生活逐渐趋向于便捷和快速，因此电梯越来越广泛地应用于我们的日常生活中。电梯作为一种特种设备，广泛用于人民群众的工作、生产和生活之中，电梯的安全运行已经成为关系人民群众生命财产安全的重要问题。

商场中自动扶梯较多，本案例针对自动扶梯，从人的不安全行为、扶梯的不安全状态以及管理缺陷几方面进行分析。管理缺陷包括现场监控不到位以及发生事故后响应不及时。人的不安全行为主要针对乘客安全意识不足，如乘客乘坐电梯时倚靠裙板，或将头手伸出扶梯外等。维护保养单位维保人员维修时违规作业也属于人的不安全行为，包括维修时安全防护不到位、维修过程中操作失误。自动扶梯的不安全状态包括电梯盖板翻转、电梯逆转、零部件失效,其中:盖板翻转问题包括盖板与前沿板搭接失效、盖板与前部无固定支撑,盖板翻转后缺少防止滑入梯级内部的防护装置;电梯逆转主要是由于安全电路短路、制动器回路故障引起的;零部件失效包括零部件老化或零部件变形。

8.5.2 商场电梯事故树构建及分析

(1)编制事故树

结合商场自动扶梯事故危险性分析,编制商场自动扶梯风险事故树,如图 8.10 所示。

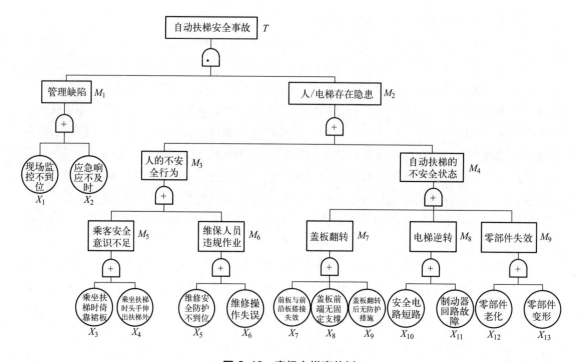

图 8.10 商场电梯事故树

(2)求解最小割集

$T = M_1 M_2$

$= (X_1 + X_2)(M_3 + M_4)$

$= (X_1 + X_2)[(M_5 + M_6) + (M_7 + M_8 + M_9)]$

$= (X_1 + X_2)[(X_3 + X_4) + (X_5 + X_6) + (X_7 + X_8 + X_9) + (X_{10} + X_{11}) + (X_{12} + X_{13})]$

$= (X_1 + X_2)(X_3 + X_4 + X_5 + X_6 + X_7 + X_8 + X_9 + X_{10} + X_{11} + X_{12} + X_{13})$

$= X_1 X_3 + X_1 X_4 + X_1 X_5 + X_1 X_6 + X_1 X_7 + X_1 X_8 + X_1 X_9 + X_1 X_{10} + X_1 X_{11} + X_1 X_{12} + X_1 X_{13} + X_2 X_3 + X_2 X_4 + X_2 X_5 + X_2 X_6 + X_2 X_7 + X_2 X_8 + X_2 X_9 + X_2 X_{10} + X_2 X_{11} + X_2 X_{12} + X_2 X_{13}$

经过计算，本事故树共有 22 个最小割集，分别为：$\{X_1, X_3\}$、$\{X_1, X_4\}$、$\{X_1, X_5\}$、$\{X_1, X_6\}$、$\{X_1, X_7\}$、$\{X_1, X_8\}$、$\{X_1, X_9\}$、$\{X_1, X_{10}\}$、$\{X_1, X_{11}\}$、$\{X_1, X_{12}\}$、$\{X_1, X_{13}\}$、$\{X_2, X_3\}$、$\{X_2, X_4\}$、$\{X_2, X_5\}$、$\{X_2, X_6\}$、$\{X_2, X_7\}$、$\{X_2, X_8\}$、$\{X_2, X_9\}$、$\{X_2, X_{10}\}$、$\{X_2, X_{11}\}$、$\{X_2, X_{12}\}$、$\{X_2, X_{13}\}$。

（3）结构重要度

$$I_{\Phi(i)} = \frac{1}{k}\sum_{r=1}^{k}\frac{1}{n_j(x_i \in K_r)}$$

式中　$I_{\Phi(i)}$——第 i 个基本事件的结构重要度系数；

k——最小割集/最小径集个数；

n_j——第 i 个基本事件所在 K_r 中各基本事件总数。

$$I_{\Phi(1)} = I_{\Phi(2)} = \frac{1}{22}\left(\frac{1}{2}+\frac{1}{2}+\frac{1}{2}+\frac{1}{2}+\frac{1}{2}+\frac{1}{2}+\frac{1}{2}+\frac{1}{2}+\frac{1}{2}+\frac{1}{2}+\frac{1}{2}\right) = \frac{1}{4}$$

$$I_{\Phi(3)} = I_{\Phi(4)} = I_{\Phi(5)} = I_{\Phi(6)} = I_{\Phi(7)} = I_{\Phi(8)} = I_{\Phi(9)} = I_{\Phi(10)} = I_{\Phi(11)} = I_{\Phi(12)} = I_{\Phi(13)}$$
$$= \frac{1}{22}\left(\frac{1}{2}+\frac{1}{2}\right) = \frac{1}{22}$$

根据结构重要度大小，排序如下：

$I_{\Phi(1)} = I_{\Phi(2)} > I_{\Phi(3)} = I_{\Phi(4)} = I_{\Phi(5)} = I_{\Phi(6)} = I_{\Phi(7)} = I_{\Phi(8)} = I_{\Phi(9)} = I_{\Phi(10)} = I_{\Phi(11)} = I_{\Phi(12)} = I_{\Phi(13)}$

根据事故树分析法重要度排序，基本事件 $X_1 \sim X_2$ 的结构重要度最大，建议加强现场监控及日常巡查，确保电梯处于安全状态，加强对员工的安全教育，熟知自动扶梯应急预案，在发生事故时，能够及时作出正确响应。

针对人的不安全行为，可科普教育广泛宣传电梯安全相关知识，提高市民的安全意识，提醒乘客乘坐扶梯时不要倚靠裙板，不能把头和手伸出扶梯外，以免受伤。电梯维修时，派出专人进行监管，防止在维修时出现安全防护不到位的情况，避免在维修过程中出现操作失误，保证所有电梯处于停运状态，并设置警示牌，必要时，可以派出专人在各个楼层进行看守。此外，自动扶梯的不安全状态，如盖板翻转、电梯逆转和零部件失效等问题也应引起注意。

8.6　FTA 分析实例 5：养老机构火灾事故树分析

8.6.1　养老机构火灾伤亡事故危险性分析

随着我国人口老龄化进程日益加快、市场需求的逐步释放，养老机构数量逐渐增加，随之而来的养老机构安全问题受到了广泛关注，尤其以养老机构建筑消防安全方面反映出的问题较为突出。由于养老机构人员相对集中，老年人大多行动不便，消防安全意识较为薄弱，一旦发生火灾，易于造成严重后果。

养老机构的火灾伤亡事故主要由于火势扩大或人员疏散失败引起。当发生火灾并且火灾未得到有效控制时,将会导致火灾扩大,根据火灾发生的三要素,包括可燃物、助燃物和点火源;养老机构可燃物主要是易燃易爆物品,如酒精、衣物、被褥、燃气等;助燃物为空气;点火源主要包括热量累积、电线短路引起的电火花、线路老化或者电路过载等。发现火情不及时是由于监控不到位和自动报警系统失效引起的。发现火情但未扑灭的主要原因包括火灾负荷大以及消防人员灭火失效等。

养老机构建筑自身存在隐患或是人员应急能力不足均可能导致逃生失败。建筑自身存在隐患包括:建筑物逃生路线不合理,安全通道阻塞,以及建筑物耐火极限不符合《建筑设计防火规范》规定时,建筑物短时间内坍塌,直接导致人员逃生失败;人员应急能力不足主要包括:火灾发生后,人员通知不到位;老年人缺乏自救能力;因应急管理体系不健全导致的养老机构内的工作人员应急组织能力欠缺等原因。

8.6.2 养老机构火灾伤亡事故树构建及分析

(1)编制事故树

结合养老机构火灾伤亡事故危险性分析,编制养老机构火灾伤亡事故树,如图8.11所示。

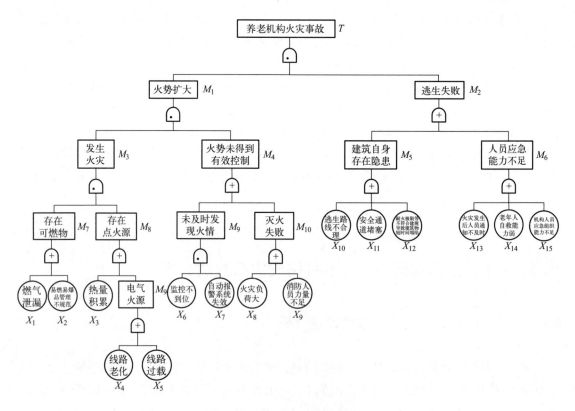

图8.11 养老机构火灾伤亡事故树

（2）求解最小割集

$$\begin{aligned}
T &= M_1 M_2 \\
&= M_3 M_4 (M_5 + M_6) \\
&= M_7 M_8 (M_9 + M_{10})[(X_{10} + X_{11} + X_{12}) + (X_{13} + X_{14} + X_{15})] \\
&= (X_1 + X_2)(X_3 + X_4 + X_5)[(X_6 X_7) + (X_8 + X_9)] \\
&\quad [(X_{10} + X_{11} + X_{12}) + (X_{13} + X_{14} + X_{15})] \\
&= (X_1 X_3 + X_1 X_4 + X_1 X_5 + X_2 X_3 + X_2 X_4 + X_3 X_5)(X_6 X_7 + X_8 + X_9) \\
&\quad (X_{10} + X_{11} + X_{12} + X_{13} + X_{14} + X_{15})
\end{aligned}$$

经过计算，本事故树共有 108 个最小割集。

（3）求解最小径集

考虑到该事故树的最小割集较多，将该事故树转化为成功树，利用最小径集进行计算求解。事故树转化的成功树见图 8.12。

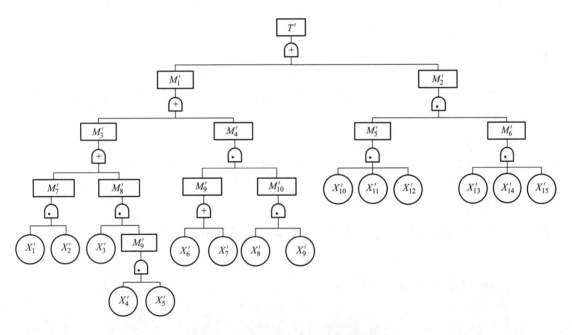

图 8.12 养老机构火灾伤亡事故成功树

$$\begin{aligned}
T' &= M_1' + M_2' \\
&= (M_3' + M_4') + M_5' M_6' \\
&= X_1' X_2' + X_3' X_4' X_5' + [(X_6' + X_7') X_8' X_9'] + X_{10}' X_{11}' X_{12}' X_{13}' X_{14}' X_{15}' \\
&= X_1' X_2' + X_3' X_4' X_5' + X_6' X_8' X_9' + X_7' X_8' X_9' + X_{10}' X_{11}' X_{12}' X_{13}' X_{14}' X_{15}'
\end{aligned}$$

该事故树的最小径集共有 5 个，分别为 $\{X_1, X_2\}$、$\{X_3, X_4, X_5\}$、$\{X_6, X_8, X_9\}$、$\{X_7, X_8, X_9\}$、$\{X_{10}, X_{11}, X_{12}, X_{13}, X_{14}, X_{15}\}$。

(4) 结构重要度

$$I_{\Phi(i)} = \frac{1}{k} \sum_{r=1}^{k} \frac{1}{n_j(x_i \in K_r)}$$

式中 $I_{\Phi(i)}$——第 i 个基本事件的结构重要度系数；

k——最小割集/最小径集个数；

n_j——第 i 个基本事件所在 K_r 中各基本事件总数。

$$I_{\Phi(1)} = I_{\Phi(2)} = \frac{1}{5} \times \frac{1}{2} = \frac{1}{10} = 0.100$$

$$I_{\Phi(3)} = I_{\Phi(4)} = I_{\Phi(5)} = I_{\Phi(6)} = I_{\Phi(7)} = \frac{1}{5} \times \frac{1}{3} = \frac{1}{15} = 0.067$$

$$I_{\Phi(8)} = I_{\Phi(9)} = \frac{1}{5} \times \left(\frac{1}{3} + \frac{1}{3}\right) = \frac{2}{15} = 0.130$$

$$I_{\Phi(10)} = I_{\Phi(11)} = I_{\Phi(12)} = I_{\Phi(13)} = I_{\Phi(14)} = I_{\Phi(15)}$$
$$= \frac{1}{5} \times \frac{1}{6} = \frac{1}{30} = 0.033$$

$$I_{\Phi(8)} = I_{\Phi(9)} > I_{\Phi(1)} = I_{\Phi(2)} > I_{\Phi(3)} = I_{\Phi(4)} = I_{\Phi(5)} = I_{\Phi(6)} = I_{\Phi(7)} > I_{\Phi(10)}$$
$$= I_{\Phi(11)} = I_{\Phi(12)} = I_{\Phi(13)} = I_{\Phi(14)} = I_{\Phi(15)}$$

根据事故树分析法的重要度排序结果，基本事件 $X_8 \sim X_9$ 的结构重要度最大，减少易燃物、降低电气负荷有助于降低火灾负荷，减缓火灾蔓延速度，加强消防力量配备，一旦发现火情，有助于快速响应并控制火势。

根据结构重要度大小排序，其次是可燃物问题，在养老机构内，酒精、氧气瓶、燃气等可燃物品十分常见，为了避免火灾发生，应加强对易燃易爆物品和燃气管理。

8.7　FTA 分析实例 6：有限空间中毒事故树分析

8.7.1　有限空间中毒事故危险性分析

有限空间是指封闭或部分封闭，进出口受限但人员可以进入，未被设计为固定工作场所，自然通风不良，易造成有毒有害、易燃易爆物质积聚或氧含量不足的空间。

有限空间作业可能产生的事故种类较多，如中毒和窒息、燃爆、高处坠落、淹溺、触电、机械伤害、物体打击、灼烫、坍塌、掩埋等，其中中毒事故是最为常见的事故之一。

有限空间中毒事故发生需要同时满足三个条件：盲目进入有限空间、有毒有害气体浓度超标、作业人员个体防护失效。

盲目进入有限空间可能是由于安全教育培训不足导致作业人员安全意识欠缺而擅自进入，也可能是因为作业方式不合理而导致盲目进入。

有毒有害气体浓度超标可能是由于通风失效（通风装置故障或通风能力不足）、气体检测失效（未开展气体检测或气体检测装置故障导致检测结果失效）、生化反应等产生有毒有害气体等原因同时发生而导致的。

作业人员个体防护失效可能是由于未佩戴或未正确佩戴个人防护装备、佩戴错误的个人防护装备、个人防护装备超过使用期限或质量不合格等原因造成的。

8.7.2 有限空间中毒事故树构建及分析

（1）编制事故树

结合有限空间中毒事故危险性分析，编制有限空间中毒事故树，如图 8.13 所示。

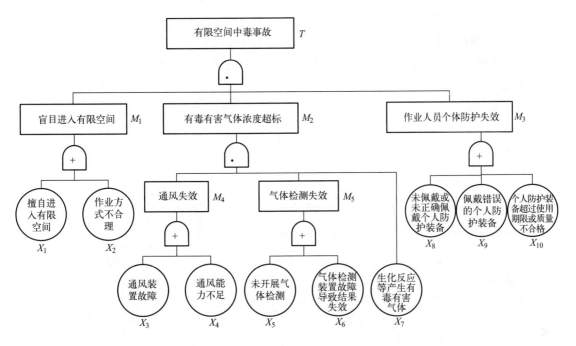

图 8.13 有限空间中毒事故树

（2）求解最小割集

$T = M_1 M_2 M_3$

$= (X_1 + X_2) M_4 M_5 X_7 (X_8 + X_9 + X_{10})$

$= (X_1 + X_2)[(X_3 + X_4)(X_5 + X_6)X_7](X_8 + X_9 + X_{10})$

$= (X_1 + X_2)(X_3 X_5 X_7 + X_3 X_6 X_7 + X_4 X_5 X_7 + X_4 X_6 X_7)(X_8 + X_9 + X_{10})$

$= (X_1 X_3 X_5 X_7 + X_1 X_3 X_6 X_7 + X_1 X_4 X_5 X_7 + X_1 X_4 X_6 X_7 + X_2 X_3 X_5 X_7 + X_2 X_3 X_6 X_7 + X_2 X_4 X_5 X_7 + X_2 X_4 X_6 X_7)(X_8 + X_9 + X_{10})$

$= X_1 X_3 X_5 X_7 X_8 + X_1 X_3 X_6 X_7 X_8 + X_1 X_4 X_5 X_7 X_8 + X_1 X_4 X_6 X_7 X_8 + X_2 X_3 X_5 X_7 X_8 + X_2 X_3 X_6 X_7 X_8 + X_2 X_4 X_5 X_7 X_8 + X_2 X_4 X_6 X_7 X_8 + X_1 X_3 X_5 X_7 X_9 + X_1 X_3 X_6 X_7 X_9 + X_1 X_4 X_5 X_7 X_9 + X_1 X_4 X_6 X_7 X_9 + X_2 X_3 X_5 X_7 X_9 + X_2 X_3 X_6 X_7 X_9 + X_2 X_4 X_5 X_7 X_9 + X_2 X_4 X_6 X_7 X_9 + X_1 X_3 X_5 X_7 X_{10} + X_1 X_3 X_6 X_7 X_{10} + X_1 X_4 X_5 X_7 X_{10} + X_1 X_4 X_6 X_7 X_{10} +$

$$X_2X_3X_5X_7X_{10} + X_2X_3X_6X_7X_{10} + X_2X_4X_5X_7X_{10} + X_2X_4X_6X_7X_{10}$$

经过计算，本事故树共有 24 个最小割集，分别是：$\{X_1，X_3，X_5，X_7，X_8\}$、$\{X_1，X_3，X_6，X_7，X_8\}$、$\{X_1，X_4，X_5，X_7，X_8\}$、$\{X_1，X_4，X_6，X_7，X_8\}$、$\{X_2，X_3，X_5，X_7，X_8\}$、$\{X_2，X_3，X_6，X_7，X_8\}$、$\{X_2，X_4，X_5，X_7，X_8\}$、$\{X_2，X_4，X_6，X_7，X_8\}$、$\{X_1，X_3，X_5，X_7，X_9\}$、$\{X_1，X_3，X_6，X_7，X_9\}$、$\{X_1，X_4，X_5，X_7，X_9\}$、$\{X_1，X_4，X_6，X_7，X_9\}$、$\{X_2，X_3，X_5，X_7，X_9\}$、$\{X_2，X_3，X_6，X_7，X_9\}$、$\{X_2，X_4，X_5，X_7，X_9\}$、$\{X_2，X_4，X_6，X_7，X_9\}$、$\{X_1，X_3，X_5，X_7，X_{10}\}$、$\{X_1，X_3，X_6，X_7，X_{10}\}$、$\{X_1，X_4，X_5，X_7，X_{10}\}$、$\{X_1，X_4，X_6，X_7，X_{10}\}$、$\{X_2，X_3，X_5，X_7，X_{10}\}$、$\{X_2，X_3，X_6，X_7，X_{10}\}$、$\{X_2，X_4，X_5，X_7，X_{10}\}$、$\{X_2，X_4，X_6，X_7，X_{10}\}$。

（3）求解最小径集

计算结果说明共有 24 种途径可能导致事故发生，考虑到最小割集数量较多，故将该事故树转化为成功树，见图 8.14。

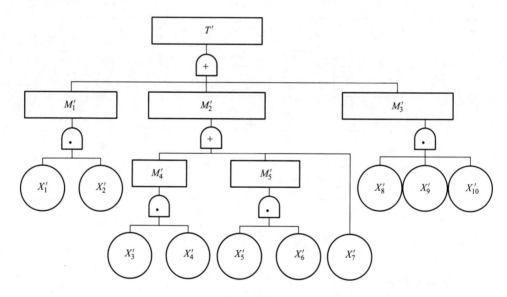

图 8.14　有限空间中毒事故成功树

$$T' = M'_1 + M'_2 + M'_3$$
$$= X'_1X'_2 + (M'_4 + M'_5 + X'_7) + (X'_8X'_9X'_{10})$$
$$= X'_1X'_2 + [(X'_3X'_4) + (X'_5X'_6) + X'_7] + (X'_8X'_9X'_{10})$$
$$= X'_1X'_2 + X'_3X'_4 + X'_5X'_6 + X'_7 + X'_8X'_9X'_{10}$$

该事故树的最小径集共有 5 个，分别为：$\{X_1，X_2\}$、$\{X_3，X_4\}$、$\{X_5，X_6\}$、$\{X_7\}$、$\{X_8，X_9，X_{10}\}$。

即可以通过 5 种方式来预防事故的发生，考虑到该事故树径集因子较少，说明该事故在一定程度上易于控制。

（4）结构重要度

$$I_{\Phi(i)} = \frac{1}{k} \sum_{r=1}^{k} \frac{1}{n_j(x_i \in K_r)}$$

式中　$I_{\Phi(i)}$——第 i 个基本事件的结构重要度系数；

　　　k——最小割集/最小径集个数；

　　　n_j——第 i 个基本事件所在 K_r 中各基本事件总数。

$$I_{\Phi(1)} = I_{\Phi(2)} = I_{\Phi(3)} = I_{\Phi(4)} = I_{\Phi(5)} = I_{\Phi(6)} = \frac{1}{5} \times \frac{1}{2} = 0.1$$

$$I_{\Phi(7)} = \frac{1}{5} = 0.2$$

$$I_{\Phi(8)} = I_{\Phi(9)} = I_{\Phi(10)} = \frac{1}{5} \times \frac{1}{3} = 0.067$$

$$I_{\Phi(7)} > I_{\Phi(1)} = I_{\Phi(2)} = I_{\Phi(3)} = I_{\Phi(4)} = I_{\Phi(5)} = I_{\Phi(6)} > I_{\Phi(8)} = I_{\Phi(9)} = I_{\Phi(10)}$$

从结构重要度的分析可以看出，对事故发生率影响较大的因素为生化反应等产生有毒有害气体，其次为擅自进入有限空间、作业方式不合理、通风装置故障、通风能力不足、未开展气体检测、气体检测装置故障导致结果失效等。对上述事件重点关注，可降低事故发生的概率。

8.8　FTA 分析实例 7：自然灾害引发燃气系统失效事故树分析

8.8.1　自然灾害引发燃气系统失效事故树构建

近年来，天然气行业快速发展的同时，城市燃气系统仍面临着诸多因素的侵扰，除其自身管理运行能力不足等内部因素外，自然灾害（如暴雨、洪涝等）引发的燃气系统失效也日益增多。

基于案例数据，梳理、提炼样本数据中的灾害要素及其引发的连锁事件，归纳每起案例中城市燃气系统突发事件链，详见表 8.1。

表 8.1　事故样本数据表

序号	时间	地点	灾害名称	燃气系统突发事件链
1	2010	长春	地面沉降	地面沉降→管道断裂→燃气泄漏→爆炸
2	2019	杭州	地面塌陷	地面塌陷→管道损坏→燃气泄漏
3	2016	日本福冈	地面塌陷	地面塌陷→供应中断
4	2021	哈尔滨	地面塌陷	地面塌陷→管道损坏→燃气泄漏→供应中断
5	2015	湛江	台风	台风→储罐损坏→燃气泄漏
6	2020	连云港	雷电	雷电→计量、仪表、电气控制等设施设备损坏→设备跳闸停运、误启动等
				雷电→可燃气体放空管口起火→火灾

续表

序号	时间	地点	灾害名称	燃气系统突发事件链
7	2013	北京	雷电	雷电→管道绝缘击穿、金属管道部分融化→燃气泄漏
8	2013	北京	雷电	雷电→计量、仪表、电气控制等设施设备损坏
9	2014	北京	雷电	雷电→计量、仪表、电气控制等设施设备损坏→门站停电
10	2010	北京	地面塌陷	暴雨、地面塌陷→管道断裂→燃气泄漏
			暴雨	
11	2012	达州	滑坡	滑坡→管道损坏→燃气泄漏
12	2013	雅安	滑坡	滑坡→管道变形→管道断裂→燃气泄漏
			崩塌	崩塌→管道变形→管道断裂→燃气泄漏→供应中断
			地震	地震→管道损坏→燃气泄漏→供应中断
				地震→门站结构类损坏
				地震→调压箱等燃气设备损坏
13	2016	武汉	内涝	内涝→燃气管网水堵→供应中断
14	2016	恩施	滑坡	滑坡→管道断裂→燃气泄漏→火灾、爆炸
15	2018	英国	雪灾	雪灾→燃气供应紧张
16	2020	榆林	暴雨	暴雨→管道断裂→燃气泄漏
17	2016	武汉	暴雨	暴雨→管道损坏→燃气泄漏
18	2010	北京	暴雨	暴雨、雪灾→燃气供应紧张
			雪灾	
19	2018	广汉	洪水	洪水→管道断裂→燃气泄漏
20	2020	乐山	暴雨	暴雨→管道损坏→燃气供应紧张
21	2020		洪水	洪水→管道断裂→燃气泄漏
22	2012	保定	暴雨	暴雨→管道裸露
			洪水	洪水→管道裸露
23	2015	广元	洪水	洪水→站场监控、中控设备损坏→供应中断
				洪水→管道断裂→燃气泄漏→供应中断
				洪水→管道裸露
24	2017	贵州	滑坡	滑坡→管道断裂→燃气泄漏→火灾、爆炸
25	2015	深圳	滑坡	滑坡→管道断裂→燃气泄漏
26	2020	南昌	洪水	洪水→管道及安全附件损坏
				洪水→管道裸露
27	2016	林州	洪水	洪水→管道裸露
28	2020	绵阳	暴雨	暴雨、内涝→燃气罐漂浮
			内涝	
29	2021	黄冈	暴雨	暴雨→管道及安全附件损坏→燃气泄漏
30	2020	南昌	高温天气	高温天气→管道损坏→燃气泄漏
31	2010	秦皇岛	地面沉降	地面沉降→管道变形→管道断裂→燃气泄漏
			雷电	雷电→阀室起火→爆炸

续表

序号	时间	地点	灾害名称	燃气系统突发事件链
32	2010	兰州	地裂	地裂→管道损坏→燃气泄漏
33	2013	西安	地裂	地裂→管道断裂→燃气泄漏
			地面沉降	地面沉降→管道断裂→燃气泄漏
34	2011	巴中	泥石流	泥石流→管道损坏→供应中断
35	2012	泸州	泥石流	泥石流→管道断裂→燃气泄漏→供应中断
			滑坡	滑坡→管道断裂→供应中断

归纳汇总表8.1各类不同自然灾害引发的城市燃气系统突发事件链，构建城市燃气系统事故树模型。将引发城市燃气系统失效的自然灾害事件作为基本事件，城市燃气系统具体失效现象作为中间事件，城市燃气系统突发事件与事故作为顶上事件，如图8.15，事故树中各事件描述如表8.2所示。

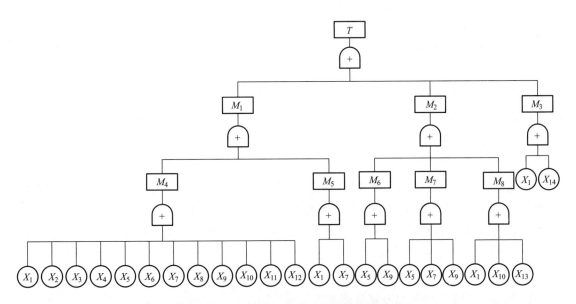

图 8.15 自然灾害引发燃气系统失效事故树

表 8.2 自然灾害引发燃气系统突发事件事故树事件描述

事件	事件描述	事件	事件描述
T	城市燃气系统失效	M_7	计量、电气控制等门站设施类损坏
M_1	管道及附属设施类失效现象	M_8	储罐类失效现象
M_2	门站及附属设施类失效现象	X_1	暴雨
M_3	燃气供应不足现象	X_2	崩塌
M_4	管道及安全附件损坏	X_3	地裂
M_5	管道裸露	X_4	地面沉降
M_6	门站、阀室结构类损坏	X_5	地震

续表

事件	事件描述	事件	事件描述
X_6	高温天气	X_{11}	泥石流
X_7	洪水	X_{12}	地面塌陷
X_8	滑坡	X_{13}	台风
X_9	雷电	X_{14}	雪灾
X_{10}	内涝		

其中：顶上事件 T 城市燃气系统失效主要包括燃气泄漏、供应中断、火灾、爆炸等突发事件与事故；中间事件中，M_1 管道及附属设施类失效现象、M_2 门站及附属设施类失效现象，以及 M_3 燃气供应不足现象均可导致顶上事件的发生，M_4 管道及安全附件损坏主要包括管道断裂、管道变形等具体失效现象，M_6 门站、阀室结构类损坏主要是指门站结构损坏、阀室起火等具体失效现象，M_8 储罐类失效现象主要包括储罐损坏、燃气罐漂浮等具体失效现象。

8.8.2 事件概率计算

由于缺少全面、系统的燃气事故数据，根据相应基本事件在事故样本中发生的频率 p_{X_i}，以及自然灾害诱发的燃气事故占燃气总事故的比重 α 来预估基本事件发生的近似概率 P_{X_i}。计算公式如下：

$$P_{X_i} = \alpha p_{X_i}$$

式中，P_{X_i} 表示各基本事件发生的近似概率；p_{X_i} 表示基本事件在样本中出现的频率；α 为占比系数，表示自然灾害诱发的燃气事故与燃气总事故的比重。

根据《全国燃气事故分析报告》、燃气爆炸微信公众平台、网络数据及文献调研统计，截至 2021 年底，共搜集以下数据：

① 2010 年至 2021 年我国发生的由自然灾害引起的城市燃气系统突发事件与事故案例 33 起（数据来源于网络数据及文献调研）；

② 2021 年一至三季度，国内（不含港澳台）媒体报道燃气事故 873 起，2021 年第四季度数据尚未公布（数据来源于 2021 年第一季度至第三季度《全国燃气事故分析报告》）；

③ 2017 年至 2020 年我国媒体报道的燃气事故数量，具体数据如图 8.16 所示（数据来源于 2020 年《全国燃气事故分析报告》）；

④ 2016 年我国媒体报道燃气事故 909 起（数据来源于燃气爆炸微信公众平台）。

由上述罗列数据可知，缺少的数据为 2021 年第四季度燃气事故数量以及 2010 年至 2015 年燃气事故数量。对于 2021 年第四季度燃气事故，以 2021 年第一至三季度燃气事故平均值代替。对于 2010 年至 2015 年燃气事故数量，以 2016 年至 2020 年媒体报道燃气事故年平均值代替 2010 年至 2015 年每年燃气事故数量。

因此，估测出 2010 年至 2021 年我国共发生燃气事故 9299 起，计算出 α 值为 0.0035，

各基本事件 p_{X_i} 值如表 8.3。

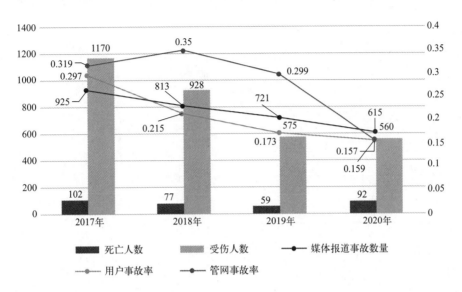

图 8.16 2017 年至 2020 年全国燃气事故数量、事故率及伤亡数量变化图（见文前彩插）

表 8.3 基本事件 p_{X_i} 值

基本事件	p_{X_i}
X_1 暴雨	0.1905
X_2 崩塌	0.0238
X_3 地裂	0.0476
X_4 地面沉降	0.0714
X_5 地震	0.0238
X_6 高温天气	0.0238
X_7 洪水	0.1429
X_8 滑坡	0.1429
X_9 雷电	0.1190
X_{10} 内涝	0.0476
X_{11} 泥石流	0.0476
X_{12} 地面塌陷	0.0714
X_{13} 台风	0.0238
X_{14} 雪灾	0.0238

经计算，事故树模型中各基本事件发生的近似概率如表 8.4。顶上事件发生概率为 0.0076391，说明自然灾害引起城市燃气系统突发事件与事故概率较小。

表 8.4 基本事件发生近似概率

基本事件	P_{X_i}
X_1 暴雨	0.0007
X_2 崩塌	0.0001
X_3 地裂	0.0002
X_4 地面沉降	0.0003
X_5 地震	0.0001
X_6 高温天气	0.0001
X_7 洪水	0.0005
X_8 滑坡	0.0005
X_9 雷电	0.0004
X_{10} 内涝	0.0002
X_{11} 泥石流	0.0002
X_{12} 地面塌陷	0.0003
X_{13} 台风	0.0001
X_{14} 雪灾	0.0001

第 9 章 危险与可操作性分析（HAZOP）

9.1 方法概述

9.1.1 术语和定义

危险与可操作性分析（hazard and operability analysis，HAZOP）是应用系统的审查方法来审查新设计或已有工厂的生产工艺和工程总图，分析由装置、设备故障或误操作引起的潜在危险，并评价其对整体系统的影响，是一个详细地识别危险和可操作性问题的过程。

危险与可操作性分析是由一个分析团队来完成。HAZOP 包括辨识可能的设计意图偏离，分析这些偏离可能的原因，评估这些偏离的后果。

① 节点：被分析系统的一部分。

② 要素：组成节点，用于识别节点的基本特征。

注：要素的选择可能取决于特定的应用，但是要素可以包含例如有关的物质、执行的活动、使用的设备等特征。物质应被考虑为广义的物质，还应包括数据、软件等。

③ 特性：对要素的定性或定量描述。

注 1：特性的例子，如温度、压力、电压等。

注 2：在有些领域称之为参数。

④ 设计意图：设计者期望的，或设定的要素和特性的行为范围。

⑤ 偏离：设计意图的偏差。

⑥ 引导词：特定的词或短语，用于表达和定义设计意图的某一偏离。

⑦ 伤害：人身损伤、人的健康损害、财产的损失或环境的损害。

⑧ 危险：伤害的潜在根源。

⑨ 风险：伤害发生的概率与该伤害严重程度的综合。

9.1.2 HAZOP 原理

（1）一般要求

HAZOP 的主要特点包括：

① HAZOP 是一个创造性的过程。通过系统地应用一系列引导词来辨识潜在的设计意图的偏离，并利用这些偏离作为"触发器"，激励团队成员思考该偏离发生的原因以及可能产生的后果。

② HAZOP 是在一位训练有素、富有经验的分析组组长的引导下进行的。组长应通过逻辑性的、分析性的思维确保对系统进行全面的分析。分析组长最好配有一名记录员，该记录员记录识别出的危险和（或）操作异常，以便进一步评估和决策。

③ HAZOP 需要依赖具备适当的技术水平和经验的多个领域的专家来完成。这些专家要有好的直觉和判断能力。

④ HAZOP 应在积极思考和坦率的讨论氛围中进行。当识别出一个问题时，做好记录以便后续的评估和决策。

⑤ 对识别出的问题提出解决方案并非 HAZOP 的主要目标，但是一旦提出解决方案，做好记录供相关负责人考虑。

HAZOP 包括 4 个基本步骤，见图 9.1。

（2）分析原理

HAZOP 的基础是"引导词分析"，即仔细地查找与设计意图的偏离。为便于分析，可将系统分成若干节点，各个节点的设计意图应能充分定义。所选节点的大小取决于系统的复杂性和危险的严重程度。复杂程度或危险性高的系统可划分为若干较小的节点，简单的或低危险性的系统可划分成若干较大的节点，以加快分析进程。系统中某个节点的设计意图通过若干要素来表达，这些要素表达了该节点的基本特性和自然的划分。分析要素的选择在某种程度上是一种主观决定，这是由于有多种组合方式都能实现要达到的分析目的。此外，要素的选择也可能取决于特定的应用。要素可能是一个程序中不连续的步骤或阶段，或是控制系统中的单个信号和设备元件，或是工艺或电子系统中的设备或零部件等。

有些情况下，可采用如下方式表达系统某一节点功能：

① 来源于某处的输入物料；

② 对该物料进行的某个操作（或活动）；

③ 送往某一目的地的输出物料。

因此，设计意图将包含以下要素：物料、动作、来源和目的地。

要素通常可通过定量或定性的特性做更明确的定义，例如在一个化工系统中，"物料"要素可以通过温度、压力和成分等特性进一步定义。对于"输送"这个动作要素，可通过移动速率或承载物体的数量等特性定义。对基于计算机的系统，各节点的主要要素可能是信息，而不是物料。

HAZOP 团队逐个分析每个要素（及其相关的特性/参数），以找出可导致不利后果的偏离，使用预先给定的"引导词"，通过提问的方式来识别设计意图的偏离。引导词的作用是

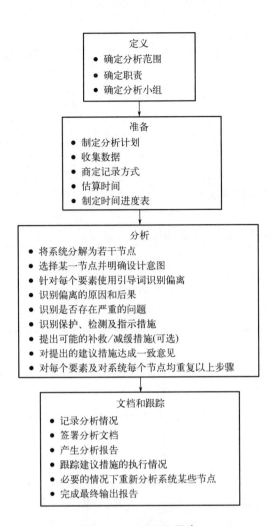

图 9.1 HAZOP 程序

激发分析人员的想象力,使其专注于分析,引发出讨论和各种想法,从而确保分析更完整。基本的引导词及其含义见表 9.1。

表 9.1 基本引导词及其含义

引导词	含义
无,没有	完全没有达到设计意图(设计或操作要求的指标和事件完全不发生),如无流量
多/高	同标准值相比,数值偏大,如温度、压力值偏高
少/低	同标准值相比,数值偏小,如温度、压力值偏低
伴随	在完成既定功能的同时,伴随多余事件发生
部分	只完成既定功能的一部分
相反/相逆	与设计意图逻辑相反/出现和设计要求完全相反的事或物,如流体反向流动
异常	完全替代(出现和设计要求不相同的事或物)

与时间和先后顺序相关的引导词及其含义见表 9.2。

表 9.2 与时间和先后顺序相关的引导词及其含义

引导词	含义
早	时间上早
晚	时间上晚
先	在顺序上提前
后	在顺序上推后

常用的 HAZOP 工艺参数见表 9.3。

表 9.3 常用的 HAZOP 工艺参数（要素特性）

流量	时间	次数	混合
压力	组分	黏度	副产物（副反应）
温度	pH 值	电压	分离
液位	速率	数据	反应

除上述引导词外，还可使用对偏离的辨识更有利的其他引导词。只要在分析开始前进行了定义，就可以使用这些引导词。在选定系统的某一节点进行分析之后，就要把该节点的设计意图分解为几个单独的要素。然后，将所有相关的引导词应用于每个要素，从而系统地、全面地查找每个设计意图的偏离。之后识别偏离可能的原因和后果，并识别出相应失效的检测和指示措施，按确定的格式记录分析结果（具体格式见 9.1.4 小节的"记录方式"内容）。

可把引导词/要素的各种组合视为一个矩阵，其中，行可定义为引导词，列可定义为要素，所形成的矩阵中每个单元都是某个特定的引导词/要素组合。为达到危险全面识别的目的，要素及其相关的特性应涵盖设计意图的所有相关方面，引导词应涵盖所有的设计意图偏离。并非所有的组合都会给出有意义的偏离，因此考虑所有引导词/要素的组合时，矩阵可能会出现空格。

矩阵中各单元的分析顺序有两种：一种是逐列，也就是要素优先；一种是逐行，也就是引导词优先。关于分析的详细内容见 9.1.4 小节的"分析"内容，两种顺序的分析见图 9.2 (a) 和图 9.2 (b)。原则上，两种分析的结果应相同。

（3）设计描述

① 一般要求　对需分析的系统进行准确且全面的设计描述是完成 HAZOP 任务的先决条件。设计描述应充分描述所分析的系统、节点和要素，并识别其特性。设计描述可以是对物理设计或逻辑设计的描述，描述内容应清晰。

设计描述宜以定性或定量的方式描述各节点和要素的系统功能，还应描述该系统和其他系统、操作者/用户以及可能与环境之间的相互作用。要素或特性与其设计意图的一致性决定了该系统运行的正确性，在有些情况下还决定了系统的安全性。

系统的描述包括两个基本方面：

a. 系统的要求。

b. 设计的物理描述和/或逻辑描述。

HAZOP 结果的质量取决于设计描述，包括设计意图的完整性、充分性和准确性。因此，在准备信息资料时宜注意：如果在运行或废弃阶段进行 HAZOP，宜确保系统的任何变更均体现在设计描述中；开始分析前，分析小组应再次审查信息资料；若有必要，宜修改相关信息资料。

② 设计要求和设计意图　设计要求是系统应满足的定性的和定量的要求，并作为系统设计和设计意图的依据。在设计要求中宜指明系统的用户所有合理使用情形和使用不当时的情形。设计要求和设计意图均应满足用户要求。

设计人员根据系统需求进行系统设计，即实现系统配置，分配子系统和组件的具体功能，要说明组件的规格，并选定组件。设计人员不仅宜考虑设备具有哪些功能，还宜确保设备在非正常条件下不会失效，或者在规定的使用期限内不会损坏，以及辨识出异常的行为或特性，以便在设计中予以摒弃，或通过适当的设计降低其影响。上述信息为确定所要分析的各个节点的设计意图奠定了基础。

设计意图构成了 HAZOP 的基准，宜尽可能准确、完整。设计意图的验证虽然不在 HAZOP 范围内，但 HAZOP 组长应确认设计意图的准确性和完整性，以便使 HAZOP 能够顺利进行。通常，多数设计文档中的设计意图局限于系统在正常运行条件下的基本功能和参数，而很少提及可能发生的非正常运行条件和异常的现象（如可能引起失效的强烈振动、管道内的水击效应、浪涌等），但是这些非正常条件和异常的现象在分析期间都宜予以识别和考虑。此外，在设计意图中，不会明确说明造成材料性能退化的退化机理，如老化、腐蚀和冲蚀等。但是，在分析期间应使用合适的引导词对这些因素进行辨识和考虑。

假如 HAZOP 范围涵盖维修、检查、维护相关的活动，并且存在危险，那么在 HAZOP 时，预期寿命、可靠性、可维护性和维护支持建议同存在的危险一同被识别和考虑。

9.1.3　HAZOP 应用

（1）概述

HAZOP 最初是针对流体介质或其他物料处理等过程工业的应用而开发的一种危险辨识技术。但是近年来，它的应用范围逐步扩大，例如将 HAZOP 技术用于：

① 软件，包括可编程电子系统；
② 与人员运输相关的系统，如公路、铁路的运输系统；
③ 分析各类操作步序和规程；
④ 评价不同工业的管理规程；
⑤ 评价特定的系统，如医疗设备。

HAZOP 特别适用于识别系统（在役的或拟建的）缺陷，包括物料流、人员流或数据流，或工序所包含的事件和活动，或一个程序控制序列。HAZOP 还是新系统设计和开发所需的重要工具，也可以有效地分析一个给定系统在不同运行状态下的危险和潜在的问题，如启动、备用、正常操作、正常关停和紧急关停等。HAZOP 不仅能运用到连续工艺流程，也可用于批处理和非稳态工艺流程和相关的位置。HAZOP 可视为是整个工艺流程的价值工程和风险管理活动中不可分割的一部分。

（2）与其他工具之间的关系

HAZOP 可以和其他可靠性分析方法联合使用，如 FMEA（故障模式及影响分析）和 FTA（事故树分析）。这种联合使用方式也可用于下列情况：

① 当 HAZOP 明确表明设备某特定部件的性能至关重要，需要深入研究时，可采用 FMEA 对设备特定部件进行研究，对 HAZOP 分析进行补充；

② 在通过 HAZOP 完成单个要素/单个特性的偏离分析后，可使用 FTA 评价多个偏离的影响，或使用 FTA 量化分析失效的可能性。

HAZOP 本质上是以系统为中心的分析方法，而 FMEA 是以部件为中心的分析方法。FMEA 由一个部件可能发生的故障开始，进而分析整个系统的故障后果，因此 FMEA 是从原因到后果的单向分析。HAZOP 的理念则不同，它是识别对设计意图的可能偏离，然后从两个方向进行分析，一个方向查找偏离的可能原因，一个方向推断其后果。

（3）HAZOP 的局限性

尽管已证明 HAZOP 可用于不同工业领域，但该技术仍存在局限性，在考虑应用时需要注意：

① HAZOP 作为一种危险识别技术，其单独地分析系统各节点，并且系统地分析偏离对各节点的影响。有时，一个严重的危险会涉及系统内多个节点之间的相互影响。在这种情况下，需要使用事件树和事故树等分析技术对该危险进行更详细的研究。

② 与任何其他危险识别技术一样，HAZOP 也无法保证能识别所有的危险或可操作性问题。因此，对复杂系统的研究不宜完全依赖 HAZOP，而宜将 HAZOP 与其他合适的技术联合使用。在有效的、全面的安全管理系统中，将 HAZOP 与其他相关分析技术联合使用是必要的。

③ 很多系统是高度关联的，某个系统产生偏离的原因可能源于其他系统。有些减缓措施从局部的角度上看起来是充分的，但不一定能消除真正的原因，甚至仍会导致事故。很多事故的发生是因为小的局部修改并未预见到对别处的影响。这种问题可以通过考虑偏离对其他节点的影响来解决，但实际上很少这样实施。

④ HAZOP 的成功很大程度上取决于分析组长的能力和经验，以及小组成员的知识、经验和协作。

⑤ HAZOP 仅分析出现在设计描述中的内容，无法分析设计描述中没有出现的行为和操作。

（4）系统生命周期不同阶段的危险辨识

HAZOP 是一种结构化的危险分析工具，最适用于在详细设计的后期对生产设施进行分析或者在现有设施做出变更时进行分析。以下详细介绍系统生命周期不同阶段 HAZOP 和其他分析方法的应用。

① 概念和定义阶段　系统生命周期中的这一阶段已经明确了设计构思和系统包含的主要部分内容，但引导开展 HAZOP 所需的详细设计和文档并未形成。然而，有必要在此阶段识别出主要危险源，以便在设计过程加以仔细考虑，并有助于后续的 HAZOP 工作。为开展上述研究，宜使用其他的分析方法。

② 设计和开发阶段　在系统生命周期的这一阶段，详细设计工作已开展，并已确定操

作原理，同时各种相关资料已经准备完成。设计工作趋于完备，并已基本成型。开展HAZOP的最佳时机恰好在设计完全成型之前。在此阶段，设计达到足够深度，便于通过HAZOP方法进行分析以得到好的结论。建立一个管理系统用于评估HAZOP完成后的任何变更非常重要，该系统应在系统整个生命周期都起作用。

③ 制造和安装阶段　当系统调试和操作存在危险，同时操作的步骤和指导又很关键时，或者在工程的后期有较大的设计变更时，在启动前建议进行HAZOP分析。此时，试运行和操作等数据资料应可用。此外，该分析还宜重新检查前期分析时发现的所有问题，以确保它们得到解决。

④ 操作和维护阶段　对于那些影响系统安全、可操作性或影响环境的变更，宜考虑在变更前进行HAZOP。此外，宜有一个管理程序对系统进行定期检查，消除日常细微变更带来的影响。在本阶段进行HAZOP时，确保在分析中使用最新的设计文档和操作说明。

⑤ 停用和废弃变更　在本阶段可能发生正常运行时不会出现的危险，所以本阶段可能需要进行危险分析。如果存有以前的分析记录，则可迅速完成本阶段的分析。在系统整个生命周期中都宜保存好分析记录文件，以确保能迅速解决停用和废弃阶段出现的问题。

9.1.4　HAZOP程序

（1）分析程序的启动

该项分析应由对项目负有相关责任的人员启动，称为项目经理。项目经理宜决定何时需要分析并负责确定分析组长，提供分析必需的资源（见表9.4）。根据相关法规或项目主体方要求，通常在项目计划阶段确定何时开展HAZOP，项目经理应在分析组长帮助下确定该项分析的范围和目标。分析开始前，宜指定具有适当权限的人员负责以确保根据分析确定的行动或建议得到落实。

表9.4　HAZOP所需基本资料

带控制点工艺流程图（P&IDS）	现有流程图（PFD）
装置布置图	操作规程
仪表控制图	逻辑图
计算机程序	设备制造手册

注：通常进行HAZOP时，所需资料大体如此。考虑到HAZOP研究中的工艺过程不同，所需资料不同，进行HAZOP必须要有工艺过程控制流程图及工艺过程详细资料。

（2）定义分析的范围和目标

① 一般要求　分析的范围和目标密不可分，应同时策划。对二者的描述应保证以下几点：

a. 系统边界及其与其他系统和外界的界面已被明确定义；

b. 分析团队任务明确，不会分析与目标无关的范畴。

② 分析范围　取决于以下几个因素，包括：
a. 系统的物理边界；
b. 可获得的设计说明的详细程度；
c. 系统已经完成的 HAZOP 或其他相关分析活动的范围；
d. 其他适用于本系统的法规要求。
③ 分析目标　HAZOP 力求识别出所有导致各种后果或类型的危险和可操作性问题，但将 HAZOP 严格聚焦于危险问题更有利于在较短的时间内以较少的精力完成 HAZOP。
目标定义时宜考虑以下因素：
a. 分析结果的使用目的；
b. 需要进行分析的生命周期阶段；
c. 可能面临风险的人员或资产，例如员工，公众，环境和系统等；
d. 可操作性问题，包括对产品质量的影响；
e. 系统所要求的标准，包括安全和操作性能两个方面。

（3）角色和责任

HAZOP 团队的角色和责任宜在项目分析启动时就由项目经理明确定义，并与 HAZOP 组长达成共识。分析组长宜审核设计，以便确定需要收集的信息和资料，以及团队成员宜具备的技能，并制定里程碑形式的行动计划以确保相关建议得到及时落实。

分析组长确保建立有效的沟通机制传递 HAZOP 结果，项目经理确保 HAZOP 结论被跟踪，并且应确保设计团队对分析结论实施的决策和贯彻落实的情况形成有效文档。

项目经理和分析组长宜明确 HAZOP 团队的分析活动限定在危险和问题识别范围（然后由项目经理和设计团队解决），或者团队也可给出改进方案。如果是后者，则还需就确保有关改进方案的责任分配以及机制执行的适当授权达成一致。

HAZOP 是一种团队合作活动，组成团队的每一名成员都是需经过精心挑选并有明确的作用的成员。团队在确保包括相关的技术、操作技能和经验的人员足够的前提下宜尽可能精干，一般是 4~7 人，团队越大行动越迟缓。如果 HAZOP 研究的具体项目涉及多方合作，HAZOP 小组中宜包含各方人员。

以下为建议的小组成员角色职责要求：

① 分析组长　与设计团队和项目没有紧密关系。具备丰富的 HAZOP 经验并经过严格的训练，有能力和责任实现项目管理层和分析团队之间的沟通，制定分析计划，认同分析团队的构成，确保分析团队得到整体的设计资料，在分析过程中，给出需要使用的引导词，以及引导词与要素/特性组合后的解释的建议，正确引导分析，确保分析结果有效存档。

② 记录员　记录会议过程，记录所有被识别的危险、问题、建议以及后续行动，协助分析组长制定计划并参与管理，有些时候可由分析组长兼任。

③ 设计者　负责解释设计意图，解释每一个被定义的偏离是如何发生的以及相应的系统响应。

④ 用户　负责解释分析要素操作的背景条件，可能出现偏离的程度以及偏离出现时对操作的影响。

⑤ 专家　对系统和分析提出专业意见，可在需要时有限参与。

⑥ 维护人员　维护人员代表（根据需要参与）。

开展分析时要充分考虑设计者和用户的观点意见。根据分析所处的生命周期不同，所需的专家类型有所变化。

所有团队成员都宜有足够的 HAZOP 知识，确保他们有效地参与分析，或者经过适当的培训达到此要求。

（4）准备工作

① 一般要求　分析组长应负责如下准备工作：

a. 获取信息；

b. 将信息转化成适当的格式；

c. 制定会议日程计划；

d. 安排必要的会议。

此外，分析组长还需安排收集资料，并生成资料库，例如收集同类或相似技术已经发生的事故。

分析组长保证能够获取最完整的可用设计资料，有纰漏或不完整的资料宜在分析开始前得到纠正。在分析的计划阶段，由熟悉设计的人员根据设计资料对节点、要素及特性进行识别。

分析组长负责准备一个分析计划，计划应包括如下内容。

a. 分析目标和范围。

b. 成员名单。

c. 技术细节。设计描述分成节点和要素，并明确设计意图，对每一个要素列出部件、物料、活动以及特性清单。

建议使用的引导词清单和引导词与要素/特性组合。

d. 一份适当的参考资料列表。

e. 会务安排，会议日程，包括其日期、次数和地点。

f. 要求的记录格式。制定记录分析结果和跟踪结果的工作表单。不论采取何种报告形式，工作表单包括下文的基本特征以满足特定要求，表格样例在下文分析实例中给出。工作表的版面设计各有不同，取决于它是手工记录表还是电子记录表。手工记录表通常包括表头和表列。

表头中可包括下列信息：项目名称、分析对象、设计意图、节点、小组成员、分析的图纸或文件、日期和页码等。

表列的标题参见表 9.5。

表 9.5　表列的标题

分析期间完成的内容	在后续跟踪过程中完成的内容
①要素	①建议措施
②引导词	②优先等级/风险级别
③偏离	③行动的负责人

续表

分析期间完成的内容	在后续跟踪过程中完成的内容
④原因	④完成状况
⑤后果	⑤备注
⑥需要采取的措施	注：本列中的①、②、③点提到的各栏内容也可以在会议期间完成
注：也可记录其他信息，如保护措施、严重程度、备注、风险等级等	

g. 要使用的分析模板。会议室宜配备相应的会议设施、可视设备及辅助记录工具以保证会议有效进行。

应在首次会议前下发有关分析计划的简要说明和必要的参考资料，以便各个成员熟悉会议内容。要求参加者对下发资料进行审查。

HAZOP 的成功与否很大程度上取决于团队成员的洞察力和专注程度，因此确定会议合理的连续分析时间和保证各会议之间必要的时间间隔是十分重要的。这些要求在多大程度上得到满足最终将取决于分析组长。

② 设计描述 典型的设计描述可由以下设计文件组成，其内容应清晰无歧义，并经过审批及有明确的日期标注。

a. 对于所有系统。设计要求和描述、流程图、功能块图、控制图、电路图、工程数据表、布置图、公用工程规格、操作和维修要求。

b. 过程系统。管道和仪表流程图、材料规格和设备标准、管道和系统平面布置图。

c. 可编程电子系统。数据流程图，面向对象设计框图，状态转换框图，时序图及逻辑图。

另外，宜提供如下信息：分析对象的边界和在边界处的界面；系统运行的环境；操作和维修人员的资质、技能和经验；程序和/或操作规程；操作、维修经验和对类似系统的危险认知。

③ 引导词和偏离 分析组长宜在 HAZOP 的计划准备阶段即给出引导词清单便于后续使用。分析组长宜检查系统内使用这些引导词是否够用。引导词的选择应深思熟虑。引导词太具体和专业可能限制思路和讨论，但过于笼统则可能无法精确聚焦分析要点。表 9.6 给出了不同类型的偏离和与之相关的引导词的示例。

表 9.6 偏离及其相应引导词的示例

偏离类型	引导词	过程工业说明举例	可编程电子系统（PES）说明举例
负	无	完全没有达到设计意图，如无流量	未传递数据或控制信号
数量改变	多	数量增加，如过高温度	数据传递速率高于期望
	少	数量减少，如过低温度	数据传递速率低于期望
性质改变	伴随	出现杂质；同时执行另一个操作或步骤	存在附加或虚假信号
	部分	仅部分达到意图，如期望的流体仅部分被传送	数据或控制信号不完全

续表

偏离类型	引导词	过程工业说明举例	可编程电子系统（PES）说明举例
替代	反向 异常	管道内的反向流动或逆反应； 出现不同于原设计意图的结果，如输送了错误的物料	通常无关联； 数据或控制信号不完全
时间	早	早于规定时间发生，如冷却或过滤	信号过早到达
	晚	晚于规定时间发生，如冷却或过滤	信号过晚到达
顺序或步序	前	早于规定顺序发生，如混合或加热	在一个顺控中，信号过早到达
	后	晚于规定顺序发生，如混合或加热	在一个顺控中，信号过晚到达

在分析不同系统，同一系统的不同生命周期阶段和应用于不同设计中时，同一引导词及其参数/特性组合其意义不尽相同，而对分析过程中的无意义的引导词组合建议被删除。因此所有引导词及其相关要素/特性组合都要被明确定义并存档，如果某一组合在指定设计中有一种以上解释，则这些解释均建议被一一列出。相反，如果不同的组合具有同一含义，则应给出必要的交叉引用说明。

（5）分析

分析会议在分析组长领导下按照分析计划组织开展。在 HAZOP 会议初期，分析组长或者熟悉待分析过程及其问题的小组成员应：

① 介绍分析计划，确保所有成员熟悉系统，分析目标和范围。

② 介绍设计描述和解释建议使用的要素及引导词。

③ 审查已知的危险、可操作性问题及需要关注的潜在方面。

分析按照被分析主题的流程或序列，按照设计逻辑从输入追踪到输出。HAZOP 危险识别技术要求按照程序化的单步审查过程追溯危险根源。目前有两种审查序列：要素优先和引导词优先，由图 9.2（a）和图 9.2（b）分别说明。其中要素优先序列如下：

① 由分析组长选择设计的某一节点作为分析起点并加以标注。然后说明该节点的设计意图，并识别与此节点相关的要素及其特性。

② 由分析组长选择出其中的某个要素，并根据团队意见决定引导词是应用于该要素本身还是应用于该要素的某个特性。并确认哪个引导词首先运用到这个要素上。

③ 对首先选用的引导词和当前要素或特性组合的解释进行分析，以确定是否存在一个可信的对设计意图的偏离。如果识别出一个可信的偏离，则分析其可能的原因和后果。对某些应用来说，根据后果潜在的严重性或基于风险矩阵的风险分级对偏离进行分类是有用的，风险矩阵由分析小组根据相关标准要求并结合项目实际情况共同制定。

④ 团队应识别出可能存在于现有节点内或其他节点的针对偏离的各种保护、检测及指示措施。这些可能存在现有节点内或其他节点。现有的措施不应阻止小组发现或列出潜在危险或可操作性问题，以及不应阻止试图提出减少其发生的可能性或后果严重性的措施。

⑤ 分析组长概括总结记录员记录存档的结果。如果需要后续工作，确保负责执行完成后续工作的人员被记录在案。

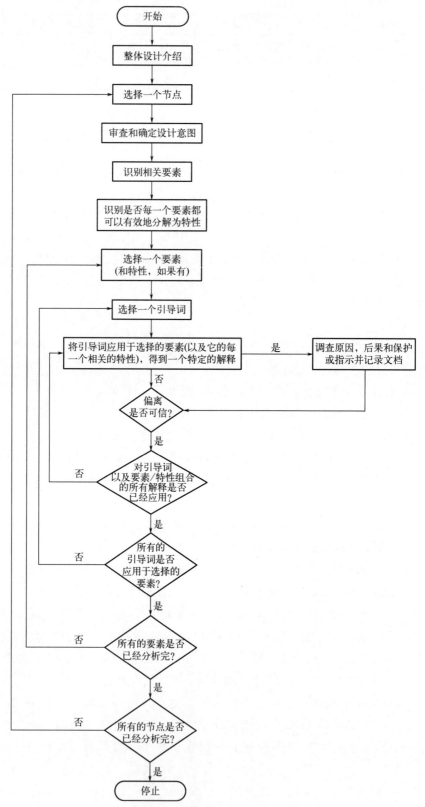

(a) HAZOP程序流程图-要素优先

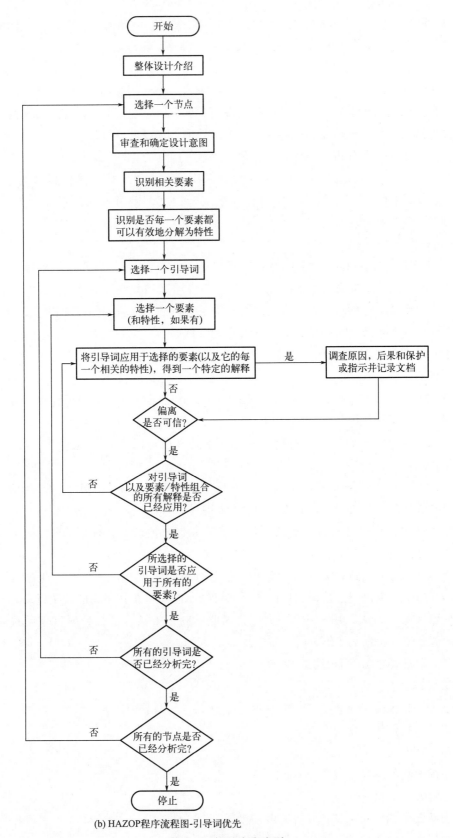

(b) HAZOP程序流程图-引导词优先

图9.2 两种审查序列

⑥ 对该引导词的其他解释重复以上过程，首先是其他引导词，然后是要素的每一种特性（如果对该要素特性的分析已经得到一致认可），最后是该节点的每一个要素。在完成对该节点的全面分析后，该节点标注为完成。这个过程一直重复并持续下去直到顺利完成所有节点的分析工作。

另一种方法是运用引导词针对上面描述内容开展分析，使用第一个引导词引导该节点中每一个要素依次进行，分析完成后再选下一个引导词重复以上分析过程。当前节点内所有要素轮流依照此方法开展分析，而后到下一个节点，见图9.2（b）。

针对特定的分析，分析组长和小组应选择采用哪种分析步骤，具体根据实施HAZOP细节来定。其他影响因素还包括分析目标技术复杂程度，运用HAZOP方法的灵活程度，以及参加者的受训程度。

（6）文档

① 一般要求　HAZOP的首要优势是系统的、规范的和文档化的分析过程。为了从HAZOP活动中能获得全面的益处，HAZOP应正确地文档化和追踪，HAZOP组长负责确保每一个会议生成合适的记录，记录员宜具备在被分析领域的技术知识和语言能力，以准确领会被关注的要点细节。可用的记录形式有多种，例如：

a. 只要满足清晰易读懂的基本要求，可在准备好的表格上进行手工记录，这种形式尤其适合小型项目的HAZOP。

b. 可以在HAZOP会议后，对手稿式的HAZOP记录进行文字的再处理，并生成质量良好的副本，供正式使用。

c. 可在HAZOP会议期间，使用装有标准字处理或电子表格处理软件的便携式电脑，生成工作表。

d. 可使用各种不同复杂程度的特定计算软件，协助记录HAZOP结果。借助投影仪，使用特定的软件显示分析记录，有助于节省分析成本。

② 记录方式　记录方式应在会议开始前确定并告知记录员，HAZOP的记录方式有全部记录和部分记录两种基本方式：全部记录包括每一个节点或要素的每一种引导词和要素/特性组合的分析结果，这种方法虽然繁琐，但是分析较完整和彻底，可以通过最严格的审核；而部分记录则仅仅记录被识别出的危险和可操作性问题及其相关的后续行动，部分记录的文档更容易管理，但是由于记录不完整，因此不利于审核，也容易导致今后重复同样分析，因而部分记录是最低要求，宜慎重选择。

选择报告格式考虑以下因素：

a. 法规的要求；

b. 各方约定义务；

c. 分析项目主体方规定；

d. 可追溯和可审核的需求；

e. 系统面临的风险等级；

f. 可用的时间和资源。

③ 分析的输出　HAZOP分析输出宜包括：

a. 被识别出的危险和可操作性问题的详细描述；

b. 如果必要，提出采用其他技术对相关部分进一步分析的建议；
　　c. 对分析中发现的不确定性问题宜采取的行动；
　　d. 根据团队对此系统的了解提出改进问题的建议（如果属于小组职责的范围）；
　　e. 需要备注在操作和维护规程中需注意的要点；
　　f. 列出每次会议的成员名单；
　　g. 列出所有分析的节点清单，以及没有被分析节点的理由；
　　h. 列出小组分析所有的图纸、说明书、数据表、报告等文件及版本号清单。
　　对于部分记录方式，这些输出一般会清楚简明地包含在 HAZOP 工作表里，而对于全部记录方式，要求的输出需要从整个分析工作表中提炼。
　　④ 报告要求　报告信息宜符合以下要求：
　　a. 每一个危险和可操作性问题都宜作为单项记录；
　　b. 无论系统中是否已有保护或报警，所有的危险和可操作性问题都宜和其发生的原因一起记录；
　　c. 分析团队提出的每一个需要在会后解决的问题及其负责答复人的名字都宜被记录；
　　d. 编号系统宜保证每一个危险、可操作性问题、提问建议等都有可识别的唯一编号；
　　e. 分析文档宜归档以保证其在需要时可检索且在危险日志（如果有）中被引用。
　　准确地说，得到最终文档的人员名单宜按所分析项目主体方内部规定或相关法规要求决定，但一般宜包括项目经理，分析组长和保证后续行动或建议落实的相关责任人。
　　⑤ 签署文档　分析报告在分析结束后宜产生并得到团队的一致通过。如果无法取得一致意见，宜注明理由。

（7）跟踪和责任

　　HAZOP 的目的不是重新设计一个系统。通常组长没有权利确保分析小组的建议得以实施。

　　在任何由 HAZOP 结果导致的重大更改被执行前，只要变更文档已形成，项目经理宜重新召集 HAZOP 团队开展工作以保证没有新的危险或可操作性或维修问题存在。

　　在如 9.1.4 小节"角色和责任"所述相关情况下，项目经理可授权 HAZOP 团队执行建议和设计变更，此时 HAZOP 团队可完成以下附加工作：
　　① 小组对关键问题及修改设计或完善相关操作和维护规程达成共识；
　　② 确认各项修改和变更，进一步和项目管理层交换意见以获得批准；
　　③ 组织进一步的包括系统界面在内的 HAZOP。
　　注：最终输出报告至少包括 HAZOP 报告、建议措施执行跟踪情况报告、后续的必要的 HAZOP 报告及相关支持文件。

9.1.5　审核

　　HAZOP 的程序及结果服从所分析项目主体方内部的或监管机构的审核。审核的准则和问题可在所分析项目主体方内部运作程序中进行规定，可能包括人员、程序、准备、文档及跟踪，也包括技术方面彻底的检查。

9.2 HAZOP 实例 1：石油库 HAZOP

某油库内设置储油罐，将外部通过长输管道输送而来的油品储存在储油罐内，并根据实际需求将储油罐内油品通过管道输送至加油场所。工艺流程简图见图 9.3。

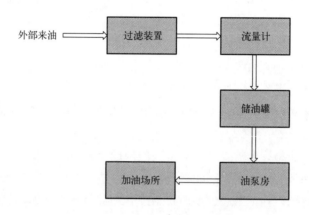

图 9.3 石油库工艺流程简图

9.2.1 罐区收油、储油、发油工艺 HAZOP 记录表

分析场景：某油库通过进油管道将油品输送至油库内储油罐区，然后再通过出油管道将储罐内油品送出至使用点。分析在此过程中可能出现的偏差、原因及后果，并提出对策措施。

工艺描述：场景中油库油品来自油库外埋地长输管道，油品进入库区后经过滤、添加防静电剂后，通过阀门进入油库进油总管，然后通过罐区储罐进油管道收入储油罐。储油罐的进油管道设置罐根阀、进料切断阀。储油罐内油品经出油管道送出油库，储油罐出油管道设置罐根阀和出料切断阀。油库设一条倒罐线，储油罐定期需要进行倒罐操作，倒罐线内油品经过油泵房后进入油库倒油总管。储罐倒油管道设置罐根阀和自动切断阀。

记录表部分示例详见表 9.7，表中 "N/A" 代表 "不适用" "不相关"，书中其他表格的 "N/A" 也是这样。

9.2.2 输油工艺 HAZOP 记录表

分析场景：某油库将库区储油罐内油品经过油泵房输送至加油现场。

工艺描述：储油罐内油品通过油库出油管道进入油泵房，油泵房内设置加油泵，出油管道内油品经加油泵、过滤分离器后出口管线进入发油管线，每台加油泵出口分别设置一台流量计。发油管线分为两支路去往加油现场加油管线。

记录表部分示例详见表 9.8。

表9.7 罐区收油、储油、发油工艺 HAZOP 记录表部分示例

项目名称	油库 HAZOP 过程示例
会议日期	××××年××月××日
参考图纸	P&ID-1
参与人员	成员 A、成员 B、成员 C、成员 D、成员 E、成员 F
设计意图	油库收油、储油、发油等。详见工艺描述
主要设备及技术参数	储油罐（立式内浮顶钢制罐底油罐）材质：Q345R 等

序号	参数	偏差	偏差描述	原因/关注	后果/伤害（人员、财产、商誉、环境）	现有对策措施
1	流量	流量过大	N/A			
2		流量过小或无流量	N/A			
3		逆流	进油总管逆流	输油外网压力突然降低	储油罐内油品可能通过进口管道逆流至总管或外网；可能导致10万元以下财产损失；企业内部关注；无明显环境影响	1. 上游管道出口设有止回阀；2. 设有紧急停车，控制室设有急停按钮，关闭罐根阀
4	压力	压力过高	储油罐压力过高	储油罐通气孔堵塞	通气孔堵塞，若一直收油，严重时发生火灾爆炸事故，1~2人死亡；可能导致1000万元以上直接经济损失；重大泄漏，给工作场所外带来严重影响；可能造成国际影响	1. 罐壁底部设有压力高报警；2. 每座储油罐顶设有通气根阀
5			油库总管压力过高	输油时下游管阀门故障未打开（人员误操作/相关控制逻辑失效）	总管管道超压，可能导致管道超压破裂，严重时发生火灾爆炸事故，1~2人死亡；可能导致1000万元以上直接经济损失；重大泄漏，给工作场所外带来严重影响；可能造成国际影响	1. 管道设计压力按照最苛刻设计条件选取；2. 每根管道设有安全阀；3. 罐区设有隔堤、防火堤
6		压力过低	储油罐压力过低	储油罐通气孔堵塞	通气孔堵塞，若一直发油，储油罐压力降低，可能导致储油罐抽瘪破裂；可能导致200万~1000万元直接经济损失；环境影响未超过界区	1. 罐壁底部设有压力低报警；2. 每座储油罐顶设有通气孔；3. 现场设有 ESD

第9章 危险与可操作性分析（HAZOP）

续表

序号	参数	偏差	偏差描述	原因关注	后果伤害（人员、财产、声誉、环境）	现有对策措施
7	温度	温度过高	储油罐温度过高	环境温度偏高	环境温度之间存在气相空间，可能导致浮盘与油面之间存在气相空间，可能导致浮盘事故，1~2人死亡；可能导致1000万元以上直接经济损失；可能造成国内影响；环境影响未超过界区	1. 浮盘选用抗沉式无油气空间的不锈钢浮盘；2. 储罐设有罐顶温度计远传，设高报警、高高报警；3. 储罐设密度仪远传显示；4. 人工确认储罐温度超过一定温度时，人工启动喷淋为储罐降温
8		温度过低	储油罐温度过低	N/A		
9			储油罐底排污水管线温度偏低	环境温度偏低	环境温度偏低可能导致罐底排污水管线结冰或冻裂，严重时可能导致储罐漏油，遇点火源可能导致火灾爆炸事故；可能导致1000万元以上直接经济损失；可能造成国内影响；环境影响未超过界区	1. 储油罐污油水排出管线设有坡度，每天排一次；2. 储油罐每周进行一次直排；3. 所在地不属于严寒地区；4. 储油罐内水分含量控制安全浓度范围内；5. 储油罐设有油水界面分析仪，可实现远传，并可实现自动切水功能
10	液位	液位过高	储油罐液位过高	人员操作失误，过度进料或倒罐错误	储油罐液位高，可能导致压力高，浮盘损坏或者油品溢漏，严重时可能导致火灾爆炸事故，1~2人死亡；可能导致1000万元以上直接经济损失；可能造成国际影响；重大泄漏，给工作场所外带严重影响	1. 储油罐设有液位高报警；2. 储油罐设有液位高高报警联锁关闭进料切断阀；3. 储油罐设有液位浮盘仪，就地显示、远传显示，控制室显示，远传室并报警；4. 储油罐设有液位之间差值大于设定值时，就地显示，远传显示，设高报警；5. 储油罐设有液位指示，就地显示，远传显示；6. 罐底部设有压力监测、防火堤；7. 罐壁区设有隔堤、防火堤；8. 储油罐切断阀设有人工远程手动操作功能；9. 现场和控制室设有人工远程设有ESD
11				控制回路故障，储油罐进料切断阀误开，进罐/倒罐错误	储油罐液位高，可能导致压力高，浮盘损坏或者油品溢漏，严重时可能导致火灾爆炸事故，1~2人死亡；可能导致1000万元以上直接经济损失；可能造成国际影响；重大泄漏，给工作场所外带严重影响	1. 储油罐设有液位高联锁高报警、远传显示并报警；2. 储油罐壁底部设有液位高就地显示、远高报警、储罐液位导平盘；3. 储油罐壁底部设有压力监测、远高报警，储罐液位导平盘；4. 储油罐之间差值大于设定值时，远传报警；5. 储油罐进料切断阀设人工手动操作功能；6. 现场和控制室设有自动切断罐功能；7. 底油罐设自动切罐功能，到达切罐液位时报警

续表

序号	参数	偏差	偏差描述	原因/关注	后果/伤害（人员、财产、声誉、环境）	现有对策措施
12	液位	液位过低	储油罐液位过低	控制回路故障，储油罐出料切断阀误开	过度出料可能导致储油罐液面之间气相空间过低、浮盘落底，浮盘与液面之间可能并通过浮盘呼吸口进入空气，达到爆炸极限，严重时可能导致火灾爆炸事故，1~2人死亡；可能导致1000万元以上直接经济损失；可能造成国内影响；重大泄漏，给工作场所外带来严重影响	1. 储油罐设液位低报警； 2. 储油罐设液位低低联锁切断罐根阀； 3. 储油罐设有液位就地显示、远传显示，设低报警； 4. 储油罐液位与浮盘位置小于设定值时报警； 5. 储罐出料切断阀设人工手动操作功能； 6. 现场和中控室设ESD
13				储油切断阀内漏或故障没有关闭，储罐联通，油品误进入其他储罐	过料可能导致储罐液位过低，液面之间气相空间过低、浮盘落底，浮盘与液面之间可能并通过浮盘呼吸极限，达到火灾爆炸事故，1~2人死亡；可能导致1000万元以上直接经济损失；可能造成国内影响；重大泄漏，给工作场所外带来严重影响	1. 储油罐设液位低报警； 2. 储油罐设液位低低报警； 3. 储油罐设液位低低联锁切断罐根阀； 4. 储油罐设有液位低低报警联锁关闭出料切断阀； 5. 储油罐设有液位就地显示、远传显示，设低报警； 6. 储油罐液位指示就地显示； 7. 储油罐液位与浮盘位置小于设定值人工手动操作功能； 8. 现场和中控室设ESD
14				人员误操作，过度输出油品	过度出料可能产生储油罐液面之间气相空间过低、浮盘落底，浮盘与液面之间可能并通过浮盘呼吸极限，达到爆炸极限，严重时可能导致火灾爆炸事故，1~2人死亡；可能导致1000万元以上直接经济损失；可能造成国内影响；重大泄漏，给工作场所外带来严重影响	1. 储油罐设液位低报警； 2. 储油罐设液位低低报警； 3. 储油罐设液位低低联锁切断罐根阀； 4. 储油罐设有液位低低报警联锁关闭出料切断阀； 5. 储油罐设有液位就地显示、远传显示，设低报警； 6. 储油罐液位指示就地显示； 7. 储罐出料切断阀与浮盘位置小于设定值人工手动操作功能； 8. 现场和中控室设ESD
15		液位无	储油罐液位无	N/A		
16	伴随	静电	静电	管道接地断开或接地不良，法兰跨接/法兰跨接断开	静电积累，严重时可致1~2人死亡；可能导致1000万元以上直接经济损失；可能导致静电火灾爆炸，可能造成国内影响；重大泄漏，给工作场所外带来严重影响	1. 添加抗静电添加剂； 2. 管道每隔一定距离设一处静电跨接； 3. 法兰按要求设施进行静电跨接； 4. 罐区设备设施设有接地； 5. 选择合适流速； 6. 设有人体静电释放装置； 7. 人员穿着防静电服/鞋，半年进行一次防雷防静电检测，定期隐患排查

续表

序号	参数	偏差	偏差描述	原因关注	后果/伤害（人员、财产、声誉、环境）	现有对策描述
17	组分	杂质	水分	油品来源品质不合格（外网来油含水量多）	影响油品质量	1. 储油罐采用锥底罐，便于水分收集； 2. 每座储油罐设有油水面分析仪，远传显示，并可实现自动切水功能； 3. 储油罐设有浮动出油装置与出油口相接，保持上层洁净油品发送； 4. 设有过滤器，过滤水分
18	腐蚀/泄漏	管道/储罐腐蚀	土壤腐蚀	土壤中水分、电解质等对埋地输油管道的电化学腐蚀/储罐基础对罐底的电化学腐蚀	腐蚀失损不易发现，造成经济损失和环境污染，可能导致 50~200 万元的直接经济损失，企业内部关注，环境影响未超过界区	1. 已考虑腐蚀工况； 2. 埋地管道和储罐设强制电流阴极保护系统； 3. 输送管道和储罐设内涂防腐层； 4. 管道和储罐设测漏电缆； 5. 储罐基础设检漏花管； 6. 储罐基础设泄水管
19			电流干扰腐蚀	埋地输油管道/储罐基础杂散电流的干扰腐蚀	腐蚀失损不易发现，造成经济损失和环境污染，可能导致 50~200 万元的直接经济损失，企业内部关注，环境影响未超过界区	1. 已考虑腐蚀工况； 2. 埋地管道和储罐设强制电流阴极保护系统； 3. 输送管道和储罐设内涂防腐层； 4. 管道和储罐设测漏电缆； 5. 储罐基础设检漏花管； 6. 储罐基础设泄水管
20		泄漏		介质对管道/储罐的微弱腐蚀性	腐蚀管道漏损不易发现，无明显安全影响，可能导致 50~200 万元的直接经济损失，企业内部关注，环境影响未超过界区	1. 碳钢材质输送管道、储罐内涂防腐层； 2. 其他管道采用不锈钢管道
21			介质腐蚀	介质在输送过程中对管道的冲刷性	腐蚀管道漏损不易发现，无明显安全影响，可能导致 50~200 万元的直接经济损失，企业内部关注，环境影响未超过界区	1. 碳钢材质输送管道、储罐内涂防腐层； 2. 其他管道采用不锈钢管道

续表

序号	参数	偏差	偏差描述	原因/关注	后果/伤害（人员、财产、声誉、环境）	现有对策措施
22		腐蚀/泄漏	管道、法兰泄漏	金属应力腐蚀/法兰垫片塔胀性/紧固件松动/金属软管泄漏/地基不均匀沉降引起管口应力拉断	管道物料泄漏，严重时遇点火源可能导致火灾事故，造成1~2人轻伤；可能导致10万~50万元直接经济损失；本地区内声誉影响	1. 现场和控制室设ESD；2. 定期检查法兰垫片和紧固件情况；3. 更换垫片和紧固件后进行管道泄漏检测试验；4. 储罐液位每1h巡检一次；5. 罐区设可燃气体探测器，远传报警；6. 罐区设隔堤、防火堤；7. 环境影响未超过界区
23		泄漏	储罐泄漏	金属疲劳或腐蚀/地基沉降不均匀引起应力拉断	储油罐泄漏，可能导致油品大量泄漏，严重时可能导致火灾爆炸事故，1~2人死亡；可能导致1000万元以上直接经济损失；重大泄漏，给工作场所外带来严重影响	1. 储油罐基础为CFG桩基础，达到持力层；2. 储油罐底设测漏电缆检测，远传报警；3. 储油罐设沉降观测点，目均匀布置，及时发现地基沉降变化；4. 罐区设隔堤、防火堤；5. 储罐和管道连接处设补强圈
24			储罐底部放沉管线不流出底液	放沉总管形成真空	影响作业时间	放沉总管设有呼吸阀
25		其他异常	异常火灾	雷电	雷电可能导致储罐发生火灾，严重时，导致爆炸事故，1~2人死亡；可能导致1000万元以上直接经济损失；环境影响未超过界区	1. 储罐设防雷接地设施；2. 储罐与接地网的连接不少于4处，接地电阻不大于10Ω；3. 现场和控制室设ESD；4. 罐区火警自动联锁储罐泡沫灭火系统启动和储罐冷却水喷淋设施启动；5. 设雷电预警系统
26	公用工程	公用工程故障	断电	断电	若突然断电，参与ESD联锁的阀门失去动力源，在事故工况下，无法执行紧急动作，严重时可能导致火灾爆炸事故，1~2人死亡；可能造成1000万元内影响；环境影响未超过界区	1. 油库为双电源供电；2. 油库设UPS；3. 储油罐的罐根为电液动阀，当失电时，此阀门为关闭状态，防止储油罐过度充装或出料路设有人工操作阀，可使主阀开启或关闭；4. 储油罐出油口的自动切断阀失电后，阀门为关闭状态，防止油品过量充装或出料

表9.8 输油工艺HAZOP记录表部分示例

项目名称	油库HAZOP过程示例
会议日期	××××年××月××日
参考图纸	P&ID-2
参与人员	成员A、成员B、成员C、成员D、成员E、成员F
设计意图	储油罐内油品通过输油总管进入油泵房,经加油泵向管线输油进行加油。详见工艺描述
主要设备及技术参数	加油泵(卧式离心泵),加油泵出口设过滤分离器

序号	参数	偏差	偏差描述	原因/关注	后果(人员、财产、声誉、环境)	现有对策措施
1	流量	流量过大	加油泵出口管道流量过大	加油泵后输油管道出现漏点(绝缘接头损坏/法兰等不紧固/管道漏损)	加油泵后输油管道出现漏点,可能导致加油泵出口管道流量过大,可能导致泵损坏泄漏,严重时发生火灾爆炸事故,1~2人轻伤;可能导致200万~1000万元直接经济损失;本地区内声誉影响;环境影响未超过界区	1. 油泵设温度高报警; 2. 油泵持续运行时间设上限; 3. 油泵设泄漏报警; 4. 油泵设振动异常报警; 5. 油泵房设备投入; 6. 油泵房设有ESD; 7. 油泵设远程人工操作功能; 8. 埋地管道设测漏电缆
2		流量过小/无流量	加油泵出口管道流量过小	加油泵前管道过滤器堵塞	加油泵后过滤分离器堵塞,加油泵出口流量过小,加油泵会空转损坏;加延误加油时间,可能导致200万~1000万元直接经济损失;企业内部关注;无环境影响	1. 加油泵设流量计就地显示、远传显示; 2. 加油泵出口压力远传显示; 3. 加油泵入口压力远传显示; 4. 过滤器前管道设有压力表、远传显示; 5. 泵后管道流量设远传报警(无流量)
3			加油泵出口管道流量过小/无流量	加油泵后过滤分离器堵塞	加油泵后过滤分离器堵塞,加油泵出口流量过小,加油泵会空转损坏;加延误加油时间,可能导致200万~1000万元直接经济损失;企业内部关注;无环境影响	1. 加油泵设流量计就地显示、远传显示; 2. 加油泵出口压力远传显示; 3. 加油泵入口压力远传显示; 4. 过滤器前管道设有压力表、远传显示; 5. 加油泵后管道流量设远传报警(无流量)

续表

序号	参数	偏差	偏差描述	原因/关注	后果（人员、财产、声誉、环境）	现有对策措施
4	流量	流量过小/无流量	加油泵出口管道流量过小/无流量	加油泵进出口阀门（包括储罐出口）故障卡涩	加油泵出口阀门堵塞，管道流量过小，加油泵可能空转损坏；可能导致200万~1000万元直接经济损失；企业内部关注；无环境影响	1. 加油泵设流量计就地显示，远传显示； 2. 加油泵出口压力远传显示； 3. 过滤器前后管道设压差高报警； 4. 过滤器设有安全阀
5				泵故障效率低	加油泵故障效率低，加油泵出口管道流量过小，加油泵出口管道压力低；可能导致200万~1000万元直接经济损失；企业内部关注；无环境影响	1. 加油泵设流量计就地显示，远传显示； 2. 加油泵出口压力远传显示； 3. 加油泵设电流变频器，远传显示，可远程控制
6		逆流	加油泵出口支路逆流	加油时总管网油品分流至其他泵出口管道	加油泵出口支路逆流，可能导致流量计/泵损坏	1. 加油泵出口及管道流量计后设有止回阀； 2. 止回阀后切断阀门选用零泄漏阀门
7			加油泵入口压力过高	加油泵入口压力表故障显示失真	无明显安全影响	加油泵出口设有就地压力表校对
8	压力	压力过高		加油泵出口阀门故障卡涩或误关闭	加油泵出口阀门故障卡涩或误关闭，管道压力高，可能导致管道超压爆炸事故，可能导致泵出口管道破裂，油品泄漏，1~2人轻伤；可能导致10万元以下直接经济损失；企业内部关注；环境影响未超界区	1. 加油泵出口设压力远传显示； 2. 油泵房设可燃气体探测器，远传显示报警； 3. 油泵房设可燃气体探测器设高高联锁启动事故排风机； 4. 加油泵设有ESD，紧急停泵； 5. 加油泵后管道流量设远传报警（无流量）； 6. 油泵房设泄压设施
9			加油泵出口压力过高	过滤分离器堵塞或气阻	过滤分离器堵塞或气阻，可能导致管道超压爆炸事故，可能导致火灾爆炸事故，1~2人轻伤；可能导致10万元以下直接经济损失；企业内部关注；环境影响未超过界区	1. 每台加油泵出口设有压力远传显示； 2. 油泵房设可燃气体探测器，远传显示报警； 3. 油泵房设可燃气体探测器设高高联锁启动事故排风机； 4. 加油泵设有ESD，紧急停泵； 5. 加油泵后管道流量设远传报警（无流量）； 6. 过滤分离器设有压差高报警； 7. 油泵房设泄压设施

续表

序号	参数	偏差	偏差描述	原因/关注	后果（人员、财产、声誉、环境）	现有对策措施
10	压力	压力过高	过滤分离器压差过高	过滤分离器堵塞或气阻	过滤分离器堵塞或气阻，可能导致加油泵出口管道超压破裂，油品泄漏，严重时可能导致火灾，1~2人轻伤； 可能导致10万元以下直接经济损失； 企业内部关注； 环境影响未超过界区	1. 过滤分离器设压差高报警； 2. 过滤分离器设安全阀
11		压力过低	加油泵入口压力过低	加油泵入口过滤器堵塞	加油泵入口过滤器堵塞，加油泵可能空转，泵腔温度升高，加油泵入口管道压力低，加油泵入口管道可能导致损坏； 可能导致200万~1000万直接经济损失； 企业内部关注； 无环境影响	1. 加油泵入口设有压力表，远传显示； 2. 加油泵设温度高报警； 3. 油泵设振动异常报警； 4. 定期更换过滤器滤芯
12				泵故障效率低	加油泵故障效率低，加油泵出口管道压力低； 可能导致200万~1000万直接经济损失； 企业内部关注； 无环境影响	1. 加油泵设流量计就地显示，远传显示； 2. 加油泵出口压力远传显示； 3. 加油泵设电流显示； 4. 加油泵设变频器显示，可远程控制
13	温度	温度过高	加油泵腔温度过高	加油泵腔摩擦空转发热（人员操作失误，持续加油）	加油泵腔转摩擦发热，当泵腔内气相达到爆炸极限时或温度达到油品自燃点时，加油泵内可能导致火灾爆炸事故，泵损坏，严重时可能导致200万~1000万直接经济损失，可能导致1~2人伤亡； 可能造成国内影响； 环境影响未超过界区	1. 油泵上设有温度高高报警； 2. 油泵上设有振动异常报警； 3. 泵房设有ESD； 4. 每台泵运行时间上限设定为2h； 5. 加油泵设有电流指示，在PLC远传显示； 6. 加油泵设有变频器，可远程控制； 7. 上游储设有低液位报警，低低液位联锁
14		温度过低	N/A			
15	液位		N/A			

9.3 HAZOP 实例 2：工业气体企业空气分离工艺 HAZOP

某工业气体生产企业采用低温法空气分离技术，以空气为原料，制取氧、氮、氩等空气分离产品。低温法空气分离系统包括精馏塔、换热器、吸附器、低温液体泵等设备，并包括系统中的各类阀门、仪表等。低温法空气分离工艺流程见图 9.4。

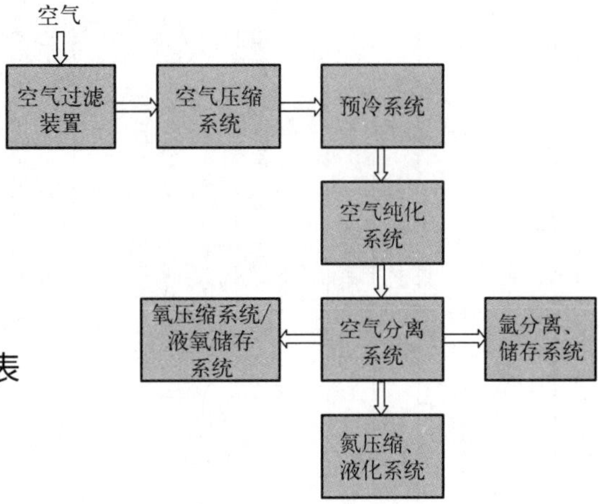

9.3.1 空分系统-精馏工艺 HAZOP 记录表

分析场景：洁净的空气进入低温区被冷却到 $-180 \sim -196℃$，空气由气体变成液体，利用低沸点组分先挥发的原理在精馏塔内使气、液充分接触，将空气分离成氧、氮产品。

图 9.4 低温法空气分离工艺流程简图

精馏塔一般包括上塔、下塔和纯氮塔等部分。

工艺描述：洁净的空气先在低压换热器中与从上塔出来的产品气进行对流换热，使其冷却到接近液化温度，然后进入下塔底部进行分离。下塔的上升气流通过与回流液体进行热、质传递，含氮量逐渐增加。所需的回流液来自下塔顶部的冷凝蒸发器。在此，上塔底部的液氧得到蒸发，下塔顶部的氮气得到冷凝。

下塔从上到下产生：纯液氮、中压氮气、含一定浓度氧的液化空气（富氧液空）。

富氧液空在过冷器中被过冷后，一部分送入上塔参与精馏。纯液氮在过冷器中过冷后一部分送入纯氮塔作回流液。过冷器的冷源为来自纯氮塔的纯氮气和来自上塔顶部的污氮气。

在上塔中，底部产生液氧，顶部产生污氮，在纯氮塔顶部得到高纯低压氮气。

液氧从上塔底部抽出，在液氧泵中被压缩一定压力，在过冷器中被过冷后，产品液氧从冷箱输出到液氧储槽。

记录表部分示例详见表 9.9。

9.3.2 空分系统-氧压缩及输送工艺 HAZOP 记录表

分析场景：空气经深冷技术分离出来的氧气经过缓冲、压缩、换热后输送至氧气管道。

工艺描述：低温法空气分离系统送来的氧气经过缓冲罐、氧压机滤清器进入氧气压缩机。先经一级吸气缓冲器进入一级气缸压缩，压缩后的气体经一级排气缓冲器进入一级换热器进行换热，再经二级吸气缓冲器，进入二级气缸压缩，压缩后的气体经二级排放缓冲器，进入二级换热器进行换热送至管道。

记录表部分示例详见表 9.10。

表 9.9 空分系统-精馏工艺 HAZOP 记录表部分示例

项目名称	空气分离 HAZOP 过程实例
会议日期	××××年××月××日
参考图纸	P&ID-1
参与人员	成员 A、成员 B、成员 C、成员 D、成员 E、成员 F
设计意图	空气精馏,分离产生氧、氮。详见工艺描述
主要设备及技术参数	中压塔、纯氮塔、冷凝蒸发器等

序号	参数	偏差	偏差描述	原因关注	后果	现有对策措施
1	流量	流量过高	中压塔上部氮气采出流量过大	控制回路故障,调节阀门开度过大	可能导致中压氮气纯氧含量高,影响产品品质;可能导致10万~50万元直接经济损失,企业内部关注;事件影响未超过界区	1. 中压塔上部设氮气含氧量在线监测,设高报警; 2. 中压塔底部设液位低报警
2		流量过低/无流量	中压塔上部液氮采出流量过低/无流量	控制回路故障,调节阀开度过小/关闭	中压塔压升高,严重时导致中压塔超压破裂,氮气泄漏,人员窒息,严重时可能导致1~2人死亡;可能导致10万~50万元直接经济损失;国内影响;事件不会受到管理部门的通报	1. 中压塔上部设压力远传,设高报警; 2. 纯氮塔出口氮气管道设氧气含量在线监测,设氧气含量高报警; 3. 中压塔入口管设安全阀
3			中压塔塔压过高	控制回路故障,调节阀开度过小/关闭	中压塔出口中压氮气采出量小,中压塔压升高,严重时导致中压塔超压破裂,氮气泄漏,人员窒息,严重时可能导致1~2人死亡;可能导致10万~50万元直接经济损失;国内影响;事件不会受到管理部门的通报	1. 中压塔上部设压力远传,设高报警; 2. 纯氮塔出口氮气管道设氧气含量在线监测,设氧气含量高报警; 3. 中压塔入口管设安全阀
4	压力	压力过高	主冷凝蒸发器压力过高	控制回路故障,调节阀开度过小/关闭	主冷凝蒸发器压力升高,系统压力升高,严重时导致主冷凝蒸发器超压破裂,液氧泄漏,人员低温冻伤,1~2人死亡;可能导致10万~50万元直接经济损失;国内影响;事件不会受到管理部门的通报	1. 纯氮塔出口低压高纯氮管道设安全阀; 2. 污氮塔出口管道设压力控制,调节; 3. 纯氮塔出口低压高纯氮管道设压力高报警及联锁; 4. 纯氮塔出口低压高纯氮管道设压力控制

续表

序号	参数	偏差	偏差描述	原因/关注	后果	现有对策措施
5	压力	压力过高	纯氮塔压力过高	控制回路故障，调节阀开度过小/关闭	纯氮塔压力高，严重时导致纯氮塔超压破裂，氮气泄漏，人员窒息，严重时可能导致1~2人死亡；可能导致10万~50万元直接经济损失；国内影响；事件不会受到管理部门的通报	1. 纯氮塔出口低压高纯氮气管道设安全阀； 2. 纯氮塔出口低压高纯氮气管道设压力控制报警及联锁； 3. 纯氮塔出口低压高纯氮气管道设压力高报警，设压力高设压力高控制
6		压力过低	液氧泵出口压力过低	液氧泵密封失效	可能导致液氧泵抱轴损坏，液氧泄漏，严重时可能导致人员低温冻伤，1~2人轻伤；可能导致10万~50万元直接经济损失；企业内部关注；事件影响未超过界区	1. 液氧泵密封气设有压差远传显示，设压差低报警； 2. 液氧泵密封气设压差低联锁停泵； 3. 液氧泵轴附近设温度远传，设温度低报警； 4. 液氧泵轴附近设温度低联锁停泵； 5. 液氧泵电机设温度远传，设温度低联锁； 6. 液氧泵基础设有温度低报警； 7. 液氧泵基础设温度低联锁； 8. 液氧泵基础设温度低联锁
7	温度	温度过高	N/A			
8			主换热器污氮气出口温度过低	正常运行中的异常工况下，切断阀未关闭	主换热器出口污氮气温度低，导致管道冷脆破裂，氮气泄漏，人员窒息，严重时可能导致1~2人死亡；可能导致10万~50万元直接经济损失；国内影响；事件不会受到管理部门的通报	1. 主换热器污氮气管道设温度远传，设温度低报警； 2. 主换热器污氮气管道设温度低联锁全厂停车
9		温度过低	主换热器出口氧气温度过低	主冷凝蒸发器液位过高	出主换热器氧气温度低，导致其管道发生冷脆破裂，导致其管道冻坏，1~2人轻伤；可能导致10万~50万元直接经济损失；企业内部关注；事件影响未超过界区	1. 主换热器出口氧气管道设温度远传，设温度低报警； 2. 主换热器出口氧气管道设温度低联锁全厂停车； 3. 主换热器出口氧气管道材质为不锈钢
10				正常工况下，氧气阀门未关闭	出主换热器氧气温度低，导致其管道发生冷脆破裂，导致其管道冻坏，1~2人轻伤；可能导致10万~50万元直接经济损失；企业内部关注；事件影响未超过界区	1. 主换热器出口氧气管道设温度远传，设温度低报警； 2. 主换热器出口氧气管道设温度低联锁全厂停车； 3. 主换热器出口氧气管道材质为不锈钢

续表

序号	参数	偏差	偏差描述	原因关注	后果	现有对策措施
11	温度	温度过低	主换热器出口氮气管道温度过低	中压塔液位过高	出主换热器氮气温度低，导致其管道发生冷脆，管道破裂，氮气泄漏，人员冻伤、窒息，严重时可能导致1~2人死亡；可能导致10万~50万元直接经济损失；国内影响；事件不会受到管理部门的通报	1. 主换热器出口氮气管道设温度远传，设温度低低联锁报警； 2. 主换热器出口氮气管道设温度低低联锁全厂停车
12			主换热器出口氮气管道温度过低	正常运行中的异常工况下，氮气热端出口阀门未关闭	出主换热器氮气温度低，导致其管道发生冷脆，管道破裂，氮气泄漏，人员冻伤、窒息，严重时可能导致1~2人死亡；可能导致10万~50万元直接经济损失；国内影响；事件不会受到管理部门的通报	1. 主换热器出口氮气管道设温度远传，设温度低低联锁报警； 2. 主换热器出口氮气管道设温度低低联锁全厂停车
13	液位	液位过高	中压塔液位过高	控制回路故障，调节阀开度过小/关闭	中冷凝蒸发器液位过高，温度低，可能导致主换热器氮气入口温度低，破坏塔平衡，严重时可能导致其管道发生冷脆，管道破裂，氮气泄漏，人员冻伤、窒息，严重时可能导致1~2人死亡；可能导致10万~50万元直接经济损失；国内影响；事件不会受到管理部门的通报	1. 主冷凝蒸发器设液位远传，设液位高报警； 2. 主冷凝蒸发器设液位高联锁报警； 3. 主冷凝蒸发器设温度远传，设温度低低报警； 4. 主冷凝蒸发器设液位低低联锁全厂停车
14			主冷凝蒸发器液位过高	控制回路故障，调节阀开度过小/关闭	主冷凝蒸发器液位过高，可能导致气上部气相带夹温低冷脆，管道出口管道冻脆，管道破裂，严重时可能导致主冷凝蒸发器人员冻伤、窒息；可能导致10万~50万元直接经济损失；企业内部关注；事件影响未超过界区	1. 主冷凝蒸发器氧气出口管道设温度远传，设温度低低联锁报警； 2. 主冷凝蒸发器氧气出口管道设温度低低联锁全厂停车； 3. 主冷凝蒸发器设液位远传，设液位高联锁报警； 4. 主冷凝蒸发器氧气出口管道流量远传； 5. 过冷器液位远传
15		液位过低或无液位	中压塔液位过低	控制回路故障，调节阀开度过大	影响低压塔精馏效果，可能导致液位过高；可能导致10万元以下直接经济损失；企业内部关注；事件影响未超过界区	1. 主冷凝蒸发器设液位高报控制； 2. 主冷凝蒸发器设液位控制； 3. 主冷凝蒸发器设液位报警； 4. 主冷凝蒸发器设液位高联锁报警； 5. 主冷凝蒸发器设液位低联锁全厂停车

续表

序号	参数	偏差	偏差描述	原因关注	后果	现有对策措施
16	液位	液位过低或无液位	主冷凝蒸发器液位过低	控制回路故障，调节阀开度过大	主冷凝蒸发器液位过低，压力低，蒸发器列管外壁沉积碳氢化合物，爆炸导致主冷凝蒸发器爆炸，可能导致200万~1000万直接经济损失，暴露在液面之外的碳氢化合物，容易着火爆炸导致1~2人死亡；国内不会影响；事件不会受到管理部门的通报	1. 主冷凝蒸发器设液位远传，设有液位低报警； 2. 主冷凝蒸发器设液位低低联锁全厂停车； 3. 主冷凝蒸发器设碳氢化合物含量在线监测，设高报警； 4. 主冷凝蒸发器设碳氢化合物含量在线监测，设高高报警
17			主冷凝蒸发器液位过低	控制回路故障，排污阀误开	液氧排污，主冷凝蒸发器列管外壁沉积碳氢化合物，压力低，液面之外的蒸发器外壁沉积碳氢化合物，暴露静电时，容易着火爆炸导致主冷凝蒸发器爆炸，可能导致1~2人死亡；可能导致200万~1000万直接经济损失；国内不会影响；事件不会受到管理部门的通报	1. 主冷凝蒸发器设液位远传，设液位低低报警； 2. 主冷凝蒸发器设液位低低联锁全厂停车； 3. 主冷凝蒸发器设碳氢化合物含量在线监测，设高报警； 4. 主冷凝蒸发器设碳氢化合物含量在线监测设高高报警
18		碳氢化合物含量超标	主冷凝蒸发器中碳氢化合物含量超标	主冷凝蒸发器长期液位低/液氧产出量少/大气中碳氢化合物超标	主冷凝蒸发器内碳氢化合物含量超标，可能导致爆炸事故，严重时，可能导致1~2人死亡；可能导致200万~1000万直接经济损失；国内不会影响；事件不会受到管理部门的通报	1. 主冷凝蒸发器内设碳氢化合物监测，设高高报警； 2. 主冷凝蒸发器内设碳氢化合物含量高报警； 3. 每月分析空气中碳氢化合物含量
19	组分/杂质	空气中杂质（CO_2和水分）含量超标	空气纯化器出口空气中CO_2和水分含量超标	大气环境中CO_2和水分含量过高，超出氧化铝和分子筛的吸附能力/未再生好的吸附器投入运行	空气中杂质（CO_2和水分），含量高的空气进入精馏系统，冻堵，含水和二氧化碳导致主冷凝蒸发器，碳氢化合物积聚，可能导致火灾爆炸事故，严重时，可能导致1~2人死亡；可能导致200万~1000万直接经济损失；国内不会影响；事件不会受到管理部门的通报	1. 主冷凝蒸发器出口CO_2含量在线监测，设高报警； 2. 空气纯化器出口管道设有CO_2含量高高联锁全厂停车； 3. 按顺控程序再生

续表

序号	参数	偏差	偏差描述	原因/关注	后果	现有对策措施
20	异常	泄漏	主冷凝蒸发器内漏	应力及腐蚀老化	主冷凝蒸发器内漏，氮进入主冷凝蒸发器，影响产品氧质量；可能导致10万~50万元直接经济损失；企业内部关注；事件影响未超过界区	1. 主冷凝蒸发器设氧纯度在线监测，设氧纯度低报警；2. 主冷凝蒸发器设氧纯度低低联锁
21			空分塔焊缝有泄漏	应力及腐蚀老化	被发现时，低温的液态产品泄漏长时间没有被及时处理，导致低温液态产品在夹层聚集，发时使空分塔外壳被撑裂，气体夹带珠光砂大量喷出，进而使空分塔倾覆，空分塔液体着火爆炸，事故波及液氧储罐，导致液氧储罐发生着火爆炸，事故波及面等导致至少发生3人以上死亡；可能导致1000万元以上直接经济损失；国内影响；事件不会受到管理部门的通报	1. 空分塔本体材质选用不锈钢，夹层填充珠光砂＋低压氮气密封措施；2. 定期检查冷箱内密封气含量，及时处置；3. 定时巡检，当空分塔外层结箱；4. 空分塔夹层顶部设重力盘，定期维护夹层超压；当夹层超压时，重力盘冲开，以保护夹层超压；5. 空分塔底部设温度检测点，实现就地显示和远传显示，设低报警
22		腐蚀			已考虑	
23		维护/隔离			已考虑	
24	运行	吹扫/放空			已考虑	
25		排净			已考虑	

表 9.10 空分系统-氧压缩及输送工艺 HAZOP 记录表部分示例

项目名称	空气分离 HAZOP 过程实例
会议日期	××××年××月××日
参考图纸	P&ID-2
参与人员	成员 A、成员 B、成员 C、成员 D、成员 E、成员 F
设计意图	氧气压缩机及输送
主要设备及技术参数	氧气压缩机吸入缓冲器，氧气增压压缩机一段/二段，氧气压缩机一段/二段，氧气压缩机一级中冷器，氧气压缩机二段后冷却器以及其所属管道

序号	参数	偏差	偏差描述	原因/关注	后果（人员、财产、声誉、环境）	现有措施
1	流量	流量过高	N/A			
2		流量过低/无流量	N/A			
3		逆流/错误流向	N/A			
4	压力	压力过高	N/A			
5		压力过低	N/A			
6	温度	温度过高	氧压机一级入口氧气温度过高	上来游氧气温度高	可能导致氧压机一级故障损坏；可能导致10万~50万元直接经济损失；企业内部关注；事件影响未超过界区	1. 氧压机入口氧气管道设有温度远传，设温度高高报警； 2. 氧压机入口氧气管道设温度高高联锁停压缩机； 3. 氧压机出口氧气管道设温度远传，设温度高报警； 4. 氧压机出口氧气管道设温度高联锁
7		温度过高	氧压机二级入口氧气管道温度过高	循环冷却水泵故障中断	可能导致氧压机二级故障损坏；可能导致10万~50万元直接经济损失；企业内部关注；事件影响未超过界区	1. 氧压机二级出口管道设温度远传，设温度高高报警； 2. 氧压机二级出口氧气管道设温度高高联锁停压缩机； 3. 氧气增压压缩机二段出口氧气管道设温度远传，设温度高报警； 4. 氧气增压压缩机二段出口氧气管道设温度高联锁停压缩机
8		温度过低	N/A			

续表

序号	参数	偏差	偏差描述	原因/关注	后果（人员、财产、声誉、环境）	现有措施
9	液位	液位过高	N/A			
10		液位过低或无液位	N/A			
11	组分	杂质	N/A			
12	异常	泄漏	氧气输送管网泄漏	应力及腐蚀老化/外力破坏	氧气泄漏，严重时遇点火源，可能引发周边可燃物火灾，可能造成现场1~2人死亡；可能导致10万~50万元直接经济损失；国内影响；事件不会受到管理部门的通报	1. 氧气输送管道设防腐措施； 2. 设强制电流阴极保护系统，定期管路巡检； 3. 去用户氧气输送管道设流量高报警； 4. 管道埋地敷设

9.4 HAZOP 实例 3：化工企业 HAZOP

某化工企业涉及甲醇装置，甲醇装置是利用焦化副产物的焦炉煤气为原料，采用干法脱硫，在一定压力下进行催化氧化制取甲醇合成气，采用管壳式甲醇合成塔在一定压力、温度工况下低压合成粗甲醇。粗甲醇经过精馏，得到精甲醇。工艺流程见图 9.5。

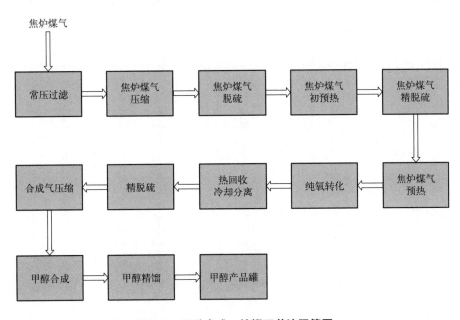

图 9.5　甲醇合成、精馏工艺流程简图

9.4.1　甲醇合成工艺 HAZOP 记录表

分析场景：来自上段工序的甲醇合成气经过催化反应生成粗甲醇。

工艺描述：来自合成气压缩工序的合成气，进入气气换热器的壳程，与来自合成塔反应后的出塔气换热到一定温度（视工艺负荷而定），进入合成塔顶部，在催化剂的作用下，CO、CO_2 与 H_2 反应生成甲醇和水，同时还有少量的其他有机杂质生成，包括甲醇合成塔、甲醇分离器、蒸发式冷却器、汽水分离器、闪蒸槽、洗醇塔及其附属设备管线。

记录表部分示例详见表 9.11。

表 9.11 甲醇合成工艺 HAZOP 记录表部分示例

项目名称	甲醇工艺 HAZOP 过程示例
会议日期	××××年××月××日
参考图纸	P&ID-1
参与人员	成员 A, 成员 B, 成员 C, 成员 D, 成员 E, 成员 F
设计意图	甲醇合成：来自合成气压缩工序的合成气，在催化剂作用下生成甲醇和水。详见节点描述
主要设备及技术参数	甲醇分离器、合成气压缩机、换热器、合成塔等

序号	参数	偏差	偏差描述	原因/关注	后果/伤害（人员、财产、声誉、环境）	现有对策措施
1	流量	流量过高	甲醇分离器驰放气流量过高	人员误操作，开大阀门	驰放气排至火炬燃烧，物料损失	甲醇分离器驰放气设压力高报警
2		过低或无流量			进入合成气压缩机的气体量减小，机发生喘振，振动大，转子等部件损坏	1. 合成气压缩机设防喘振阀门； 2. 合成气压缩机设振动高联锁停机； 3. 合成气压缩机设轴位移联锁停机
3			磷酸盐泵出口流量过低或无流量	磷酸盐泵故障停机	汽水分离器加药量少，蒸汽品质差，用户易结垢	定期对汽水分离器的水质取样分析，每班一次
4				人员误操作，调小磷酸盐泵的行程	汽水分离器加药量少，蒸汽品质差，用户易结垢	定期对汽水分离器的水质取样分析，每班一次
5			甲醇分离器驰放气流量过低或无流量	人员误操作，关小	甲醇合成塔槽液性气体含量上升，温度下降，影响产品收率	甲醇分离器驰放气设压力低报警
6			稀醇水泵出口流量过低或无流量	稀醇水泵故障停机	洗醇塔无洗涤效果，驰放气中合甲醇，吸附剂吸附能力下降，可能导致下游的合成氨装置催化剂中毒	稀醇水槽设液位高报警
7		逆流或误流向	N/A			
8		流量伴随	N/A			

续表

序号	参数	偏差	偏差描述	原因/关注	后果/伤害（人员、财产、声誉、环境）	现有对策措施
9	压力	压力过高	汽水分离器压力过高		汽水分离器超压，薄弱部位泄漏，蒸汽泄漏到环境中，人员烫伤，人员伤亡	汽水分离器设双安全阀、汽水分离器设压力高报警
10					汽水分离器压力上升，蒸汽饱和温度上升，导致甲醇合成塔温度上升，催化剂活性下降，烧结损坏	甲醇合成塔设温度高高报警
11				控制回路故障，开度过小	汽水分离器超压，薄弱部位泄漏，蒸汽泄漏到环境中，人员烫伤，人员伤亡	1. 汽水分离器设双安全阀； 2. 汽水分离器设压力高报警
12					汽水分离器压力上升，蒸汽饱和温度上升，导致甲醇合成塔温度上升，催化剂活性下降，烧结损坏	甲醇合成塔设温度高高报警
13			闪蒸槽压力过高		闪蒸槽超压，薄弱部位泄漏，粗甲醇泄漏到环境，遇点火源发生着火爆炸，人员伤亡	1. 闪蒸槽设安全阀； 2. 闪蒸槽设压力高高报警
14			洗醇塔压力过高		下游无驰放气，可能放空，无明显安全后果	洗醇塔设压力低报警
15		压力过低	汽水分离器压力过低		由于下游管网设有减温减压装置，无明显安全后果	汽水分离器设压力低报警
16			闪蒸槽压力过低	控制回路故障，开度过大	粗甲醇无法送至精馏系统，导下游生产中断	闪蒸槽设流量高报警
17			洗醇塔压力过低		洗醇塔压力下降，驰放气携带甲醇多，吸附剂吸附能力下降，可能导致下游的合成氨装置催化剂中毒，下游存在超压的可能	1. 洗醇塔设流量高报警； 2. 洗醇塔驰放气管线设压力高报警
18	温度	温度过高	甲醇合成塔温度过高	焦炉煤气中的氢气、一氧化碳和二氧化碳含量过高	甲醇合成塔反应剧烈，超温，催化剂活性下降，烧结损坏	汽水分离器设压力自控调节
19			蒸发式冷却器出口温度过高	控制回路故障，调小风机的变频	甲醇循环带液进入合成气压缩机三段，合成气压缩机三段发生液击，转子等部件损坏	1. 合成气压缩机设振动高联锁停机； 2. 合成气压缩机设轴位移联锁停机； 3. 进入合成气压缩机三段设温度高报警

第9章 危险与可操作性分析（HAZOP）

续表

序号	参数	偏差	偏差描述	原因/关注	后果/伤害（人员、财产、声誉、环境）	现有对策措施
20	温度	温度过高	蒸发式冷却器出口温度过高	蒸发式冷却器蒸发水泵故障停	甲醇循环气带液进入合成气压缩机三段，合成气压缩机发生液击，转子等部件损坏	1. 合成气压缩机设振动高联锁停机； 2. 合成气压缩机设轴位移高联锁停机； 3. 进入合成气压缩机三段设温度高报警
21				蒸发式冷却器风机故障停	甲醇循环气带液进入合成气压缩机三段，合成气压缩机发生液击，转子等部件损坏	1. 合成气压缩机设振动高联锁停机； 2. 合成气压缩机设轴位移高联锁停机； 3. 进入合成气压缩机三段设温度高报警
22		温度过低	N/A			
23	液位	液位过高	汽水分离器液位过高	控制回路故障，开度过大，进水量过大	汽水分离液位上升，压力上升，蒸汽带水进入管道，管道发生液击，影响产品的品质	汽水分离器设液位高报警
24			甲醇分离器液位过高	控制回路故障，开度过小	汽水分离液位上升，虹吸效果差，甲醇塔取热量小，温度上升，超温，催化剂活性下降，烧结损坏	甲醇合成设温度高报警
25			闪蒸槽液位过高	控制回路故障，开度过小	甲醇分离器液位上升，合成气压缩机三段，合成气压缩机发生液击，转子等部件损坏	1. 合成气压缩机设振动高联锁停机； 2. 合成气压缩机设轴位移高联锁停机； 3. 进入合成气压缩机三段设温度高报警
26			洗醇塔液位过高	控制回路故障，开度过大	闪蒸槽液位上升，液相挤压相空间，压力上升，薄弱部位泄漏，粗甲醇泄漏着火爆炸，人员伤亡	1. 闪蒸槽设安全阀； 2. 闪蒸槽设压力高报警
27				控制回路故障，开度过大	稀醇水槽液位下降，吸附剂吸附能力下降，设备破裂，闪蒸槽甲醇，带循环至下游精馏塔，闪蒸槽超压，弱部位泄漏到环境中，甲醇泄漏着火爆炸，点火源发生着火爆炸，人员伤亡	洗醇塔设流量高报警，稀水水槽液位低报警
28		液位过低或无液位	汽水分离器液位过低或无液位	控制回路故障，开度过小，进水量小	汽水分离器液位下降，干锅，再次进水时水汽化，洗水中断，可能导致下游装置的催化剂中毒	1. 汽水分离器液位低低联锁，关进工段合成气切断阀，关进工段新鲜气切断阀，开新鲜气放空切断阀； 2. 汽水分离器液位低报警
29			甲醇分离器液位过低或无液位	控制回路故障，开度过大	带循环至闪蒸槽，闪蒸槽超压，弱部位泄漏的甲醇，闪蒸泄漏到环境中，遇点火源发生着火爆炸，人员伤亡	闪蒸槽设安全阀
30			闪蒸槽液位过低或无液位	控制回路故障，开度过大	闪蒸槽窜至下游精馏塔，精馏塔发生波动，影响产品质量	闪蒸槽去下游管线设流量低报警

续表

序号	参数	偏差	偏差描述	原因/关注	后果/伤害（人员、财产、声誉、环境）	现有对策措施
31	组分（杂质）		N/A			
32	异常	泄漏	气气换热器内漏	应力及腐蚀老化	转化气漏到合成气中，产品质量不合格	定期取样分析
33		腐蚀/冲蚀	N/A			
34		维护/隔离	N/A			
35	运行	排净	N/A			
36		吹扫放空	N/A			
37		公用工程	N/A			

9.4.2 甲醇精馏工艺 HAZOP 记录表

分析场景：从甲醇合成工段来的粗甲醇，经粗甲醇预热器预热后，进入预精馏塔。粗甲醇经过精馏，得到精甲醇。

工艺描述：来自甲醇合成工序及中间罐区的粗甲醇，通过粗甲醇预热器与来自加压塔回流槽的精甲醇进行换热达到一定温度后进入预精馏塔。控制预精馏塔液位调节阀调节多余的粗甲醇进入粗甲醇贮槽以做备用。为中和产品中的少量有机酸，用碱液流至碱液槽，用碱液泵打入预塔进口管线进入预塔，控制预后醇的 pH 值在一定范围内。从预精馏塔塔顶出来的气体经预塔冷凝器冷凝，冷凝下来的液体收集在预塔回流槽内，未冷凝轻组分从预塔回流槽顶部出来经五合一冷却器进行二次冷却后，再通过气液分离器进行分离，分离出来的液体再次回到预塔回流槽，气相通过放空管到排放槽经过软水吸收后不凝气至高空排放。预塔回流槽内液体通过预塔回流泵加压后从预塔顶进入预塔内进行回流。预塔再沸器的热源为低压蒸汽，来自转化工序的转化气。从预塔底出来的经脱除轻组分的预后甲醇，用预后泵送入加压塔进料预热器预热后送入加压塔，使塔釜物料维持在一定温度，从加压塔顶出来的蒸汽在常压塔再沸器中经换热被冷凝，释放出的热量维持常压塔釜温度，用来加热常压塔中的物料。常压塔再沸器出口的精甲醇冷凝液进入加压塔回流槽：一部分由加压塔回流泵经加压塔回流调节阀控制送加压塔塔顶做回流；另一部分作为成品甲醇，成品甲醇经过粗甲醇预热器冷却，再经过五合一冷却器冷却后送往精甲醇中间槽。控制加压塔的液位，使剩产物在一定温度和压力下进入常压塔，控制常压塔塔釜在一定温度和压力，在常压塔塔顶冷却器中冷却到一定温度后送到常压塔回流槽，在常压塔回流调节阀控制下，再用常压塔回流泵将回流液送至塔顶，其余部分作为精甲醇产品送至精甲醇中间槽。精甲醇经过分析合格后，通过精甲醇泵送到成品罐区贮存。

常压塔底部液体含有微量的甲醇和高沸物。为防止高沸点杂醇混入到产品中，在常压塔中部设杂醇采出口，经冷却器冷却到一定温度后靠静压送到杂醇贮槽，再通过杂醇泵送到综合罐区。从常压塔底部排出的残液由残液泵送往冷却器冷却后再送往生化处理。排放的粗甲醇排到地下槽经液下泵送到粗甲醇贮槽开车或事故状态下，经分析精甲醇中间槽内不合格的精甲醇通过精甲醇泵送到粗甲醇贮槽。

记录表部分示例详见表 9.12。

表 9.12 甲醇精馏工艺 HAZOP 记录表部分示例

项目名称	甲醇工艺 HAZOP 过程示例
会议日期	××××年××月××日
参考图纸	P&.ID-2
参与人员	成员 A、成员 B、成员 C、成员 D、成员 E、成员 F
设计意图	来自甲醇合成工序及中间罐区的粗甲醇,经过精馏后储存至精甲醇中间槽,精甲醇经分析合格后,通过精甲醇泵送到成品罐区贮存。详见节点描述
主要设备及技术参数	精甲醇中间槽、粗甲醇贮槽、预精馏塔等

序号	参数	偏差	偏差描述	原因/关注	后果伤害(人员、财产、声誉、环境)	现有对策措施
1	流量	流量过高	碱液泵出口流量过高	人员误操作,调大碱液泵的行程	精馏系统 pH 值上升,水易乳化,发生碱脆腐蚀泄漏,人员灼伤	碱液泵出口设流量高报警
2		过低或无流量	碱液泵出口流量过低或无流量	人员误操作,调小碱液泵的行程	长时间运行,精馏系统设备及管道发生腐蚀减薄,影响产品的质量	碱液泵出口设流量低报警
3				碱液泵故障停	长时间运行,精馏系统设备及管道发生腐蚀减薄,影响产品的质量	碱液泵出口设流量低报警
4			预精馏塔进料流量过低或无流量	控制回路故障,调节阀开度过大	进入预精馏塔的流量降低,加工负荷降低,影响产品的产量	预精馏塔设液位低报警
5		逆流或误流向	N/A			
6		流量伴随	N/A			
7	压力	压力过高	精甲醇中间槽压力过高	氮封故障开大	精甲醇中间槽超压,薄弱部位泄漏,精甲醇泄漏至环境中,遇点火源发生着火爆炸,人员伤亡	1. 精甲醇中间槽设呼吸阀; 2. 设可燃气体报警仪; 3. 精甲醇中间槽设压力高报警
8			粗甲醇贮槽压力过高	氮封故障开大	粗甲醇贮槽超压,薄弱部位泄漏,粗甲醇泄漏至环境中,遇点火源发生着火爆炸,人员伤亡	1. 粗甲醇贮槽设呼吸阀; 2. 设可燃气体报警仪; 3. 粗甲醇贮槽设压力高高联锁关闭
9			预精馏塔压力过高	控制回路故障,调节阀开度过小	预精馏塔超压,薄弱部位泄漏,粗甲醇泄漏至环境中,遇点火源发生着火爆炸,人员伤亡	1. 预精馏塔设压力高高报警; 2. 预精馏塔设安全阀; 3. 设可燃气体报警仪

续表

序号	参数	偏差	偏差描述	原因/失注	后果/伤害（人员、财产、声誉、环境）	现有对策措施
10	压力	压力过高	加压塔压力过高	控制回路故障，调节阀开度过小	加压塔超压，薄弱部位泄漏，甲醇泄漏至环境中，遇点火源发生着火爆炸，人员伤亡	1. 加压塔设压力高报警；2. 加压塔设安全阀；3. 设可燃气体报警仪
11		压力过低	预精馏塔压力过低	控制回路故障，调节阀开度过大	粗甲醇排放至预热炉，影响产品的收率	预精馏塔设压力低报警
12			加压塔压力过低	控制回路故障，调节阀开度过大	甲醇排放，影响产品的收率	加压塔设压力低报警
13			精甲醇中间槽温度过高	外部火灾	精甲醇中间槽超温、超压，薄弱部位泄漏，精甲醇泄漏至环境中，火灾升级，人员伤亡	1. 精甲醇中间槽设呼吸阀；2. 设可燃气体报警仪
14			粗甲醇贮槽温度过高	外部火灾	粗甲醇贮槽超温、超压，薄弱部位泄漏，粗甲醇泄漏至环境中，火灾升级，人员伤亡	1. 粗甲醇贮槽设呼吸阀；2. 设可燃气体报警仪
15	温度	温度过高	预精馏塔温度过高	人员误操作，开度过大，取热量大	预精馏塔超温超压，薄弱部位泄漏，粗甲醇泄漏至环境中，遇点火源发生着火爆炸，人员伤亡	1. 预精馏塔设压力自控；2. 预精馏塔设安全阀；3. 设可燃气体报警仪
16			加压塔温度过高	人员误操作，开度过大，取热量大	加压塔超温超压，薄弱部位泄漏，甲醇泄漏至环境中，遇点火源发生着火爆炸，人员伤亡	1. 加压塔设压力自控；2. 加压塔设安全阀；3. 设可燃气体报警仪
17		温度过低	预精馏塔温度过低	人员误操作，开度过小，取热量小	预精馏液位上升，分离效果差，产品质量不合格	预精馏塔设温度低报警
18			加压塔温度过低	人员误操作，开度过小，取热量小	加压塔液位上升，分离效果差，产品质量不合格	加压塔设温度低报警

续表

序号	参数	偏差	偏差描述	原因/关注	后果伤害（人员、财产、声誉、环境）	现有对策措施
19	液位	液位过高	精甲醇中间槽液位过高	人员误操作，未及时切罐	精甲醇中间槽液位过高，满罐溢流，流至环境中，遇点火源发生着火爆炸，人员伤亡	1. 精甲醇中间槽设液位高报警；2. 精甲醇中间槽设液位高高联锁关阀；3. 设可燃气体报警仪
20				液位计假指示偏低，实际偏高	精甲醇中间槽液位过高，满罐溢流，精甲醇流至环境中，遇点火源发生着火爆炸，人员伤亡	1. 精甲醇中间槽设液位高报警；2. 精甲醇中间槽设液位高高联锁关阀；3. 设可燃气体报警仪
21			粗甲醇贮槽液位过高	人员误操作，未及时切罐	粗甲醇贮槽液位过高，满罐溢流，粗甲醇流至环境中，遇点火源发生着火爆炸，人员伤亡	1. 粗甲醇贮槽设液位高报警；2. 粗甲醇贮槽设液位高高联锁关阀；3. 设可燃气体报警仪
22				液位计假指示偏低，实际偏高	粗甲醇贮槽液位过高，满罐溢流，粗甲醇流至环境中，遇点火源发生着火爆炸，人员伤亡	1. 粗甲醇贮槽设液位高报警；2. 粗甲醇贮槽设液位高高联锁关阀；3. 设可燃气体报警仪
23			预塔回流槽液位过高	控制回路故障开度过小	预塔回流槽满罐，预精馏塔冷凝器冷却效果差，无法冷凝，预塔塔压上升，超压，薄弱部位泄漏，粗甲醇泄漏至环境中，遇点火源发生着火爆炸，人员伤亡	1. 预精馏塔设压力高报警；2. 预精馏塔设压力安全阀；3. 设可燃气体报警仪
24				预塔回流泵故障停	预精馏塔回流中断，塔压上升，超压，薄弱部位泄漏，粗甲醇泄漏至环境中，遇点火源发生着火爆炸，人员伤亡	1. 预精馏塔设压力高报警；2. 预精馏塔设压力安全阀；3. 设可燃气体报警仪；4. 预精馏塔设液位高报警
25			预精馏塔液位过高	预后甲醇泵故障停	预精馏塔液位上升，分离效果差，产品质量不合格	预精馏塔设液位高报警
26				控制回路故障，调节阀开度过小	预精馏塔液位上升，分离效果差，产品质量不合格	预精馏塔温度低报警
27			加压塔液位过高	控制回路故障，调节阀开度过小	加压塔液位上升，分离效果差，产品质量不合格	加压塔设有温度低报警

续表

序号	参数	偏差	偏差描述	原因关注	后果伤害（人员、财产、声誉、环境）	现有对策措施
28	液位	液位过高	加压塔回流槽液位过高	控制回路故障，调节阀开度过小	加压塔回流罐满罐，加压塔预热器冷却效果差，无法冷凝，加压塔塔压上升，泄漏，甲醇泄漏至环境中，遇点火源发生火爆炸，人员伤亡	1. 加压塔设压力高报警； 2. 加压塔设安全阀； 3. 设有可燃气体报警仪； 4. 加压塔回流槽设液位高报警
29				加压塔回流泵故障停	加压塔回流中断，塔压上升，超压，薄弱部位泄漏，甲醇泄漏至环境中，遇点火源发生火爆炸，人员伤亡	1. 加压塔设压力高报警； 2. 加压塔设安全阀； 3. 加压塔回流槽设液位高报警
30			常压塔液位过高	控制回路故障，调节阀开度过小	常压塔液位上升，分离效果差，产品质量不合格	常压塔设温度低报警
31				残液泵故障停	常压塔液位上升，分离效果差，产品质量不合格	常压塔设液位高报警
32			常压塔回流罐液位过高	控制回路故障，调节阀开度过小	常压塔回流罐满罐，常压塔塔压上升，超压，薄弱部位冷凝器冷却效果差，无法冷凝，常压塔塔压上升，超压，薄弱部位泄漏，甲醇泄漏至环境中，遇点火源发生火爆炸，人员伤亡	1. 常压塔设压力高报警； 2. 常压塔设安全阀； 3. 设有可燃气体报警仪； 4. 加压塔回流槽设液位高报警
33				常压塔回流泵故障停	常压塔回流中断，塔压上升，超压，薄弱部位泄漏，甲醇泄漏至环境中，遇点火源发生火爆炸，人员伤亡	1. 常压塔设压力高报警； 2. 常压塔设安全阀； 3. 加压塔回流槽设液位高报警
34		液位过低或无液位	精甲醇中间槽液位过低或无液位	人员误操作，未及时停精甲醇泵	精甲醇泵抽空损坏（屏蔽泵）	精甲醇中间槽设液位低报警
35				液位计量限指示偏高，实际偏低	精甲醇中间槽浮盘落底，空气进入，形成爆炸性混合气体，遇静电发生火爆炸，人员伤亡	1. 精甲醇中间槽设氮封； 2. 精甲醇中间槽设液位低报警
36				液位计量限指示偏高，实际偏低	精甲醇泵抽空损坏（屏蔽泵）	精甲醇中间槽设有液位低报警
37				人员误操作，未及时停精甲醇泵	精甲醇中间槽浮盘落底，空气进入，形成爆炸性混合气体，遇静电发生火爆炸，人员伤亡	1. 精甲醇中间槽设氮封； 2. 精甲醇中间槽设液位低报警； 3. 设可燃气体报警仪
38			粗甲醇贮槽液位过低或无液位		粗甲醇泵抽空损坏（屏蔽泵）	粗甲醇贮槽设液位低报警
39				人员误操作，未及时停粗甲醇泵	粗甲醇贮槽浮盘落底，空气进入，形成爆炸性混合气体，遇静电发生火爆炸，人员伤亡	1. 粗甲醇贮槽设氮封； 2. 粗甲醇贮槽设液位低报警； 3. 设可燃气体报警仪

续表

序号	参数	偏差	偏差描述	原因/关注	后果/伤害（人员、财产、声誉、环境）	现有对策措施
40	液位	液位过低或无液位	粗甲醇贮槽液位过低或无液位	液位计限指示偏高，实际偏低	粗甲醇泵抽空损坏（屏蔽泵）	粗甲醇贮槽设液位低报警
41					粗甲醇贮槽浮盘落底，空气进入，形成爆炸性混合气体，遇静电发生着火爆炸，人员伤亡	1. 粗甲醇贮槽设氮封； 2. 粗甲醇贮槽设液位低报警； 3. 设可燃气体报警仪
42			预精馏塔槽液位过低或无液位	控制回路故障，调节阀开度过大	预后回流泵抽空损坏（屏蔽泵）	预精馏塔设流量高报警
43			预精馏塔液位过低或无液位	控制回路故障，调节阀开度过大	预精甲醇泵抽空损坏（屏蔽泵）	预精馏塔设流量高报警
44			加压塔液位过低或无液位	控制回路故障，调节阀开度过大	罩气至常压塔，常压塔超压，薄弱部位泄漏，甲醇泄漏至环境中，遇点火源发生着火爆炸，人员伤亡	1. 常压塔设有安全阀； 2. 设可燃气体报警仪； 3. 常压塔设压力高报警
45			加压塔回流槽液位过低或无液位	控制回路故障，调节阀开度过大	加压塔回流泵抽空损坏（屏蔽泵）	加压塔回流槽设液位高报警
46			常压塔液位过低或无液位	控制回路故障，调节阀开度过大	残液泵抽空损坏	常压塔现场设液位计
47			常压塔回流罐液位过低或无液位	控制回路故障，调节阀开度过大	常压塔回流泵抽空损坏屏蔽泵	常压塔回流罐设液位低报警
48	组分（杂质）		N/A			
49	异常	泄漏	N/A			
50		腐蚀/冲蚀	N/A			
51		维护/隔离	N/A			
52	运行	排净	N/A			
53		吹扫放空	N/A			
54		公用工程	N/A			

9.5 HAZOP 实例 4：食品加工企业氨制冷工艺 HAZOP

氨制冷系统在食品加工企业中一般用于冷库（存放食品）的制冷。

某食品加工企业设置氨制冷机房。氨制冷为氨气相、液相的制冷转化过程，不存在化学反应。采用氨直接制冷，在一个密闭的系统内循环使用，利用氨的沸点随压力变化而变化的特征，即氨的压力越低，沸点越低，压力越高，沸点越高。利用压缩机做功，将气相的氨气压缩、冷却、冷凝成液相，然后使其减压、膨胀、汽化（蒸发），从被冷物质中吸取热量降低其温度，而达到使被冷物质制冷的目的。

制冷工艺过程主要是压缩机吸入低压循环桶内分离的氨气，进行压缩后，成为高压、高温氨气，经油气分离器进行油分离后进入冷凝器冷却，释放热量后成为高压、常温液氨，进入贮氨器，从贮氨器来的液氨经调节阀减压后，进入低压循环桶，经氨泵进入蒸发器内，在蒸发器内吸收冷库的热量使冷库降温，而液氨则蒸发成氨气，返回低压循环桶，气液分离（防止氨液进入氨压缩机产生液力冲击造成事故），氨气再进入压缩机，氨制冷系统即如此往复循环制造冷量。工艺流程简图见图 9.6。

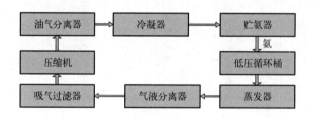

图 9.6 氨制冷工艺流程简图

9.5.1 氨制冷系统-高压氨 HAZOP 记录表

分析场景：冷库交换冷量的氨气回到氨制冷机房重新进行压缩和冷却。

工艺描述：自冷库回来的氨气经压缩机压缩后，经蒸发式冷凝器冷却，依次经辅助贮氨器、高压贮氨器、经济器后进入低压循环桶补充液氨。

记录表部分示例详见表 9.13。

9.5.2 氨制冷系统-氨液循环泵 HAZOP 记录表

分析场景：氨制冷系统中的氨液循环工艺过程。

工艺描述：高压贮氨器向低压循环桶补充液位，经氨出料泵送至各制冷区，循环回低压循环桶，液相循环气相进入压缩机。

记录表部分示例详见表 9.14。

表 9.13 氨制冷系统-高压氨 HAZOP 记录表部分示例

项目名称	高压氨系统 HAZOP 过程示例
会议日期	××××年××月××日
参考图纸	P&ID-1
参与人员	成员 A、成员 B、成员 C、成员 D、成员 E、成员 F
设计意图	自冷库回来的氨气经压缩机压缩后，经蒸发式冷凝器冷却，依次经辅助贮氨器、高压贮氨器，经济器后进入低压循环桶补充液氨。详见节点描述
主要设备及技术参数	氨压缩机、辅助贮氨器、高压贮氨器、低压循环桶等

序号	参数	偏差	偏差描述	原因关注	后果伤害（人员、财产、声誉、环境）	现有对策措施
1	流量	流量过高				
2		过低或无流量				
3		逆流或误流向				
4			氨压缩机入口压缩过高	冷库热负荷过大，氨气化量增大	上游氨气过大，影响冷库制冷效果，无人员伤亡；较大财产损失；无环境污染；无声誉影响	
5	压力	压力过高		蒸发式冷凝器投用量过低，人员操作失误	氨压缩机出口压力升高，严重时超压泄漏，遇火源发生火灾爆炸，1~2人死亡；重大财产损失；重大环境污染；重大公共影响	1. 压缩机出口设压力表高报警并联锁停压缩机；2. 压缩机出口设安全阀并引至安全区域泄放；3. 辅助贮氨器、高压贮氨器分别设安全阀并引至安全区域泄放；4. 压缩机出口设有温度高报警
6			氨压缩机出口压力过高	蒸发式冷凝器用冷却水中断	氨压缩机出口压力升高，严重时超压泄漏，遇火源发生火灾爆炸，1~2人死亡；重大财产损失；重大环境污染；重大公共影响	1. 压缩机出口设压力表高报警并联锁停压缩机；2. 压缩机出口设安全阀并引至安全区域泄放；3. 辅助贮氨器、高压贮氨器分别设安全阀并引至安全区域泄放；4. 压缩机出口设有温度高报警

续表

序号	参数	偏差	偏差描述	原因/关注	后果/伤害（人员，财产，声誉，环境）	现有对策措施
7	压力	压力过高	氨压缩机出口压力过高	压缩机出口阀门误关闭，人员操作失误	氨压缩机出口压力升高，严重时超压泄漏，遇火源发生火灾爆炸，1~2人死亡；重大财产损失；重大环境污染；重大公共影响	1. 压缩机出口设压力表高报警并联锁停压缩机； 2. 压缩机出口设安全阀并引至安全区域泄放； 3. 压缩机出口设温度高报警； 4. 制冷机房设氨气检测报警启动事故风机及喷淋吸收装置； 5. 制冷机房设有视频监控
8				液氨中存在含空气等不凝气，使冷凝不彻底，压缩机出口压力升高	氨压缩机出口压力升高，严重时超压泄漏，遇火源发生火灾爆炸，1~2人死亡；重大财产损失；重大环境污染；重大公共影响	1. 压缩机出口设压力表高报警并联锁停压缩机； 2. 压缩机出口设安全阀并引至安全区域泄放； 3. 压缩机出口设温度高报警； 4. 制冷机房设氨气检测报警启动事故风机及喷淋吸收装置
9			辅助贮氨器压力过高	蒸发式冷凝器冷凝效果差	辅助贮氨器温度升高，压力升高，严重时超压泄漏；遇火源发生火灾爆炸；重大财产损失；重大环境污染；重大公共影响	1. 辅助贮氨器设压力就地显示； 2. 辅助贮氨器设安全阀并引至安全区域泄放； 3. 辅助贮氨器设温度就地显示； 4. 制冷机房设氨气检测报警启动事故风机及喷淋吸收装置
10			高压贮氨器压力过高	2个高压贮氨器气相、液相连通阀同时误关闭，人员操作失误	高压贮氨器液位升高，压力过高，严重时超压泄漏；遇火源发生火灾爆炸；重大财产损失；重大环境污染；重大公共影响	1. 高压贮氨器设压力显示； 2. 高压贮氨器设安全阀并引至安全区域泄放； 3. 高压贮氨器设温度指示高报位计； 4. 制冷机房设氨气检测报警启动事故风机
11			蒸发式冷凝器压力过高	压缩机出口排气温度高，导致进入蒸发式冷凝器的温度升高，压力过高	压缩机出口排气温度高，压力过高，导致进入蒸发式冷凝器的气温升高，严重时超压泄漏，遇火源发生火灾爆炸，1~2人死亡；重大财产损失；重大环境污染；重大公共影响	1. 设双安全阀并引至安全区域泄放； 2. 设双安全阀并引至安全区域高报警； 3. 压缩机出口设压力高报警； 4. 制冷机房设氨气检测报警启动事故风机

续表

序号	参数	偏差	偏差描述	原因关注	后果伤害（人员、财产、声誉、环境）	现有对策措施
12	压力	压力过低	氨压缩机入口压力过低	压缩机的台数开启过多，人员操作失误	压缩机入口压力下降，温度下降，管道抽瘪损坏，严重时压缩机入口设备、管道爆炸，导致氨经损坏处泄漏，遇火灾源发生火灾爆炸，1~2人死亡；重大财产损失；重大环境污染；重大公共影响	1. 压缩机设行程调节； 2. 压缩机设压力低报警并联锁停压缩机； 3. 压缩机入口设温度低报警并联锁停压缩机； 4. 制冷机入口设氨气检测报警并联锁启动事故风机及喷淋吸收装置； 5. 制冷机房设视频监控
13			压缩机润滑油温度过高	润滑油用氨冷阀门误关闭，人员操作失误	压缩机润滑油温度过高，严重时压缩机损坏，无明显伤亡；较大财产损失；轻微环境污染；轻微公共影响	压缩机设油温过高自动停压缩机保护
14			压缩机吸气压力过低	压缩机吸气压力过低	压缩机吸气压力过低导致出口温度过高，降低制冷量，增加了功率消耗，无不安全后果	
15	温度	温度过高	氨压缩机出口温度过高	液氨中存在含气等不凝气，使冷凝压力升高，温度上升，出口温度升高	减少了制冷能力，增加了功率消耗，氨气泄漏，存在可能会引起爆炸，系统内不凝气存在可能会引起爆炸，氨气泄漏，1~2人死亡；重大财产损失；重大环境污染；重大公共影响	1. 压缩机出口设压力表高报警并联锁停压缩机； 2. 压缩机出口设安全阀并引至安全区域泄放； 3. 压缩机出口设温度高报警； 4. 制冷机出口设氨气检测报警并联锁启动事故风机； 5. 制冷机房设有视频监控
16				压缩机出口压力过高	出口温度过高，排气温度过高，降低制冷量，增加了功率消耗，无不安全后果	
17			蒸发式冷凝器温度过高	压缩机出口排气温度高，导致进入蒸发式冷凝器的温度升高	压缩机出口排气温度高，压力过高，严重时超压泄漏，导致进入蒸发式冷凝器的排气温度高，遇火源发生火灾爆炸，1~2人死亡；重大财产损失；重大环境污染；重大公共影响	1. 设压力显示； 2. 设双安全阀并引至安全区泄放； 3. 压缩机出口设温度高报警； 4. 制冷机房设氨气检测报警并联锁启动事故风机

第9章 危险与可操作性分析（HAZOP）

续表

序号	参数	偏差	偏差描述	原因/关注	后果伤害（人员、财产、声誉、环境）	现有对策措施
18	温度	温度过高	蒸发式冷凝器温度过高	液氨中存在含空气等不凝气，增加热阻，使冷凝温度升高	冷凝器表面形成气体层，产生附加热阻，传热效率低，冷凝温度升高，压力升高，严重时超压泄漏，遇火源发生火灾爆炸，1~2人死亡；重大财产损失；重大环境污染；重大公共影响	1. 设压力显示； 2. 设双安全阀并引至安全区域泄放； 3. 制冷机房设氨气检测报警并联锁启动事故风机及喷淋
19		温度过低	N/A			
20	液位	液位过高	高压贮氨器液位过高	2个高压贮氨器气相、液相连通阀同时误关闭，人员操作失误	高压贮氨器液位升高，压力升高，严重时窜至冷凝器，冷凝器遇火源发生火灾爆炸，1~2人死亡；重大财产损失；重大环境污染；重大公共影响	1. 高压贮氨器设就地液位显示； 2. 制冷机房设氨气检测报警并联锁启动事故风机及喷淋吸收装置； 3. 高压贮氨器设安全阀并引至安全区域泄放； 4. 制冷机房设有视频监控
21			辅助贮氨器液位过高	出口阀门误操作，人员操作失误	辅助贮氨器液位升高，严重时窜压，超压泄漏，遇火源发生火灾爆炸，1~2人死亡；重大财产损失；重大环境污染；重大公共影响	1. 辅助贮氨器设就地液位显示； 2. 辅助贮氨器设安全阀并引至安全区域泄放； 3. 制冷机房设氨气检测报警并联锁启动事故风机及喷淋吸收装置； 4. 辅助贮氨器设有视频监控； 5. 压缩机出口设压力表高报警并联锁停压缩机； 6. 压缩机出口设安全阀并引至安全区域泄放
22		液位过低或无液位	N/A			
23	组分（杂质）		N/A			
24	异常	腐蚀/泄漏	高压贮氨器、辅助贮氨器、蒸发冷凝器池漏	高压贮氨器、辅助贮氨器液氨、蒸发冷凝器腐蚀池漏	液氨泄漏至外部环境，遇火源发生火灾爆炸，1~2人死亡；重大财产损失；重大环境污染；重大公共影响	1. 设冷机气体检测报警并联锁启动事故风机及喷淋吸收； 2. 制冷机房设视频监控； 3. 该区域设喷淋洗眼器

续表

序号	参数	偏差	偏差描述	原因/关注	后果/伤害（人员、财产、声誉、环境）	现有对策措施
25	异常	腐蚀/泄漏	管路系统（管道、阀门、连接法兰等）泄漏	管路系统腐蚀破裂或冻裂导致氨气泄漏	液氨泄漏至外部环境，遇火源发生火灾爆炸，1~2人死亡；重大财产损失；重大环境污染；重大公共影响	1. 设氨气检测报警并联锁启动事故风机及喷淋吸收装置； 2. 制冷机房设视频监控； 3. 该区域设喷淋洗眼器
26			氨压缩机体泄漏	压缩机机体损坏氨气泄漏	液氨泄漏至外部环境，遇火源发生火灾爆炸，1~2人死亡；重大财产损失；重大环境污染；重大公共影响	1. 设氨气检测报警并联锁启动事故风机及喷淋吸收装置； 2. 制冷机房设视频监控； 3. 该区域设喷淋洗眼器
27		维护/隔离				
28		排净				
29		吹扫放空				
30		间歇操作	热氨融霜步骤异常	人员误操作，热氨冲霜阀开启过快	压力过大造成蒸发器等管道阀门内前后压力差过大，造成积存在管内的氨液急速运动而产生液锤撞击，致使管道阀门爆裂等灾爆炸，遇火源发生火灾爆炸，1~2人死亡；重大财产损失；重大环境污染；重大公共影响	1. 蒸发器设压力显示； 2. 压缩机出口设有压力表高报警并联锁停压缩机； 3. 压缩机出口设安全阀并引至安全区域泄放； 4. 制冷机房设氨气检测报警并联锁启动故障风机
31			热氨融霜步骤过早	人员误操作，未延时关闭回气电磁阀，停止蒸发器工作	未能有效排除回气总管和蒸发器内的液氨，冲霜阀开启过快，使残留在回气总管内气管内氨氨形成液锤，管道阀门爆裂等灾爆炸，使人员中毒，遇火源发生火灾爆炸，1~2人死亡；重大财产损失；重大环境污染；重大公共影响	1. 蒸发器设压力显示； 2. 低压循环桶设液位指示高报警； 3. 低压循环桶设压力指示高报警； 4. 低压循环桶设双安全阀； 5. 制冷机房设氨气检测报警并联锁启动故障风机
32	公用工程	公用工程故障	生产系统停电	各电气设备电路故障	电气设备断电停运，装置停运	采用双回路供电

第9章 危险与可操作性分析（HAZOP） 197

表 9.14 氨制冷系统-氨液循环泵 HAZOP 记录表部分示例

项目名称	高压氨系统 HAZOP 过程示例
会议日期	××××年××月××日
参考图纸	P&ID-2
参与人员	成员 A、成员 B、成员 C、成员 D、成员 E、成员 F
设计意图	高压贮氨器向低压循环桶补充液位，循环回低压循环桶，液相循环气相进入压缩机。详见节点描述
主要设备及技术参数	氨液循环泵、低压循环桶等

序号	参数	偏差	偏差描述	原因/关注	后果	现有对策措施
1	流量	流量过高				
2		过低或无流量				
3		逆流或错误流向				
4	压力	压力过高	低压循环桶压力过高	阀门故障，高压贮氨器通过经济器传至低压循环桶	低压循环桶液位升高，压力过高，严重时超压泄漏，遇火源发生火灾爆炸，1~2人死亡；重大财产损失；重大环境污染；重大公共影响	1. 低压循环桶设现场压力表显示，压力指示高报警； 2. 低压循环桶设双安全阀； 3. 低压循环桶设现场球浮球液位控制器； 4. 低压循环桶设液位传感器实现液位高报警并联锁电磁阀停止补液； 5. 设氨气检测报警并联锁启动事故风机
5			低压循环桶压力过高	压缩机故障/未及时启动	上游回气未及时抽气压缩，低压循环桶温度升高，压力升高，严重时超压泄漏，遇火源发生火灾爆炸，1~2人死亡；重大财产损失；重大环境污染；重大公共影响	1. 低压循环桶设双安全阀并引至安全区域泄放； 2. 低压循环桶设现场压力表显示，压力指示高报警； 3. 低压循环桶设现场球浮球液位控制器； 4. 压缩机入口设压力高报警； 5. 设氨气检测报警并联锁启动事故风机
6		压力过低	低压循环桶压力过低	压缩机的台数开启过多，人员操作失误	压缩机入口压力下降，温度下降，严重时低压循环桶内氨经损坏处泄漏，设备、管道油镀贵坏，遇火源发生火灾爆炸，1~2人死亡；重大财产损失；重大环境污染；重大公共影响	1. 压缩机设有行程调节； 2. 压缩机设压力低报警并联锁停压缩机； 3. 压缩机入口设温度低报警并联锁停压缩机； 4. 设氨气检测报警并联锁启动事故风机

续表

序号	参数	偏差	偏差描述	原因/关注	后果	现有对策措施
7	温度	温度过高	低压循环桶温度过高	压缩机故障/未及时启动	上游回氨气未及时抽气压缩，低压循环桶温度升高，压力升高，严重时超压泄漏，遇火源发生火灾爆炸，1~2人死亡；重大财产损失；重大环境污染；重大公共影响	1. 低压循环桶设安全阀双安全阀引至安全区域泄放； 2. 低压循环桶设现场压力表显示； 3. 低压循环桶设浮球液位控制器； 4. 压缩机入口设压力高报警； 5. 设氨气检测报警并联锁启动事故风机
8		温度过低	N/A			
9	液位	液位过高	低压循环桶液位过高	进料阀门故障，过度进料	低压循环桶液位过高，压缩机吸气带液，发生液击损坏压缩机，严重时氨气泄漏，遇火源发生火灾爆炸，1~2人死亡；重大财产损失；重大环境污染；重大公共影响	1. 低压循环桶设现场压力表显示，压力指示高报警； 2. 低压循环桶设浮球液位控制器； 3. 低压循环桶设液位传感器实现液位高高报警低低报警并联锁电磁阀停止补液； 4. 压缩机设液击自保护； 5. 设氨气检测报警并联锁启动事故风机
10		液位过低或无液位	低压循环桶液位过低	液位控制回路故障，未及时补液	低压循环桶液位过低，严重时出料泵抽空气蚀损坏，氨气泄漏，遇火源发生火灾爆炸，1~2人死亡；重大财产损失；重大环境污染；重大公共影响	1. 氨出料泵采用屏蔽泵； 2. 氨出料泵采用压差压控制； 3. 氨出料泵出口设止回阀； 4. 设氨气检测报警并联锁启动事故风机
11	组分（杂质）		N/A			

续表

序号	参数	偏差	偏差描述	原因/关注	后果	现有对策措施
13	异常	腐蚀/泄漏	低压循环桶泄漏	低压循环桶腐蚀破裂导致液氨泄漏	液氨泄漏至外部环境，遇火源发生火灾爆炸，1~2人死亡； 重大财产损失； 重大环境污染； 重大公共影响	1. 设氨气检测报警并联锁启动事故风机； 2. 设手动喷淋吸收装置； 3. 制冷机房设视频监控； 4. 该区域设喷淋洗眼器
14			管路系统（包括管道、阀门、连接法兰等）泄漏	管路系统腐蚀破裂或冻裂导致氨气泄漏	液氨泄漏至外部环境，遇火源发生火灾爆炸，1~2人死亡； 重大财产损失； 重大环境污染； 重大公共影响	1. 设氨气检测报警并联锁启动事故风机； 2. 设手动喷淋吸收装置； 3. 制冷机房设视频监控； 4. 该区域设喷淋洗眼器
15			泵泄漏	泵壳损坏导致氨气泄漏	液氨泄漏至外部环境，遇火源发生火灾爆炸，1~2人死亡； 重大财产损失； 重大环境污染； 重大公共影响	1. 设氨气检测报警并联锁启动事故风机； 2. 设手动喷淋吸收装置； 3. 制冷机房设视频监控； 4. 该区域设喷淋洗眼器
16		维护/隔离				
17	运行	排净				
18		吹扫放空				
19	公用工程	公用工程故障	生产系统停电	各电气设备电路故障	电气设备断电停运，装置停运	采用双回路供电

9.6 HAZOP 实例 5：加氢站工艺 HAZOP

加氢站是为机动车加注氢气的场所。加氢站内一般设置氢气长管拖车、卸气柱、氢气压缩机、储氢瓶组、加氢机等设备设施。

某加氢站内设置氢气长管拖车（设置氢气瓶组）、卸气柱，氢气过卸气柱后，根据自动控制顺序选择进入中压压缩机和低压压缩机，然后进入储氢瓶组。

储存分为中压储存和低压储存。加氢机前设套管式换热器，换热器置于管沟内，加氢机根据实际加注压力需求进行顺序加注。加氢站加氢工艺流程见图 9.7。

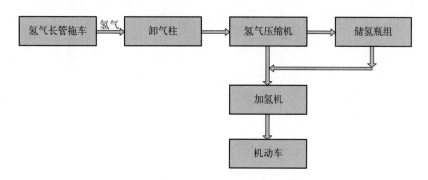

图 9.7 加氢站加氢工艺流程图

9.6.1 加氢站-氢气卸气、压缩、冷却、储存工艺 HAZOP 记录表

分析场景：氢气长管拖车内氢气经过卸气柱后进入加氢站内氢气压缩机，氢气经压缩后进入相应的储氢瓶组。

工艺描述：氢气长管拖车内氢气通过卸气柱后根据自动控制顺序选择进入低压压缩机，低于一定压力时系统自动停止运行并提示更换气源，当氢气长管拖车余气需要回收而中压压缩机暂未启动时，氢气进入低压储氢罐进行缓存。冷却水由闭式循环塔提供，通过冷却循环泵供给到低压压缩机。

记录表部分示例详见表 9.15。

9.6.2 加氢站-加氢工艺 HAZOP 记录表

分析场景：加氢机根据氢气加注压力为机动车进行氢气加注。

工艺描述：氢气经套管式换热器（中压氢气预冷器、换热器置于管沟内）换热后进入加氢机，加氢机分低中高三线顺序加注，加注压力为最高 35MPa。

记录表部分示例详见表 9.16。

表 9.15 加氢站-氢气卸气、压缩、冷却、储存工艺 HAZOP 记录表部分示例

项目名称	加氢工艺 HAZOP 分析
会议日期	××××年××月××日
参考图纸	P&ID-1
参与人员	成员 A、成员 B、成员 C、成员 D、成员 E、成员 F
设计意图	氢气卸气、氢气压缩、缓存、氢气冷却。详见工艺描述
主要设备及技术参数	卸气柱、压缩机、储氢瓶组、冷却水系统等

序号	参数	偏差	偏差描述	原因/关注	后果	现有对策措施
1	流量	流量过大	氢气长管拖车进卸气柱氢气流量过大	进卸气柱前阀门故障、开度过大	进卸气柱氢气流量过大，卸气柱出口压力过高，进入压缩机氢气压力过高，导致压缩机膜片破裂损坏，可能导致氢气泄漏，遇点火源发生火灾爆炸事故，严重时1~2人伤亡； 轻微财产损失； 本地区内影响	1. 卸气柱设安全阀； 2. 卸气柱设流量指示； 3. 卸气柱设压力指示高报警，压力高高联锁关阀； 4. 卸气柱出口设压力指示高报警，压力高高联锁关阀； 5. 卸气柱出口设安全阀； 6. 卸气柱内设减压阀、紧急切断阀； 7. 卸气柱处设氢气探测器，设氢气浓度高报警，高高联锁全站停； 8. 卸气柱外壳设人体静电释放器
2		流量过小或无流量	氢气长管拖车进卸气柱氢气流量过小或无流量	进卸气柱前阀门故障、开度过小或关闭	进卸气柱氢气流量过小或无流量，压力过低，导致压缩机损坏，无明显安全后果； 较大财产损失； 本地区内影响	1. 卸气柱设流量指示； 2. 卸气柱设压力指示低报警； 3. 卸气柱出口处设压力指示低报警
3		逆流	压缩氮气吹扫管线	阀门内漏	阀门内漏，会窜压至氮气吹扫管线，会窜压至设有单向阀，扫管线已经设有单向阀，但考虑到氢气吹扫小，故不做详细分析	1. 氮气扫管线设安全阀； 2. 氮气扫管线设单向阀
4	压力	压力过高	氢气长管拖车进卸气柱氢气压力过高	进卸气柱前阀门故障、开度过大，导致氢气卸气柱流量过大，压力过高	见序号 1 相应分析	1. 卸气柱出口设流量指示； 2. 卸气柱出口处设压力指示低报警； 3. 低压压缩机入口处设压力指示低报警

续表

序号	参数	偏差	偏差描述	原因/关注	后果	现有对策措施
5	压力	压力过高	进入低压压缩机氢气压力过高	卸气柱内自力式压力调节阀故障开度过大，导致出口流量过大，压力过高	低压压缩机入口压力高，严重时氢气泄漏，可能导致压缩机膜片破裂损坏，遇点火源发生火灾爆炸事故；可能导致1～2人伤亡；轻微财产损失；轻微环境污染；本地区内影响	1. 卸气柱出口处设安全阀；2. 卸气柱出口处设压力指示高报警，压力高联锁关阀；3. 低压压缩机上设氢气浓度高报警，高高联锁全站急停；4. 隔膜式压缩机本身内设膜片破裂报警和停机装置
6			低压压缩机出口压力过高	低压压缩机入口压力过高，导致出口压力过高	低压压缩机入口压力过高，导致压缩机出口压力过高，压力火灾爆炸事故发生，膜片破裂损坏，可能导致1～2人伤亡；轻微财产损失；轻微环境污染；本地区内影响	1. 低压压缩机排气缓冲罐上设压力高高联锁停压缩机；2. 低压压缩机排气缓冲罐上设安全阀；3. 低压压缩机进气缓冲罐出口设压力高报警，高高联锁全站急停；4. 低压压缩机上设氢气浓度高报警；5. 低压压缩机进气缓冲罐设安全阀；6. 隔膜式压缩机本身内设膜片破裂报警和停机装置
7			低压储罐压力过高	低压压缩机出口压力过高	低压压缩机出口压力过高，低压储罐超压破裂损坏，可能导致严重时储罐炸裂事故，氢气泄漏，遇点火源发生火灾爆炸事故，轻微财产损失；轻微环境污染；本地区内影响	1. 低压储罐设压力高报警，高高联锁开阀；2. 低压储罐设安全阀；3. 罐区氢气浓度检测报警器，设浓度高高联锁全站急停
8		压力过低	氢气长管拖车进卸气柱氢气压力过低	进卸气柱前阀门故障开度过小，导致氢气流量过小	见序号2相应分析	1. 卸气柱设流量指示；2. 卸气柱设紧急切断阀，急停按钮；3. 卸气柱出口处设压力指示低报警；4. 卸气柱处设氢气探测器；5. 卸气柱处设氢气浓度高高联锁和停机装置
9	温度	温度过高	氢气长管拖车进入低压压缩机氢气温度过高	来料的温度高，导致进入低压压缩机氢气温度过高	进入低压压缩机氢气温度过高，影响压缩机使用寿命，无明显安全后果，财产损失较大，无明显环境影响，企业内部关注	1. 低压压缩机设温度高报警，高高联锁急停；2. 设氢气浓度高报警，设浓度高高联锁全站急停；3. 隔膜式压缩机本身内设膜片破裂报警和停机装置；4. 低压压缩机设计温度较高

续表

序号	参数	偏差	偏差描述	原因/关注	后果	现有对策措施
10	温度	温度过高	低压压缩机出口温度过高	进卸气柱前阀门故障开度过小	进卸气柱前阀门故障开度过小，导致进入低压压缩机流量过低，压力过低，出口温度过高，严重时可能导致压缩机损坏，财产损失较大；无明显环境污染；企业内部关注	1. 低压压缩机排气缓冲罐设温度高报警、高高联锁停机； 2. 低压压缩机气缸出口设温度高报警、高高联锁停机
				冷却水系统循环泵故障	冷却水系统循环泵故障，循环水压力低，压缩机出口温度过高，影响压缩机使用寿命，无明显人员安全后果；财产损失较大；无明显环境污染；企业内部关注	1. 冷却水系统循环泵一用一备； 2. 冷却水塔出口设流量低报警； 3. 低压压缩机出口设温度高报警、高高联锁停泵； 4. 循环泵出口设压力低报警联锁启动备用泵、高高联锁停机
				低压压缩机油系统故障油位过低，导致油系统循环压力过低	压缩机内油位过低，压缩机出口温度过高，低压压缩机出口压力过低，无明显人员安全后果；财产损失较大；无明显环境污染；企业内部关注	1. 低压压缩机油系统设油缓冲罐设油压低报警，联锁停机； 2. 低压压缩机排气缓冲罐设温度高报警、高高联锁停压缩机； 3. 低压压缩机气缸出口设温度高报警、高高联锁停压缩机
				冷却水塔出口冷却水温度过高	冷却水塔出口冷却水温度过高，严重时压缩机损坏，无明显后果；无明显人员安全后果；无明显环境污染；企业内部关注	1. 冷却水塔出口设温度高报警、高高联锁停压缩机； 2. 压缩机气缸出口设温度高报警、高高联锁停压缩机

续表

序号	参数	偏差	偏差描述	原因/关注	后果	现有对策措施
11	温度	温度过低	冷却水塔出水箱出口冷却水温度过低	环境温度过低	环境温度过低，冷却水塔冷却水箱冷却水温度过低，冷水结冰或压缩机油系统油黏度过大，严重时压缩机无法正常启动，无明显财产损失；无明显人员安全后果；企业内部关注	1. 冷却水塔出口温度设低报警，低低联锁启动电加热器； 2. 低压压缩机油系统设温度低报警； 3. 低压压缩机曲轴油箱内设电加热器
12		液位过高	软化水水罐液位过高	过高，软化水满溢流	软化水水罐液位过高，软化水满溢流，无明显人员安全后果；无明显财产损失；无明显环境污染；企业内部关注	软化水水罐设软化水补给防冻液加装口
13	液位	液位过低或无液位	软化水水罐液位过低	人员误操作，界外补充水量少	软化水水罐液位过低，冷却水系统循环泵抽空泵损坏，轻微财产损失；无明显环境污染；企业内部关注	1. 软化水水罐设液位低报警，低低联锁停循环泵； 2. 循环水系统自循环回流
				软化水水罐根部阀门误开	软化水水罐液位过低，冷却水系统循环泵抽空泵损坏，无明显人员安全后果；无明显财产损失；无明显环境污染；企业内部关注	1. 软化水水罐设液位低报警，低低联锁停循环泵； 2. 循环水系统自循环回流
14			冷却水塔水箱液位过低	循环给水泵故障	循环给水泵故障，循环给水量不足，喷淋泵抽空损坏，导致冷却水塔箱液位过低，轻微财产损失；无明显环境污染；企业内部关注	冷却水塔水箱设液位低报警，低低联锁停喷淋泵

续表

序号	参数	偏差	偏差描述	原因关注	后果	现有对策措施
15	组分	杂质	氢气中含有杂质	氢气生产、输送至加氢站或在加氢过程中受到污染	影响加氢汽车燃料电池的使用寿命，若氢气中含有颗粒杂质，可能导致压缩机膜片损坏，无明显安全后果；轻微财产损失；无明显环境污染；企业内部关注	1. 设有氢气采样分析口，人工分析氢气纯度；2. 卸气柱出口设过滤器
16	异常	腐蚀/冲蚀	设备或管线腐蚀	高压环境下与氢气发生氢脆腐蚀	腐蚀管线或设备，严重时可能发生泄漏，严重时火灾爆炸事故，可能导致1~2人伤亡；轻微财产损失；轻微环境污染；本地区内影响	1. 氢气管道采用316L，管道、管件、阀门采用进口优质材料；2. 加氢站区域内设氢气探测器和火焰探测器，联锁停机
17		维护/隔离	低压压缩机故障	维护不及时不到位	可能影响低压压缩机使用寿命减缩甚至损坏，无明显人员安全后果；财产损失较大；无环境影响；企业内部关注	1. 低压压缩机设自保联锁停机；2. 设压缩机操作规程、操作票
18	运行	吹扫/放空	氮气置换空气不彻底	人员误操作，氮气置换空气不彻底	氮气置换空气不彻底，管线中存有少量空气，与氢气混合，严重时氢气泄漏，由于氢气在线量很少，遇点火源可能导致氢气闪燃或者着火，导致1~2人轻伤；财产损失较小；轻微环境污染；本地区内影响	设氮气吹扫置换接口
19			氮气吹扫系统故障	自力式减压阀故障开度过大	自力式减压阀故障后果，氮气系统压力过高，无明显安全后果；轻微财产损失；无明显环境污染；企业内部关注	1. 氮气系统设压力高报警，高高联锁全站停；2. 氮气系统设安全阀

续表

序号	参数	偏差	偏差描述	原因关注	后果	现有对策措施
20	运行	排净			N/A	
21			停电	各电气设备停运	不能实现加注氢气，无明显人员安全后果； 轻微财产损失； 无环境污染； 企业内部关注	设UPS电源装置
22	公用工程	公用工程故障	仪表风系统故障	气动阀停止运行	气动阀不能开启或切断，导致操作失灵，紧急切断不能动作，联锁财产损失； 无环境污染； 企业内部关注	设压力低报警，低低联锁全站急停
23			放散系统故障	放散管管顶被雨雪等杂质堵塞	事故状态下安全不能紧急放散憋压，管线超压破裂损坏，可能导致1~2人伤亡； 事故，可能导致设备事故，氢气泄漏，遇点火源发生火灾爆炸事故，可能导致1~2人伤亡； 轻微财产损失； 轻微环境污染； 本地区内影响	1. 管顶设置成45°倾斜角，降低雨雪等杂质堵塞的可能性； 2. 放空管设计压力高； 3. 放散管根部增加排污阀； 4. 站区设氢气泄漏浓度高报警，高高联锁全站急停
				放空管堵塞，氮气吹扫管线憋压，严重时管线超压损坏，可能导致人员窒息，1~2人伤亡； 气体泄漏，氮气泄漏，可能导致人员窒息，1~2人伤亡； 轻微财产损失； 无环境污染； 本地区内影响	1. 氮气系统减压设计压力高报警，高高联锁全站急停； 2. 管顶设置成45°倾斜角，降低雨雪等杂质堵塞的可能性； 3. 放空管设计压力高； 4. 放散管根部增加排污阀

表 9.16 加氢站-加氢工艺 HAZOP 记录表部分示例

项目名称	加氢工艺 HAZOP 分析
会议日期	××××年××月××日
参考图纸	P&ID-2
参与人员	成员 A、成员 B、成员 C、成员 D、成员 E、成员 F
设计意图	氢气预冷及加注。详见工艺描述
主要设备及技术参数	预冷、加氢机等

序号	参数	偏差	偏差描述	原因/关注	后果	现有对策措施
1	流量	流量过大	进加氢机氢气流量过大	中压储罐出口压力高	中压储罐出口压力高，与客户瓶组压差过大，导致进加氢机氢气流量过大，温度过高，进而导致客户瓶组温升过快，压力过大，氢气泄漏，遇点火源发生火灾爆炸事故，可能导致1~2人伤亡；轻微财产损失；轻微环境污染；本地区影响	1. 加氢机设流量高报警，设温度高报警，高高联锁关阀；2. 加氢机设压力高报警，高高联锁关阀；3. 加氢机设安全阀；4. 客户瓶组设安全阀；5. 加氢机内部设氢气探测器，设氢气浓度高报警，高高联锁停加氢机；6. 罩棚柱上设氢气探测器，设氢气浓度高报警，高高联锁关阀；7. 加氢机按装置时程序分低、中、高三线顺序加注，锁全站急停；8. 开车调试过程设手阀，降低加注压差；实现人工流量控制
2			冷冻水流量过大		无明显安全后果	
3		流量过小或无流量	进加氢机氢气流量过小		无明显安全后果	
4			冷冻水流量过小	冷冻水机组故障	客户瓶组温升过快，无明显后果；瓶组寿命减少，影响客户瓶组氢气加注量，客户轻微财产损失；无环境污染；企业内部关注	1. 外循环水泵一备一用；2. 加氢机前设温度高报警，高高联锁关阀
5		逆流	氢气氮气单压至氮气吹扫管线	阀门内漏	阀门内漏，会窜至氮气吹扫管线，扫管线已经设有单向阀，发生高压窜至低压的可能性比较小，故不做详细分析	1. 氮气吹扫管线设安全阀；2. 氮气吹扫管线设单向阀

续表

序号	参数	偏差	偏差描述	原因关注	后果	现有对策措施
6	压力	压力过高	加氢机出口氢气压力过高	加氢机入口流量大	见序号1分析内容	1. 加氢机设流量高报警，设温度高报警，高高联锁关阀； 2. 加氢机设压力高高报警，高高联锁关阀； 3. 加氢机设安全阀； 4. 客户瓶组设安全阀； 5. 加氢机内部设氢气探测器，设氢气浓度高报警，高高联锁停加氢机； 6. 罩棚柱上设氢气探测器，设氢气浓度高报警，高高联锁站急停； 7. 加氢机按设置过程限程序分低、中、高三线顺序加注； 8. 开车调试过程设手阀，实现人工流量控制
				压力控制回路故障	压力控制回路故障，加氢机压力高，导致客户瓶组超压，严重时瓶组破裂，氢气泄漏，遇点火源发生火灾爆炸事故，可能导致1~2人伤亡； 轻微财产损失； 轻微环境污染； 本地区内影响	1. 加氢机设流量高报警，设温度高报警，高高联锁关阀； 2. 客户瓶组设有安全阀； 3. 加氢机内部设设氢气探测器，设氢气浓度高报警，高高联锁停加氢机； 4. 罩棚柱上设氢气探测器，设氢气浓度高报警，高高联锁站急停； 6. 加氢机按设置过程限程序分低、中、高三线顺序加注； 7. 开车调试过程设手阀，实现人工流量控制
7		压力过低			无明显安全后果	
8	温度	温度过高	进加氢机氢气气温过高	进加氢机氢气进加量过大，导致氢气温度过高	见序号1分析内容	1. 加氢机前设有流量高报警，设温度高报警，设压力高报警，高高联锁关阀； 2. 加氢机按设置过程时限程序设手阀，实现人工流量控制 3. 开车调试过程设压阀，降低加注压差
				预冷机故障，预冷效果差	客户瓶组温升过快，影响客户瓶组氢气加注量，客户瓶组寿命减少； 轻微财产损失； 无环境污染； 企业内部关注	加氢机前设温度高报警，高高联锁关阀
9		温度过低			无明显安全后果	

续表

序号	参数	偏差	偏差描述	原因/关注	后果	现有对策措施
10	液位	液位过高	N/A			
11		液位过低或无液位	N/A			
12	组分	杂质	氢气中含杂质	氢气生产、输送至加氢站或在加氢过程中受到污染	影响加氢车燃料电池的使用寿命，若氢气中含有颗粒杂质；轻微财产损失；无明显环境污染；企业内部关注	1. 设氢气采样分析口，人工分析氢气纯度；2. 加氢机入口设过滤器
13	异常	腐蚀/冲蚀	设备或管线腐蚀	高压环境下氢气发生氢脆蚀	腐蚀管线设备，严重时发生火灾爆炸事故，泄漏，遇点火源可能导致 1~2 人伤亡；轻微财产损失；轻微环境污染本地区内影响	1. 氢气管道采用 316L，管道、管件、阀门采用进口优质材料；2. 加氢站区域内设氢气探测器和火焰探测器，联锁停机
14		维护/隔离	加氢机故障	维护不及时或不到位	可能影响加氢机使用寿命缩减甚至损坏；轻微财产损失；无环境影响；企业内部关注	设加氢机操作规程、操作票
15	运行	吹扫/放空	氮气置空气不彻底	人员误操作，氮气置换空气不彻底	氮气混合，严重时氢气泄漏，管线中存有少量空气，与氢气混合，严重时氢气闪燃或者着火，由于氢气在线量很少，导致 1~2 人轻伤；轻微财产损失；轻微环境污染本地区内影响	设氮气吹扫换接口
16			氮气吹扫系统故障	自力式减压阀故障开度过大	自力式减压阀故障开度过大，氮系统压力过高；轻微财产损失；无明显环境污染；企业内部关注	1. 氮气系统设压力高报警，高高联锁停机；2. 氮气系统设安全阀
17		排净			N/A	

续表

序号	参数	偏差	偏差描述	原因关注	后果	现有对策措施
18	公用工程	公用工程故障	停电	各电器设备停运	不能实现加注氢气，无明显人员安全后果；进卸气柱前阀门故障开度过小，导致进入低压压缩机流量过低，压力过低，出口温度过高，严重时可能导致压缩机损坏；无环境污染；企业内部关注	设UPS电源装置
19			仪表风系统故障	气动阀停止运行	气动阀不能开启或切断，导致操作失灵，紧急切断不能动作，联锁产损失；轻微财产损失；轻微环境污染；本地区内影响	设压力低报警，低低联锁全站急停
20			放散系统故障	放散管管顶被雨雪等杂质堵塞	事故状态下安全阀不能紧急放散憋压，管线超压破裂损坏，氢气泄漏，遇点火源发生火灾爆炸事故，可能导致1~2人伤亡；轻微财产损失；轻微环境污染；本地区内影响	1. 管顶设置成45°倾斜角，降低雨雪等杂质堵塞的可能性；2. 放空管设计压力高；3. 放散管根部设排污阀；4. 站区设氢气泄漏浓度高报警，高高联锁全站急停
				放空管管顶被雨雪等杂质堵塞	放空管堵塞，氮气泄漏，可能导致人员窒息，严重时管线超压损坏，无环境污染；本地区内影响	1. 氮气系统设有压力高报警，高高联锁全站急停；2. 管顶设置成45°倾斜角，降低雨雪等杂质堵塞的可能性；3. 放空管设计压力高2.5MPa；4. 放散管根部设排污阀

第9章 危险与可操作性分析（HAZOP）

第10章 工作危害分析

10.1 方法概述

工作危害分析JHA（job hazard analysis）又称工作安全分析JSA（job safety analysis），是通过将一项作业活动分解为若干个相连的工作步骤，识别每个步骤的潜在危害因素，从而提出对应的控制措施，将风险最大程度地消除或控制的系统安全分析方法。

美国职业安全与健康管理局（OSHA）给出工作危害分析JHA的定义为：一种对工作任务进行风险识别的技术方法，其注重作业人员、作业任务、工具和作业环境之间的关系，通过采取措施将不受控制的风险进行消除或将其降至可接受水平。OSHA认为它是一种在危害发生前通过检查作业任务来精确定位风险的体系。

工作安全分析（JSA）由美国葛玛利教授1947年提出，是欧美企业长期使用的一套较先进的风险管理工具之一。其核心步骤为：任务分解、识别每一步骤的潜在危害、制定控制措施。美国安全生产委员会（NSC）的三栏工作安全分析表（如表10.1）最早出现在1964年NSC《工业操作事故预防手册》（Accident Prevention Manual for Industrial Operations）。

表10.1 美国安全生产委员会工作安全分析表（示例）

工作安全分析	工作名称：		日期：	☐新编 ☐修订
	作业人：	主管：	分析人：	
公司名称：	工厂/位置：	车间：	审核人：	
所需和/或推荐的个人防护用品：			批准人：	
基本作业步骤	潜在危险源		建议的措施或程序	

OSHA 以金属铸件打磨为例，展示了如何通过工作危害分析识别风险，示意图如图 10.1 所示。

图 10.1　金属铸件打磨作业示意图

作业步骤：① 将手伸进机器右方的金属铸件容纳盒中，抓住铸件，拿到砂轮附近；
　　　　　② 将铸件在砂轮上打磨，将金属毛边磨掉；
　　　　　③ 将完成的铸件放到机器左方的盒子内。

金属铸件打磨作业危害分析表如表 10.2 所示。

表 10.2　金属铸件打磨作业危害分析表

作业名称： 金属铸件打磨作业	作业地点： 金属模房	分析人员：	分析日期：
基本作业步骤	潜在危险源	建议的措施或程序	
1. 将手伸进机器右方的金属铸件容纳盒中，抓住铸件，拿到砂轮附近	抓取铸件时，铸件可能会从手中滑落，砸伤脚部	1. 将铸件从容纳盒转移到研磨机器旁边的桌子上； 2. 穿带有拱形防护结构的钢头安全鞋； 3. 戴防护手套，增强抓力； 4. 用专业设备抓取铸件	
2. 将铸件在砂轮上打磨，将金属毛边磨掉	铸件有锐利的边角，会割伤手掌	1. 使用夹钳等工具来抓取铸件； 2. 戴防切割手套且手套大小合适，避免被砂轮夹住	
3. 将完成的铸件放到机器左方的盒子内	伸手、抓取、扭转等动作会导致腰部肌肉拉伤	1. 将铸件由地面放到与腰部齐高的位置； 2. 培训工人在抓取铸件时不要扭动腰部，或重新设计作业平台	
审批人员：		审批日期：	

10.1.1　分析程序

工作危害分析 JHA 在具体实施过程中，除三个核心步骤外，首先还需要确定进行分析的工作或任务的优先级,即选取哪些工作或任务进行工作危害分析,所以通常分为如图10.2所示四步。

图 10.2　工作危害分析 JHA 分析程序

(1) 确定或选择待分析的作业

确定或选择待分析的作业时,一般从如下方面进行考虑:

- 事故频率和后果:频繁发生或不经常发生但可导致灾难性后果的;
- 严重的职业伤害或职业病:事故后果严重、危险的作业条件或经常暴露在有害物质中;
- 新增加的作业或一项新的工作:由于经验缺乏,明显存在危害或危害难以预料;
- 变更的作业:可能会由于作业程序的变化而带来新的危险;
- 不经常进行的作业:由于从事不熟悉的作业而可能有较高的风险。

(2) 将作业划分为一系列的步骤

划分作业步骤时应遵循如下原则:

- 每一个步骤都应是作业活动的一部分;
- 划分的步骤不能过于笼统,否则会遗漏一些步骤以及与之相关的危害;
- 划分的步骤不宜过细,步骤过细会导致分析起来过于凌乱,体现不出重点;
- 根据经验,一项作业活动的步骤一般不超过 10 项。如果作业活动划分的步骤太多,可先将该作业活动分为两个部分,分别进行危害分析;
- 保持各个步骤正确的顺序,顺序改变后的步骤在危害分析时有些潜在的危害可能不会被发现,也可能增加一些实际并不存在的危害。

按照顺序在分析表中记录每一步骤,记录步骤时还需注意:应尽量用简洁的语言进行描述;每一步骤都应体现出先后顺序;每一步骤应说明是"做什么",而不是"如何做"。

错误的作业步骤描述:在合作者确认下按下操作开关。

正确的作业步骤描述:① 通知合作者;
　　　　　　　　　　② 按下操作开关。

(3) 辨识每一步骤的潜在危害

辨识每一步骤的潜在危害,一般通过分析人员采用头脑风暴的方法,在收集以往的事故案例、未遂事件统计、违章作业记录等资料的基础上,结合进一步的任务观察进行。任务观察可针对同一工作任务对不同人员作业方式进行观察,从各自不同的做法中比较、分析各不同方式导致的后果。同时，需注意观察应当在正常的时间和工作状态下进行，如一项作业活动是夜间进行的，那么就应在夜间进行观察。

具体的潜在危害识别可参照《生产过程危险和有害因素分类与代码》（GB/T 13861—2022）从人的因素、物的因素、环境因素、管理因素四个方面进行，避免出现重要遗漏，如图 10.3 所示。

图 10.3　识别作业潜在危害的四个方面

具体辨识过程可采用提问、讨论的方式进行，例如：
- 是否会将作业人员的某一部分限制在一个空间内或者将其夹在两个物体间？
- 使用的工具/机器/设备是否存在安全隐患，作业人员接近目标时是否会有潜在危害？
- 作业人员是否会被物体撞击或撞击到物体、设备？
- 作业人员会被滑倒或者绊倒吗？
- 作业人员会受到提升力/推力或者拉力的伤害？
- 是否存在落物伤害的可能？
- 是否有良好的照明？
- 工作中是否会接触到高温/有毒或者腐蚀性物品？
- 天气条件是否会对安全造成影响？
- ……

（4）确定预防控制措施

按工程技术措施、管理措施、培训教育措施、个体防护措施、应急处置措施的逻辑顺序，制定预防控制措施。

10.1.2　分析表单

工作危害分析 JHA 已经广泛应用于企业的风险管理，在我国企业实践应用过程中，通常与作业条件危险性分析（LEC）法、风险矩阵法（LS）同时使用，辨识作业步骤潜在危害的同时，评估其风险等级。常用表单形式如表 10.3 和表 10.4 所示。

表 10.3　工作危害分析表单 1（JHA+ LEC）

作业名称：　　　　　　分析人员：　　　　　　分析日期：　　　　　　编号：

序号	作业步骤	潜在危险	可能导致的事故或伤害后果	可能性 L	暴露频率 E	后果严重性 C	危险性分值 D	现有风险控制措施	建议改进/补充控制措施

表 10.4　工作危害分析表单 2（JHA+ LS）

作业名称：　　　　　　分析人员：　　　　　　分析日期：　　　　　　编号：

序号	作业步骤	潜在危险	可能导致的事故或伤害后果	可能性 L	后果严重性 S	风险值 R	风险等级	现有风险控制措施	建议改进/补充控制措施

10.1.3　进行工作危害分析的人员要求

进行工作危害分析的人员一般由熟悉相应工作任务的管理、技术或设备、安全、操作人员组成，通常由完成工作任务的班组长担任分析组长。分析小组人员应熟悉工作危害分析方法，了解工作任务、区域环境和设备，熟悉相关的操作规程。

10.1.4　方法评述

优点：

- 适用范围广泛：可以应用于各种行业和领域，适用于各种规模的组织。
- 可用于识别潜在的危害：通过分析工作中可能存在的危害，识别出潜在的风险和安全隐患，从而采取相应的预防措施。
- 可用于制定安全操作规程：通过对工作流程的分解和分析，制定安全操作规程，指导员工正确操作，降低事故风险。
- 利于改进工作环境：通过识别和分析工作场所中的危害因素，采取措施消除或减少这些因素，改善工作环境，提高工作效率。

• 可提高员工安全意识：工作危害分析法强调员工参与和自主管理，有助于提高员工的安全意识和责任心，降低事故发生概率。员工参与到这一过程，能更好地理解为什么工作中要求其穿戴特定的个体防护装备，采取一系列控制措施，或以特定方法去使用设备，能有效减少违规作业行为。

• 可用于事故调查：通过分析工作步骤和控制措施，与事故状态下的工作步骤和控制措施进行比较，找出事故原因，分析消除事故的措施。

缺点：

• JHA 由一个或一组人对作业进行分析，分析的结果在很大程度上取决于分析人员对作业和安全的认识与经验。

• JHA 分析过程相对耗时。

10.2　JHA 分析实例 1：露天采场爆破作业 JHA 分析

爆破作业是非煤矿山生产过程中的重要工序，其作用是利用炸药在爆破瞬间放出的能量对周围介质做功，以破碎矿岩，达到掘进和采矿的目的。

爆破作业一般分为爆破前的准备、验孔、装药、起爆、爆后检查等环节。爆破单位和作业人员不具备相应的资质资格、爆破设计不合理、使用质量不合格的炸药和爆破器材、爆破前未对区域环境进行有效检查、警戒和安全措施不到位、爆破作业操作不当或违规操作等，都可能引发爆破事故。

爆炸产生的震动、冲击波和飞石对人员、设备设施、构筑物等造成较大损害。常见的爆破危害有爆破震动、爆破冲击波、爆破飞石、拒爆、早爆、迟爆、炮烟中毒等。

露天采场爆破作业 JHA 分析详见表 10.5。

表 10.5　露天采场爆破作业 JHA 分析

序号	作业步骤	危险源或潜在危险事件	可能导致的事故或后果	预防和控制措施
1	爆破准备	爆破作业环境不良	放炮事故	1. 装药前一天在矿山出入口处设置爆破告知牌； 2. 爆破前及时掌握气象资料，遇恶劣天气，停止实施爆破作业； 3. 装药前一天进行爆破信息告知
		爆破员不具备上岗条件	放炮事故	爆破作业前检查爆破员上岗资格
		爆破设计不合理	放炮事故	爆破设计由满足相关资格的人员进行，并经爆破单位技术负责人审核通过
		未建立避炮掩体或避炮掩体位置不正确	放炮事故	起爆站应设在避炮掩体内或设在警戒区外的安全地点

续表

序号	作业步骤	危险源或潜在危险事件	可能导致的事故或后果	预防和控制措施
2	验孔	炮孔口周围有碎石	放炮事故	炮孔口周围 0.5m 范围内的碎石、杂物清除干净
		炮孔参数不符合设计要求	放炮事故	装药前应对炮孔逐个进行测量验收,作好记录并保存;发现不合格钻孔应及时处理,未达验收标准不得装药
3	装药	未进行装药警戒	放炮事故	爆破器材进入现场后,设置装药警戒并设置明显警示标识,装药警戒范围由爆破技术负责人确定
		未对爆破器材进行检查	放炮事故	在实施爆破作业前,对所使用的爆破器材进行检查,对使用的雷管、仪表、电线、电源进行检测,并保存检查、检测记录
		违规加工起爆器材	放炮事故	在指定的安全地点进行加工,加工数量不应超过当班爆破作业用量
		装药使用不防静电炮棍	放炮事故	炮孔装药应使用木质或竹制炮棍
		冲击、挤压起爆药包,拉拽导爆索和雷管脚线	放炮事故	装入雷管或起爆药包后,不得用任何工具冲击、挤压,在装药过程中,不得拔出或硬拉起爆药包雷管引出线
		随意增减装药量	放炮事故	安装视频监控系统;按设计药量装药并做好装药原始记录;爆破工程技术人员现场监督,发现炮孔装药量变大,及时报告;爆破员不能自行增减药量
4	炮孔填塞	炮孔填塞长度不足或混有石块和易燃物	放炮事故	禁止无填塞爆破;填塞长度符合爆破设计;炮泥中不能混有石块和易燃材料
5	起爆网络	网络连接错误	放炮事故	起爆网络连接应严格按设计要求进行,由工作面向起爆站依次进行;敷设起爆线路应由有经验的爆破员或爆破技术人员实施,并实行双人作业制
		未对起爆网络进行检查	放炮事故	装药前应使用专用仪器检测电子雷管,并进行注册和编号;起爆前,应由有经验的爆破员组成检查组对起爆网络进行检查,检查组不得少于2人
6	爆破警戒和信号	爆破警戒范围小或执行不严	放炮事故	在爆破警戒区边界设置明显警示标识并派出岗哨;爆破警戒范围符合设计要求;警戒人员按指令到达指定地点并坚守岗位
		爆破信号不全、不清	放炮事故	安装爆破警报器;发出预警信号后爆破警戒范围内开始清场;确认人员全部撤离爆破警戒区,所有警戒人员到位,发出起爆信号,下令起爆;确认安全后,报请现场指挥同意,发出解除警戒信号;爆破警戒区域及附近人员清楚地听到或看到信号

续表

序号	作业步骤	危险源或潜在危险事件	可能导致的事故或后果	预防和控制措施
7	爆破后检查	爆破后检查等待时间短	放炮事故	爆破15min后进入爆区检查
		爆破后检查内容不全	放炮事故	确认有无盲炮；确认爆堆是否稳定，有无危石
8	处理盲炮	盲炮处理不当	放炮事故	在距盲炮孔口不少于10倍炮孔直径处另行打平行孔装药起爆；爆破工程技术人员现场监督；无关人员不准在场，在危险区边界设警戒，并禁止进行其他作业，在不能确认爆堆无残留的爆破器材之前，应采取预防措施并派专人监督爆堆挖运作业，盲炮处理后由处理者进行记录

10.3 JHA分析实例2：露天采场铲装作业JHA分析

矿山铲装作业是利用装载机械（如挖掘机、索斗铲、液压铲和轮胎式前装机等）将矿岩从较软弱的矿岩实体或经爆破破碎后的爆堆中挖取，装入某种运输工具内或直接卸至某一卸载点。铲装作业是露天矿整个生产过程的中心环节。

铲装作业步骤一般分为作业前的准备、铲装设备铲装、铲装车辆行走。

铲装作业由于人、设备、环境、管理等因素容易造成车辆伤害事故，如铲装设备作业人员未经培训合格上岗、作业前未按要求对设备设施和作业环境进行检查确认、超载、两台以上的挖掘机在同一平台上作业时间距不足、上下台阶同时作业时未沿走向错开、挖掘机未在稳定范围的作业平台行走等。

露天采场铲装作业JHA分析详见表10.6。

表10.6 露天采场铲装作业JHA分析

序号	作业步骤	危险源或潜在危险事件	可能导致的事故或后果	预防和控制措施
1	作业前准备	挖掘机司机不具备上岗条件	车辆伤害	经培训合格后上岗，严禁酒后上岗、疲劳作业
		挖掘机司机未对挖掘机进行安全检查	车辆伤害 机械伤害	作业前对挖掘机进行安全检查
		作业环境不良	车辆伤害	夜间作业设置照明装置，保证足够照明；发现危岩浮石、盲炮等情况，立即停止作业，并将设备开到安全地点；上下台阶的同时进行作业的挖掘机，应沿台阶走向错开一定的距离；平衡装置，工作区域内无人员

第10章 工作危害分析

续表

序号	作业步骤	危险源或潜在危险事件	可能导致的事故或后果	预防和控制措施
2	铲装	作业过程中未发出警告信号	车辆伤害	作业过程中，进行各种操作时，均应发出警告信号
		装车卸矿高度过高	车辆伤害	铲斗卸矿高度不超过车斗上沿0.5m
		铲斗从车辆驾驶室上方通过	车辆伤害	作业时，严禁铲斗从车辆驾驶室上方通过
		超载或装载不符	车辆伤害	对过大的岩石和矿石要进行二次破碎；不能装载过满或装载不均；严禁将大岩块装入车的一端
		使用铲斗处理粘箱车辆	车辆伤害	禁止用挖掘机铲斗处理粘箱车辆
		两台以上的挖掘机在同一平台上作业时，间距不足	车辆伤害	两台以上的挖掘机在同一平台上作业时，挖掘机的间距应不小于其最大挖掘半径的3倍，且应不小于50m
		上、下台阶同时作业时，未沿走向错开	车辆伤害	在上部台阶边缘安全带进行辅助作业的挖掘机，应超前下部台阶正常作业的挖掘机最大挖掘半径的3倍，且应不小于50m
3	行走	挖掘机未在稳定范围的作业平台行走	车辆伤害	挖掘机在作业平台的稳定范围内行走；挖掘机上下坡时，驱动轴应始终处于下坡方向，铲斗应空载与地面保持适当距离，悬臂轴线与行进方向一致
		挖掘机通过电缆、风水管、沉陷等危险路段	触电车辆伤害	架空电缆、风水管；修整压实道路

10.4　JHA分析实例3：天然气管道安装作业JHA分析

天然气管道安装作业涉及安全技术交底、吊装、焊接、安装后的现场清理等作业环节，如操作不当、指挥不当、违规作业等可能引发物体打击、高处坠落、火灾等事故。

本节将天然气管道安装作业划分为作业前准备、管道吊装、管道安装、安装结束四个环节，进行JHA分析，详见表10.7。

表10.7　天然气管道安装作业JHA（+LS）分析

序号	作业步骤	危险源或潜在危险事件	可能导致的事故或后果	现有安全措施	L	S	R	风险等级	建议改进/控制措施
1	作业前准备	劳动防护用品穿戴不规范；未进行详细的安全技术交底；作业区域未进行路障隔离等	人员伤害（物体打击、高处坠落）	作业人员穿戴安全帽、安全鞋、防护手套等；施工单位必须在总包确认下完成安全技术交底	2	4	8	4	高空作业人员穿戴安全带；动火作业人员佩戴护目镜；总包单位加强监管和巡检

续表

序号	作业步骤	危险源或潜在危险事件	可能导致的事故或后果	现有安全措施	L	S	R	风险等级	建议改进/控制措施
2	管道吊装	作业现场无专职人员协调指挥；吊车司机无操作证；吊带索具等未检查；吊物下方有人员逗留	人员伤害（物体打击）	施工单位必须配备专职协调指挥人员；检查吊车司机操作证；检查吊索具是否损坏；作业前确认吊物下方无人	3	4	12	3	总包单位加强巡检和质检
3	管道安装	使用不合格的工具，焊接作业时无防火设施，高空作业时无防坠保护，坠物，机械碰撞等	火灾、高处坠落、物体打击	检查作业人员工具；焊接动火作业现场配备消防设施；配备高空作业防坠保护设施；检查捆绑牢固情况	3	5	15	2	总包单位加强现场巡检；动火作业时配备灭火器、防火布、看火人等；高空作业设立作业平台，避免交叉作业
4	安装结束	作业现场未清理，隔离带未清除，未封闭人孔等	人员误入伤害	作业完成后清理现场，对人孔采取临时封闭措施	2	3	6	4	总包单位进行检查确认

10.5 JHA 分析实例 4：液氨卸车作业 JHA 分析

氨在常温常压下为无色气体，有强烈的刺激性气味，20℃、891kPa 下即可液化，放出大量的热。液氨在温度变化时，体积变化的系数很大，极易燃，能与空气形成爆炸性混合物，遇明火、高热引起燃烧爆炸。氨的爆炸极限 15%～30.2%（体积比），自燃温度 630℃，最大爆炸压力 0.580MPa。氨对眼、呼吸道黏膜有强烈刺激和腐蚀作用。急性氨中毒引起眼和呼吸道刺激症状、支气管炎或支气管周围炎、肺炎、重度中毒者可发生中毒性肺水肿。高浓度氨可引起反射性呼吸和心搏停止。可致眼和皮肤灼伤。

液氨卸车作业过程中，因人员违规操作或操作不当或槽罐车、装卸鹤管、连接管道等设备设施缺陷，容易发生液氨泄漏，引发火灾、爆炸、中毒事故。例如，2003 年 9 月 5 日，河南省某运输公司一辆液氨罐车到江西某化肥厂充装液氨，因液氨充装软管质量不合格，造成充装过程中装卸软管液相管突然爆裂，大量液氨外泄，造成 1 人死亡。

液氨卸车作业环节一般包括：卸车前的检查、引导液氨槽罐车入厂、停放车辆、导除静电、管线连接确认、连接鹤管、开启打料泵、充装作业、卸车完成关闭罐车阀门、关闭打料泵、断开鹤管连接、引导罐车离厂。

液氨卸车作业 JHA 分析详见表 10.8。

表 10.8　液氨卸车作业 JHA 分析

序号	作业步骤	危险源或潜在危险事件	可能导致的事故或后果	预防和控制措施				
				工程技术	管理措施	培训教育	个体防护	应急处置
1	卸车前检查	人员个体防护佩戴不全；导静电系统故障；鹤管装卸臂未锁定；车辆未安装阻火帽	火灾、爆炸、人员中毒、设备损坏	采用鹤管卸车，设置导静电钳；车辆配戴阻火帽；罐区设置风向标	车辆入场前安全检查	依据外来人员管理制度，对外来人员进行培训，合格后方可进厂	人员佩戴安全帽、防护镜、氨气防毒面具、防化服、空气呼吸器等	发生火灾时，利用消火栓、消防水炮及时扑救；配备氨气防毒面具、防化服、空气呼吸器，发生液氨泄漏及时逃生
2	引导罐车入厂	罐车未按指定路线入厂	人员、车辆伤害	划定车辆入厂路线	人员引导外来车辆入厂，设置车辆限高、限速警示标志	依据外来人员管理制度，对外来人员进行培训，合格后方可进厂	人员佩戴安全帽	人员车辆伤害后用急救药箱药品工具简单处理，拨打120等待救援
3	车辆停稳	车辆停车未设置止滑措施，车辆溜车，撞坏设备，撞到现场人员	设备损坏、车辆伤害	外来车辆自带防溜车止滑板	车辆停稳，熄火，立即设置止滑板		人员佩戴安全帽、防护镜	人员车辆伤害后用急救药箱药品工具简单处理，拨打120等待救援
4	导电钳夹在罐车上	忘记夹导电钳，导电钳故障，车辆静电积聚产生火花	火灾、爆炸	设置断路报警装置	依据设备管理定期对导电钳进行测试	操作人员进行三级教育培训，考核合格，熟练掌握卸车操作，方可上岗操作	人员穿防静电工作服	发生火灾时利用灭火器、消防水炮及时扑救
5	输氨管线储罐确认	管线连接错误，未卸入指定储罐	液氨泄漏	卸车和液氨罐区设置有毒气体报警仪；储罐压力、液位远传，设置紧急切断阀，管线标明介质流向	依据液氨卸车操作规程，确定储罐与管线	操作人员进行三级教育培训，考核合格，熟练掌握卸车操作，方可上岗操作	人员佩戴安全帽、氨气防毒面具、防化服、空气呼吸器等	人员佩戴防化服、空气呼吸器，关闭液氨罐车阀门；液氨储罐泄漏时，开启自动喷淋水，液氨水溶液进入应急事故池

续表

序号	作业步骤	危险源或潜在危险事件	可能导致的事故或后果	预防和控制措施				
				工程技术	管理措施	培训教育	个体防护	应急处置
6	连接鹤管	连接处未紧密连接，造成液氨泄漏，连接违规操作，磕碰到现场人员	人员中毒、机械伤害	设置有毒气体报警仪	人员按照卸车操作规程进行操作	对操作人员进行鹤管连接方法培训，熟练操作	人员佩戴安全帽和氨气防毒面具	若液氨泄漏，人员佩戴防化服、空气呼吸器，关闭液氨罐车阀门；若发生轻微机械伤害，利用急救药箱进行简单处理，受伤较重简单处理后拨打120等待救援
7	开启打料泵	打料泵损坏，静电积聚引发火灾爆炸	火灾、爆炸	现场存放备用泵；采用防爆电机、防爆线路；泵体接地电阻小于4Ω	每年进行防雷防静电检测	加强操作人员培训	人员穿防静电工作服	若泵损坏，关闭阀门，换上备用泵继续打料；若发生火灾，利用灭火器、消防水炮及时扑救
8	充装作业	液位高，管线发生液氨泄漏	液氨泄漏，人员中毒	设置有毒气体报警仪，储罐压力、液位远传；设置紧急切断阀；管线标明介质流向	人员按照卸车操作规程进行操作，时刻关注罐液位和管线情况	操作人员进行三级教育培训，考核合格，熟练掌握卸车操作，方可上岗操作	人员佩戴安全帽、护目镜和氨气防毒面具	若发生液氨泄漏，人员佩戴氨气防毒面具，立即关闭液氨卸车罐阀门
9	卸车完成关闭罐车阀门、关闭打料泵	关闭不严发生液氨泄漏	液氨泄漏，人员中毒	设置有毒气体报警仪；设置液位、压力远传	依据设备管理制度，每月对泵进行巡检，维护保养		人员佩戴安全帽、护目镜和氨气防毒面具	若发生液氨泄漏，人员佩戴氨气防毒面具，立即关闭液氨卸车罐阀门
10	断开鹤管连接	操作时人员磕碰，造成机械伤害	机械伤害		人员按照卸车操作规程进行操作，对于违章作业进行考核	操作人员进行三级教育培训，考核合格，熟练掌握卸车操作，方可上岗操作	人员佩戴安全帽、护目镜	若发生轻微机械伤害，利用急救药箱进行简单处理；若受伤较重简单处理后拨打120等待救援

续表

序号	作业步骤	危险源或潜在危险事件	可能导致的事故或后果	预防和控制措施				
				工程技术	管理措施	培训教育	个体防护	应急处置
11	引导罐车离厂	罐车未按指定路线离厂	人员、车辆伤害	划定车辆离厂路线	人员引导外来车辆离厂，设置车辆限高限速警示标志	依据外来人员管理制度，对外来人员进行培训，合格后方可进厂	人员佩戴安全帽	人员、车辆伤害后用急救药箱药品工具简单处理，拨打120等待救援

10.6　JHA分析实例5：盲板抽堵作业JHA分析

盲板抽堵作业是指在设备抢修、检修及开停工过程中，设备、管道内可能存有物料（气态、液态、固态）及一定温度、压力情况时的盲板抽堵，或设备、管道内物料经吹扫、置换、清洗后的盲板抽堵。

盲板抽堵作业往往涉及易燃、易爆、有毒等物料以及高温、高压的物料状态。因此如操作不当、操作失误、违规作业、安全措施缺陷、盲板自身缺陷等，容易引发火灾、爆炸、中毒和窒息、高温灼烫等事故。另外，盲板抽堵作业多在高处管廊或平台上进行，防护不到位容易发生高处坠落事故。

2013年4月25日，某化工公司气分装置检修施工过程中，3名作业人员在泵泄压盲板处进行抽盲板作业时，因防护措施不当，造成3名作业人员因硫化氢中毒死亡。2014年4月26日，某煤焦化公司在对回炉煤气管道进行检修过程中，安装的盲板尺寸和位置不符合安全要求，造成煤气通过盲板和法兰之间的缝隙进入煤气主管道，并从拆除的1#炉流量计接口处泄漏，泄漏的煤气通过门窗进入值班室、交换机室、焦炉中间通廊，遇火源发生爆炸，造成4人死亡、31人受伤。2015年3月3日，某化肥公司在生产系统还没有停车时，就签发出检修作业票，检修人员在未确认的情况下拆开气液分离器（压力为3.75MPa、温度为211℃）底部法兰盲板，致使高压蒸气喷出，造成3人死亡。

盲板抽堵作业JHA分析详见表10.9。

表10.9　盲板抽堵作业JHA分析

序号	作业步骤	危险源或潜在危险事件	可能导致的事故或后果	预防和控制措施
1	作业前	未办理抽堵盲板安全作业证	违章作业，发生事故	严格办理抽堵盲板作业证
		未编写安全技术措施	作业人员情况不明，发生事故	编写安全技术措施
		安全技术措施未经审批、未经落实	违章作业，造成事故	安全技术措施必须经过审批，并落实到位
		无盲板拆装图	人身伤害、其他伤害	办理作业票、做到明确规定

续表

序号	作业步骤	危险源或潜在危险事件	可能导致的事故或后果	预防和控制措施
1	作业前	管道内退料、吹扫	中毒、人身伤害	按照操作规程严格执行
		盲板厚度、材质、大小达不到要求	发生严重事故	对盲板厚度、材质、大小进行检查
		未安排监护人	发生事故不能及时发现，造成严重后果	必须安排专人监护
		作业设备未断电	触电	作业前找电工确认，并挂停电牌
		监护人不到位	发生事故不能及时发现，使事故扩大	定时对监护人进行督查
		消防器材不到位	发生着火、爆炸事故	作业前清点消防设施
		未对作业人员清点	人员伤亡	作业前对作业人进行清点
2	环境检查	交底不清、拆错法兰	火灾、爆炸、中毒窒息	严格执行操作规程
		现场无防溢油措施	人身伤害、中毒、火灾	严格执行操作规程
		高空作业无脚手架	高处坠落、人身伤亡	严格执行操作规程
		人身带静电	火灾、爆炸	严格执行操作规程
3	作业中	作业人员不戴劳保用品	人身伤害	进行处罚和教育，监护人必须进行监督
		设备、管线存在高温	烫伤	作业前由作业负责人对设备进行检查确认
		作业设备或管线内存在高压	人员伤亡	作业前，必须将管道和设备内的压力卸至微正压或常压
		设备、管道内存在有毒气体	中毒	作业期间穿戴好防毒劳保服，现场放置便携式有毒检测仪
		设备、管道内存在可燃气体	火灾、爆炸	必须置换合格，定时取样，现场放置便携式可燃气检测仪
		设备、管道内存在使人窒息的惰性气体	窒息	现场放置便携式氧气检测仪，作业管线压力降到微正压或常压
		涉及有限空间作业	窒息、中毒、爆炸	办理有限空间作业证，严格按照有限空间作业规定作业
		设备、管道内存在腐蚀性物质	腐蚀	穿戴好橡皮手套，穿防化服
		涉及高空作业	高空坠落、高空坠物	办理高处作业证，系好安全带
		作业现场存在输电线	触电	作业前必须停电或进行技术处理
		涉及吊装作业	造成人员伤亡	办理吊装作业证，按照吊装作业标准作业
		作业位置设备密集	出现事故，给救援造成困难	保持好救援通道通畅
		作业位置存在其他转动设备	机械伤害	做好防护设施，人员穿紧身工作服，鞋带、绳子等远离设备

续表

序号	作业步骤	危险源或潜在危险事件	可能导致的事故或后果	预防和控制措施
3	作业中	施工用设备、电器、通风设施及照明灯不符合安全规定	触电、人身伤害	根据要求逐一检查
		作业设备或管道存在热源或火源	人身伤害	消除热源或火源，无法消除的必须保证设备内无可燃性气体
4	完工后	未挂/摘除盲板牌	造成事故	必须检查是否悬挂或拆除
		现场工具、杂物未清理	人身伤害	做好文明施工
		作业人员未清点	人员失踪	必须清点人员
		作业电气设备未拆除	触电	拆除电气设备
		消防设施未恢复	火灾	作业完毕后立即恢复
		未经作业负责人验收	发生事故	逐一检查、进行验收

10.7　JHA 分析实例 6：锅炉内部检修作业 JHA 分析

锅炉内部检修作业属于有限空间作业。一般作业步骤为检修前的设备停机、办理有限空间作业许可、作业前的气体检测、进入受限空间作业、作业后的清场等。

如作业前未按规定要求进行设备停机就进入作业，会导致机械伤害事故。有限空间不按规定办理作业许可，未严格按规定进行气体检测、配备有效的防护装备等可能造成中毒和窒息事故。人员进入锅炉内部作业违反操作规程和安全规定，可能造成物体打击事故。

锅炉内部检修作业 JHA 分析详见表 10.10。

表 10.10　锅炉内部检修作业 JHA 分析

序号	作业步骤	危险源或潜在危险事件	可能导致的事故或后果	预防和控制措施
1	设备停机	设备未停机人员就进入	机械伤害	落实停送电手续；对煤磨、引风机等进行停电挂牌；煤磨电机打至辅传
2	有限空间气体检测	未执行有限空间作业"先通风、再检测、后作业"程序	中毒和窒息	严格执行有效空间作业审批程序；作业过程中先通风、再检测、后作业；检查并确认防护用品、工具；严禁立体交叉作业；检测 O_2、CO，2h 记录一次；现场配备正压式空气呼吸器、担架等
3	人员进入	马虎大意，姿势不当，碰到人孔门	其他伤害	进出过程动作放慢，当心碰头
4	内部作业	顶部的积料掉落	物体打击	侧身清理顶部积料后，进入下方作业
5	工完场清	作业现场未清理，遗留可燃物，或人员未全部出来	火灾	作业完毕清点人员，清理现场，所有工器具回收定置摆放，现场无可燃物、无杂物

10.8　JHA 分析实例 7：起重吊装作业 JHA 分析

吊装作业是指在检维修过程中利用各种吊装机具将设备、工件、器具、材料等吊起，使其发生位置变化的作业过程。吊装作业按吊装重物的质量分为三级：一级 $m>100t$、二级 $40t \leqslant m \leqslant 100t$、三级 $m<40t$。

吊装作业常因无证操作、指挥混乱、作业条件不良、未严格执行"十不吊"等引发安全事故，例如：2021年4月4日，广东省东莞市某街道装修施工现场，施工人员在没有项目经理、施工员、安全员、监理方等在场的情况下擅自组织吊装作业，因施工人员捆绑吊装带捆绑方法错误，导致起吊过程中吊物脱销坠落，造成违规站在吊车伸缩臂作业半径范围内的1人死亡；2001年7月17日，上海某造船公司船坞工地因吊装作业违规指挥、违规操作导致龙门起吊机在吊装主梁过程中发生倒塌，造成36人死亡。

起重吊装作业一般环节包括：吊装作业前的施工索具和吊具的检查准备、吊装开始阶段、吊装过程中、吊装结束环节。起重吊装作业 JHA 分析详见表 10.11。

表 10.11　起重吊装作业 JHA（+LS）分析

序号	作业步骤	危险源或潜在危险事件	可能导致的事故或后果	现有安全控制措施	L	S	R	建议改正/控制措施
1	施工索具和吊具的检查准备工作	未对绳索、吊具进行检查；吊装场地缺陷；人员登高作业防护不当	易发生重物坠落、起重设备倾斜侧翻、人员高处坠落	起重作业管理规定、起重作业安全技术规范	1	2	2	1. 吊装之前，必须仔细检查绳索、吊具及起重机械的完好状况，经确认合格后方可使用。 2. 熟悉吊装方案，并向施工人员做技术交底，强调安全操作技术，全面落实安全措施。 3. 选用合适的吊装索具，索具要达到并满足安全系数要求，不得有缺陷现象存在。 4. 熟悉吊装场地的松软程度，采取必要的安全防护措施。 5. 起重作业人员在操作中要登高作业，必须办理登高作业安全许可证，并采取可靠的安全措施后方可进行
2	吊装开始阶段	交叉作业；违章指挥；视线受阻	易发生重物坠落、起重设备倾斜侧翻	起重作业管理规定、起重作业安全技术规范	1	2	3	1. 起重作业时，起重索具、吊具等一律不准与电气线路交叉接触。 2. 两人以上从事起重作业，必须一人任起重指挥，现场其他起重人员或辅助人员必须听从起重指挥统一指挥，但在发生紧急危险情况时，任何人都可以发出符合要求的停止信号和避让信号。 3. 信号指挥人员必须持证上岗，旗哨齐全，指令要清楚明确。 4. 吊车在支车时保证四条腿全部伸展开。 5. 保证吊车控制室里视线没有被阻挡

续表

序号	作业步骤	危险源或潜在危险事件	可能导致的事故或后果	现有安全控制措施	L	S	R	建议改正/控制措施
3	吊装过程中	碰触其他设备或物体；吊物捆绑不牢；大风天气吊装等	易发生重物坠落、触电、火灾、爆炸、起重设备倾斜侧翻	起重作业管理规定、起重作业安全技术规范	2	2	4	1. 严禁将钢丝绳、缆风绳索拴在易燃易爆有毒管道、电气设备、电线杆等物体上。 2. 吊起的重物在空中运行时不准碰撞任何其他设备或物体。禁止物体冲击式落地，吊物不得长时间在空中停留。 3. 在化工区域从事起重作业，必须遵守化工区域内的各项安全规定。 4. 保证吊车作业地面平整，有足够的强度，支腿必须全部伸出垫道木或钢板，不得斜拉或起吊不明重物。 5. 吊运板材时必须选择正确的吊点，且吊点稳固可靠，选用合格的专用卡具，吊运散件或较长钢管时，必须将物体捆绑牢固。 6. 用两台或两台以上吊车抬吊时，要指定专人指挥，每台设备不得超过额定负荷的80%。 7. 在吊装过程中还应严格遵守"十不吊"管理规定。风力在6级以上或夜间施工时尽量不安排吊装。 8. 在吊装过程中必须使用溜尾绳，不允许用手去扶物件。 9. 不能使用单点吊装
4	吊装作业结束	未对吊装设备进行检查；存在隐患未及时消除；吊物未固定就撤钩	造成人员伤害	起重作业管理规定、起重作业安全技术规范	1	2	2	1. 吊车司机应做到每日班前后进行对车辆检查，发现隐患及时处理。 2. 吊物应牢固固定后，方可撤钩

10.9　JHA分析实例8：脚手架作业JHA分析

脚手架是一种临时搭建的、可供人员在其上施工、承载建筑物料的平台。脚手架随着工程进度而搭设，工程完毕后拆除，它对建筑施工速度、工作效率、工程质量以及人身安全有着直接影响，如果脚手架搭设不牢固、不稳定，容易造成脚手架坍塌、人员高处坠落等事故。据有关统计，我国建筑施工系统每年发生的伤亡事故中，约有1/3直接或间接与架设工具及其使用的问题有关。例如，2023年1月8日，湖南省某工程公司承建的浅圆仓工程发生一起脚手架坍塌事故，2人被压钢管下，经抢救无效死亡。事故的直接原因为施工现场管理混乱，脚手架作业班组人员无证上岗，在拆除过程中未按照专项施工方案进行拆除，违规操作，致使内脚手架支撑体系整体失稳垮塌，压死作业人员。

脚手架作业一般步骤为作业准备、材料运输、平整场地、脚手架搭设、铺设平台架板、脚手架检查、脚手架拆除、清理作业现场等。

脚手架作业 JHA 分析详见表 10.12。

表 10.12　脚手架作业 JHA 分析

序号	作业步骤	危险源或潜在危险事件	可能导致的事故或后果	预防和控制措施
1	作业准备	未进行危险点分析；搭设材料不合格；安全带不合格	高处坠落、坍塌	1. 脚手架的搭设和拆除必须办理工作票。作业前，进行危险点分析，制定预防措施； 2. 由有经验的架子工认真检查架杆、架板、扣件，确保材料合格； 3. 选用合格的安全带，并在作业前进行检查
2	材料运输	碰到旁边设备，导致设备损坏；人员滑倒、绊倒；钢管坠落；手部割伤	设备损坏、人员受伤	1. 搬运时注意附近的紧急关断按钮和设备、长管需要人进行搬运，保持搬运通道畅通，上下楼梯时必须一手紧扶栏杆； 2. 装车时材料摆放平稳整齐，并捆绑结实，卸车时稳拿稳放； 3. 人工搬运：3m 以下的钢管一次只能搬运 2 根，3m 以上的钢管一次只能搬运 1 根并需要 2 人合作搬运； 4. 搬运时，人员戴好手套、佩戴安全帽、穿防护鞋
3	平整场地	场地不平、松软、不实	架子倾翻	1. 搭设前将场地平整夯实，并铺设基础垫板； 2. 在非硬化的地面上，立杆基础必须平整、夯实，立杆与基础要实接触，埋地不小于 50cm 或绑扫地杆，钢管立杆下脚加通垫板，并设金属板墩或绑扫地杆
4	搭设脚手架	搭设时外人进入搭设区、搭设时操作不慎架杆滑落、高空坠物	人员碰伤、砸伤	1. 搭设前，在大于搭设区域直径 2m 的范围设置围挡封闭、设专人监护，防止外人误入； 2. 搭设时，作业人员要紧握架杆，密切配合，将扣件拧牢、紧固； 3. 搭设高度超过 2m 时，必须正确系挂安全带，每搭设一层铺好架板后，再继续搭设，直至搭设完毕； 4. 上下交叉作业有落物可能时，在两交叉作业点之间必须搭设隔离棚（层），隔离棚（层）由木杆或金属管搭设，横杆上铺满架子板，并在架子板垫满密封材料
5	铺设平台架板	坠物伤人	物体打击	1. 上架板时要抓紧、抓牢，防止架板滑落，架板铺设严密，用铁丝绑牢； 2. 脚手板的铺设应严密、牢固，搭搓端压过小横杆 15cm，距墙体距离不大于 15cm，严禁存有空头板
6	脚手架的检查	未认真检查、发现问题未及时处理	脚手架坍塌	1. 搭设完毕，认真检查，发现问题及时处理，确保脚手架稳固合格； 2. 脚手架必须由搭设方和使用方共同验收合格，并填写验收单后方可使用

续表

序号	作业步骤	危险源或潜在危险事件	可能导致的事故或后果	预防和控制措施
7	脚手架拆除	违规作业	物体打击、触电、高处坠落	1. 拆除脚手架时，周围应设置警戒线，并专人监护，无关人员严禁入内。 2. 拆除脚手架的各部分应按顺序进行，当拆除一部分时，应不使另一部分或其他的结构部分发生倾斜倒塌现象。 ①在准备拆除脚手架的周围设围栏，并在通向拆除地区的路口悬挂警示牌； ②敷设在需要拆除的脚手架上的电线和水管应首先切断，电线必须电工拆除； ③拆除高层脚手架时，应设专人监护。 3. 拆除脚手架不准上下层同时作业或采取将整个脚手架推倒，先拆下层主柱的方法，要严格由上而下分层进行，拆下的构件用起重设备或绳索捆吊下，严禁高处向低处抛掷。 4. 脚手架的栏杆与楼梯不用先行拆掉，而应与脚手架拆除工作同时配合进行。 5. 在电力线路附近拆除时，应停电进行。不能停电时，采取防止触电和打坏线路的措施。 6. 拆除后的脚手架构件应按要求整齐摆放于现场定置位置或专用仓库内。 7. 作业人员拆除脚手架的整个作业过程中，必须正确佩戴安全带，当安全带不能有效使用时，应使用速差保护器或采取其他保护措施
8	清理作业现场	剩余材料绊倒伤人	物体打击、人员绊倒	搭设、拆除完毕，剩余材料及时清理、退库，做到工完料净场地清

10.10　JHA 分析实例 9：动火作业 JHA 分析

动火作业是在禁火区进行焊接与切割作业以及在易燃易爆场所使用喷灯、电钻、砂轮等进行可能产生火焰、火花和赤热表面的临时性作业。操作不当或违规作业，容易引发火灾、爆炸事故。

近年来，各地因违规动火作业已引发多起火灾，例如：2022 年 11 月 21 日，河南省某公司因电焊作业违规操作引发火灾，共造成 38 人死亡；2022 年 6 月 9 日，杭州某工地内工人违章电焊切割作业时，熔渣引燃管道保温材料残片和装饰装修材料，造成 4 人死亡、2 名消防员牺牲、19 人受伤，建筑物过火面积 $600m^2$，直接经济损失 3057 余万元；2021 年 12 月 28 日，临汾市某公司二硝车间硝化分离器至水洗锅间的放料蒸汽夹套管道有漏点，在未办理完动火作业票证和安全措施未落实的情况下，违规对夹套管道漏点进行补焊（电焊作业），导致放料管道内的 2,4-二硝基氯苯受热分解爆炸，造成 4 人死亡。

动火作业步骤一般分为作业前的准备、作业过程、作业后检查，JHA 分析详见表 10.13。

表 10.13　动火作业 JHA 分析

序号	作业步骤	危险源或潜在危险事件	可能导致的事故或后果	预防和控制措施
1	作业前准备	作业区域或周边存在易燃物品	火灾	作业前清理作业区域或周边易燃物品
		未配备相适用的灭火器材	火灾	1. 根据现场实际情况，配备足够的相适用的灭火器材； 2. 检查灭火器材的配备情况，是否存在失效及过期现象
2	作业过程	气瓶未直立放置	火灾、爆炸	气瓶应直立放置
		气瓶倾倒	火灾、爆炸	气瓶在使用时必须固定在防倾倒架上
		气瓶暴晒	火灾、爆炸	设置防晒措施
		油、润滑脂与氧气瓶或氧气设备接触	火灾	氧气瓶、气瓶阀、接头、减压器、软管及设备必须与油、润滑脂及其他可燃物或爆炸物相隔离，严禁用沾有油污的手或带有油迹的手套去触碰氧气瓶或氧气设备
		氧气瓶、乙炔瓶间距不足	火灾、爆炸	氧气瓶与乙炔瓶间距应大于 5m，与明火距离不小于 10m
		电焊机外壳漏电	触电	电焊机外壳必须保护接零或接地
		电缆漏电	触电	焊机的电缆应使用整根导线，尽量不带连接头，需要接长导线时，接头处要连接牢固、绝缘良好
		电焊机使用不规范	触电、火灾	电焊机的一次侧电源线长度不应大于 5m，其电源进线处必须设置防护罩，电焊机的二次线应采用防水橡皮护套铜芯软电缆，电缆长度不应大于 30m，不得采用金属构件或结构钢筋代替二次线的地线；需要移动焊机时必须首先切断其输入端的电源，当焊接工作中止时（如工间休息）必须关闭设备或焊机的输出端或者切断电源，金属焊条和碳极在不用时必须从焊钳上取下以消除人员或导电物体的触电危险
3	作业后检查	作业完成后现场未确认	火灾	作业完成后，清理作业现场，确认无残留火种后方可离开

第11章 保护层分析

11.1 方法概述

保护层分析（LOPA）是半定量的工艺危害分析方法之一，是对降低不期望事件频率或后果严重性的独立保护层的有效性进行评估的一种过程方法或系统，用于确定发现的危险场景的危险程度、定量计算危害发生的概率和已有保护层的保护能力及失效概率，如果发现保护措施不足，可以推算出需要的保护措施的等级。

11.1.1 分析目的

在工业实践中的定性危害分析（如HAZOP、安全检查表等）完成之后，可利用保护层分析判断确定，其结果中复杂且危险的部分是否有足够的保护层以防止意外事故发生，并根据需要增加适当的保护层，以将风险降低至可容许风险标准所要求的水平。

11.1.2 分析程序

保护层分析的分析程序如图11.1所示。

图11.1 保护层分析程序

① 场景识别与筛选　通常来源于对新、改、扩建或在役工艺系统完成的危害评估，如HAZOP分析所识别的存在较大风险的场景。

② 后果及严重性评估　开始于LOPA分析前，建议采用定性或定量的方法对所选定的场景进行后果及严重性评估。

③ 初始事件确认　一般包括外部事件（如自然灾害）、设备故障（如控制系统失效、机械系统故障等）和人的失效（如未按照操作规程执行操作、维护失误等）。

④ 独立保护层评估　以典型的化工过程为例，保护层分为独立的保护层和非独立的保护层。其中独立的保护层需要具备有效性、独立性和可审查性，过程工业典型独立保护层的确定示例见表 11.1。

表 11.1　独立保护层的确定

保护层	描述	作为独立保护层的要求
工艺设计	从根本上消除或减少工艺系统存在的危害	1. 当本质安全设计用来消除某些场景时，不应作为独立保护层（IPL）。 2. 当考虑本质安全设计在运行和维护过程中的失效时，在某些场景中，可将其作为一种独立保护层（IPL）
基本过程控制系统（BPCS）	基本过程控制系统（BPCS）是执行持续监测和控制日常生产过程的控制系统。BPCS 中的控制回路通过响应过程或操作人员的输入信号，产生输出信息，使过程以期望的方式运行，该控制回路正常运行时能避免特定危险事件的发生，该控制回路的故障不会作为起因引起特定危险事件的发生。一个 BPCS 控制回路由传感器、控制器和最终元件组成	如果 BPCS 控制回路的正常操作满足以下要求，则可作为独立保护层： 1. BPCS 控制回路应与安全仪表系统（SIS）功能安全回路 SIF 在物理上分离，包括传感器、控制器和最终元件。 2. 该控制回路正常运行时能避免特定危险事件的发生。 3. 该控制回路的故障不会作为起因引起特定危险事件的发生。 BPCS 控制回路是一个相对较弱的独立保护层，内在测试能力有限，防止未授权变更内部程序逻辑的安全性有限。如果要考虑多个独立保护层的话，应有更全面的信息来支撑
关键报警和人员干预	关键报警和人员响应是操作人员或其他工作人员对报警响应，或在系统常规检查后，采取的防止不良后果的行动	当报警或观测触发的操作人员行动满足以下要求，确保行动的有效性时，则可作为独立保护层： 1. 操作人员应能够得到采取行动的指示或报警，这种指示或报警应始终对操作人员可用。 2. 操作人员应训练有素，能够完成特定报警所触发的操作任务。 3. 任务应具有单一性和可操作性，不宜要求操作人员执行 IPL 要求的行动时同时执行其他任务。 4. 操作人员应有足够的响应时间。 5. 操作人员的工作量及其身体条件等合适
安全仪表系统（SIS）	安全仪表功能（SIF）针对特定危险事件通过检测超限等异常条件，控制过程进入功能安全状态。一个安全仪表功能 SIF 由传感器、逻辑解算器和最终元件组成，具有一定的安全完整性等级（SIL）	1. 安全仪表功能（SIF）在功能上独立于 BPCS，是一种独立保护层。 2. 安全仪表功能（SIF）的规格、设计、调试、检验、维护和测试都应按 GB/T 21109 的有关规定执行。 3. 安全仪表功能（SIF）的风险削减性能由其 PFD 所确定，每个安全仪表功能（SIF）的 PFD 基于传感器、逻辑解算器和最终元件的数量和类型，以及系统元件定期功能测试的时间间隔
物理保护（释放措施）	提供超压保护，防止容器的灾难性破裂	1. 如果这类设备（安全阀、爆破片等）的设计、维护和尺寸合适，则可作为独立保护层，它们能够提供较高程度的超压保护。 2. 如果这类设备的设计或者检查和维护工作质量较差，则这类设备的有效性可能受到服役时污垢或腐蚀的影响
释放后物理保护（防火堤、隔堤）	释放后保护设施是指危险物质释放后，用来降低事故后果（如大面积泄漏扩散、受保护设备和建筑物的冲击波破坏、容器或管道火灾暴露失效、火焰或爆轰波穿过管道系统等）的保护设施	为独立保护层，这些独立保护层是被动的保护设备，如果设计和维护正确，这些独立保护层可提供较高等级的保护

续表

保护层	描述	作为独立保护层的要求
厂区的应急响应	在初始释放之后被激活,其整体有效性受多种因素影响	厂区的应急响应(消防队、人工喷水系统、工厂撤离等措施)通常不作为独立保护层,因为它们是在初始释放后被激活,并且有太多因素影响了它们在减缓场景方面的整体有效性。当考虑它作为独立保护层时,应提供足够证据证明其有效性
周围社区的应急响应	在初始释放之后被激活,其整体有效性受多种因素影响	周围社区的应急响应(社区撤离和避难所等)通常不作为独立保护层,因为它们是在初始释放之后被激活,并且有太多因素影响了它们在减缓场景方面的整体有效性。当考虑它作为独立保护层时,应提供足够证据证明其有效性

注:要求时危险失效概率(PFD):当受保护设备或受保护设备控制系统发出要求时,执行规定安全功能的独立保护层的安全不可用性。在实际 LOPA 应用过程中,PFD 值的确定应参照企业标准或行业标准,经分析小组共同确认或进行适当的计算以确认 PFD 值取值的合适性,并将其作为 LOPA 分析中的统一规则严格执行。

⑤ 场景频率的计算

$$f_i^C = f_i^I \times \prod_{j=1}^{J} PFD_{ij} = f_i^I \times PFD_{i1} \times PFD_{i2} \times \cdots \times PFD_{ij}$$

式中 f_i^C——初始事件 i 的后果 C 的发生频率,次/年;

f_i^I——初始事件 i 的发生频率,次/年;

PFD_{ij}——初始事件 i 中第 j 个阻止后果 C 发生的 IPL 的 PFD。

初始事件发生频率和独立保护层失效概率其数据可采用:a. 行业统计数据;b. 企业历史统计数据;c. 基于失效模式、影响和诊断分析(FMEDA)和故障树分析(FTA)等的数据;d. 供应商提供的数据。

⑥ 风险的评估与建议　可根据场景频率计算结果和后果等级,使用定量数值风险标准、风险矩阵等形式进行风险评估与决策,将风险降低到企业可接受的水平。

11.1.3　保护层分析记录表常用表格形式

保护层分析常采用列表分析的形式进行,表格的内容可根据分析对象特点和实际情况而定,常见的表格形式如表 11.2 所示(本书表中"/"代表不需要填写的数据)。

表 11.2　保护层分析常见表格形式

场景编号:××		设备编号:×××		场景名称:×××	
日期:　年　月　日		场景背景与描述:		概率	频率/(次/年)
后果描述/分类				/	/
可容许风险(分类/频率)		不可接受(大于)			/
		可以接受(小于或等于)			
初始事件 (一般给出频率)				/	
使能事件或使能条件					/

续表

场景编号：××		设备编号：×××	场景名称：×××	
日期： 年 月 日		场景背景与描述：	概率	频率/（次/年）
条件修正 （如果适用）		点火概率		/
		影响区域内人员存在概率		/
		致死概率		/
		其他		
减缓前的后果频率				/
独立保护层				/
	基本过程控制系统			
	人为缓解			
	安全仪表功能			
	压力缓解设备			
	其他保护层（应判别）			
其他保护措施 （非独立保护层）			/	/
			/	/
			/	/
所有独立保护层总 PFD				/
减缓后的后果频率			/	
是否满足可容许风险？（是/否）：				
满足可容许风险需要采取的行动：				
备注：				
参考资料：PHA 报告或 P&.ID 等				
LOPA 分析人员：成员 A、成员 B、成员 C……				

注：1. 独立保护层内容可根据实际判别后调整修改。
2. 若减缓后的后果频率不满足可容许风险，则需说明满足可容许风险需要采用的行动，并进行记录。

11.1.4 方法评述

保护层分析的优点：与定量分析相比耗时少，能够集中研究后果严重或高频率事件，善于识别、揭示事故场景的始发事件及深层次原因，集中了定性和定量分析的优点，易于理解，便于操作，客观性强，在较复杂事故场景效果甚佳。

保护层分析的缺点：不适用复杂情景，是一种简化方法，每次只能分析一个因果对和一个情景，并且只能选择相同的方法选择失效数据，分析结果不能在不同组织之间进行比较。

11.2　LOPA 分析实例 1：危险化学品分装工序 LOPA 分析

分装作业：危险化学品经营企业将固态、液态危险化学品进行分装、灌装和加入非危险化学品的溶剂进行稀释的作业。本案例以桶装易燃液体（乙醇）的分装工艺为例，利用分装的 P&ID 图为基础进行 LOPA 分析（简易分装工艺流程图见图 11.2），进行 LOPA 分析记录，LOPA 分析记录表见表 11.3。

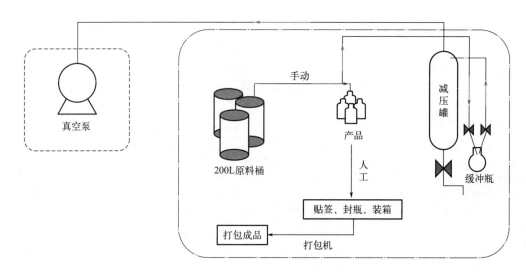

图 11.2　桶装乙醇分装工艺流程图

表 11.3　实例 1 LOPA 分析记录表

场景编号：1	设备编号：	场景名称：分装过程中可燃液体撒漏挥发，可燃气体遇明火发生着火事故		
日期：　年　月　日	场景背景与描述		概率	频率/（次/年）
后果描述/分类	可燃气体遇明火发生着火事故 人员伤害/后果严重度 B 财产损失/后果严重度 A 社会影响/后果严重度 A		/	/
可容许风险（分类/频率）	不可接受（大于）		/	1×10^{-4}
	可以接受（小于或等于）			1×10^{-2}
初始事件 （一般给出频率）	分装过程中可燃液体洒落挥发		/	10^{-1}
使能事件或使能条件	可燃液体洒落挥发导致着火事故的概率		2×10^{-1}	/
条件修正 （如果适用）	点火概率		2×10^{-1}	/
	影响区域内人员存在概率		1	/
	致死概率		/	/
	其他		/	/

续表

场景编号：1	设备编号：		场景名称：分装过程中可燃液体撒漏挥发，可燃气体遇明火发生着火事故	
日期： 年 月 日		场景背景与描述	概率	频率/(次/年)
减缓前的后果频率			/	2×10^{-2}
独立保护层			/	/
工艺设计		操作台设有排风系统	10^{-1}	/
其他保护措施（非独立保护层）		无	/	/
所有独立保护层总 PFD			10^{-1}	/
减缓后的后果频率			/	2×10^{-3}
是否满足可容许风险？（是/否）：是				
满足可容许风险需要采取的行动：/				
备注：无				
参考资料（PHA 报告、P&.ID 等）：P&.ID				
LOPA 分析人员：成员 A、成员 B、成员 C、成员 D				

该工艺为由 200L 原料桶的原料分装为 5L 或 500mL 的瓶装试剂操作，通过减压罐装置在负压作用下，将原料抽入到试剂瓶中。假设本案例通过 HAZOP 分析所提出的建议措施，辨识选定此工艺 LOPA 分析的场景为：分装过程中可燃液体撒漏挥发，可燃气体遇明火发生着火事故。

本案例所用的 LOPA 风险矩阵（中石化）如图 11.3 所示，其中 LOPA 风险矩阵由表 11.4 风险概率分级表与表 11.5 事故后果严重程度分级表、表 11.6 风险可接受标准对照表得出。

安全风险矩阵		发生的可能性等级(从不可能到频繁发生)							
		1	2	3	4	5	6	7	8
事故严重性等级（从轻到重）	A	1	1	2	3	5	7	10	15
	B	2	2	3	5	7	10	15	23
	C	2	3	5	7	11	16	23	35
	D	5	8	12	17	25	37	55	81
	E	7	10	15	22	32	46	68	100
	F	10	15	20	30	43	64	94	138
	G	15	20	29	43	63	93	136	200

注：1. 风险指数值表征了每一个风险等级的相对大小。
2. 每一个具体数字代表该风险的风险指数值，非绝对风险值，最小为1，最大为200。
3. ■ 重大风险；■ 较大风险；■ 一般风险；□ 低风险。

图 11.3 LOPA 风险矩阵（见文前彩插）

表 11.4 风险概率分级表

可能性分级	定性描述	定量描述 发生的频率 F/（次/年）
1	类似的事件没有在石油石化行业发生过，且发生的可能性极低	$\leqslant 10^{-6}$
2	类似的事件没有在石油石化行业发生过	$10^{-5} \geqslant F > 10^{-6}$
3	类似事件在石油石化行业发生过	$10^{-4} \geqslant F > 10^{-5}$
4	类似的事件在中国石化曾经发生过	$10^{-3} \geqslant F > 10^{-4}$
5	类似事件发生过或者可能在多个相似设备设施的使用寿命中发生	$10^{-2} \geqslant F > 10^{-3}$
6	在设备设施的使用寿命内可能发生 1 次或 2 次	$10^{-1} \geqslant F > 10^{-2}$
7	在设备设施的使用寿命内可能发生多次	$1 \geqslant F > 10^{-1}$
8	在设备设施中经常发生（至少每年发生）	> 1

表 11.5 事故后果严重程度分级表

等级	健康和安全影响（人员损害）	财产损失影响	非财务性影响与社会影响
A	轻微影响的健康/安全事故： 1. 急救处理或医疗处理，但不需住院，不会因事故伤害损失工作日； 2. 短时间暴露超标，引起身体不适但不会造成长期健康影响	事故直接经济损失在 10 万元以下	能够引起周围社区少数居民短期内不满、抱怨或投诉（如抱怨设施噪声超标）
B	中等影响的健康/安全事故： 1. 因事故伤害损失工作日； 2. 1~2 人轻伤	直接经济损失 10 万元以上，50 万元以下；局部停车	1. 当地媒体的短期报道； 2. 对当地公共设施的日常运行造成干扰（如导致某道路在 24h 内无法正常通行）
C	较大影响的健康/安全事故： 1. 3 人以上轻伤，1~2 人重伤（包括急性工业中毒，下同）； 2. 暴露超标，带来长期健康影响或造成职业相关的严重疾病	直接经济损失 50 万元及以上 200 万元以下；1~2 套装置停车	1. 存在合规性问题，不会造成严重的安全后果或不会导致地方政府相关监管部门采取强制性措施； 2. 当地媒体的长期报道； 3. 在当地造成不利的社会影响，对当地公共设施的日常运行造成严重干扰
D	较大的安全事故，导致人员死亡或重伤： 1. 界区内 1~2 人死亡或 3~9 人重伤； 2. 界区外 1~2 人重伤	直接经济损失 200 万元以上，1000 万元以下；3 套及以上装置停车；发生局部区域的火灾爆炸	1. 引起地方政府相关监管部门采取强制性措施； 2. 引起国内或国际媒体的短期负面报道
E	严重的安全事故： 1. 界区内 3~9 人死亡，或 10 人及以上，50 人以下重伤； 2. 界区外 1~2 人死亡，3~9 人重伤	事故直接经济损失 1000 万元以上，5000 万元以下；发生失控的火灾或爆炸	1. 引起国内或国际媒体长期负面关注； 2. 造成省级范围内的不利社会影响，或对省级公共设施的日常运行造成严重干扰； 3. 引起了省级政府相关部门采取强制性措施； 4. 导致失去当地市场的生产、经营和销售许可证

续表

等级	健康和安全影响 （人员损害）	财产损失影响	非财务性影响与社会影响
F	非常重大的安全事故，将导致工厂界区内或界区外多人伤亡： 1. 界区内 10 人及以上，30 人以下死亡；50 人及以上，100 人以下重伤； 2. 界区外 3~9 人死亡，或 10 人及以上，50 人以下重伤	事故直接经济损失 5000 万元以上，1 亿元以下	1. 引起了国家相关部门采取强制性措施； 2. 在全国范围内造成严重的社会影响； 3. 引起国内国际媒体重点跟踪报道或系列报道
G	特别重大的灾难性安全事故，将导致工厂界区内或界区外大量人员伤亡： 1. 界区内 30 人及以上死亡，或 100 人及以上重伤； 2. 界区外 10 人及以上死亡，50 人及以上重伤	事故直接经济损失 1 亿元以上	1. 引起国家领导人关注，或国务院、相关部委领导作出批示； 2. 导致吊销国际国内主要市场的生产、销售或经营许可证； 3. 引起国际国内主要市场上公众或投资人强烈愤慨或谴责

表 11.6 风险可接受标准对照表

严重程度等级	可容忍目标频率/(次/年)		
	健康和安全影响 （人员损害）	财产损失影响	非财务性影响 与社会影响
A	10^{-1}	10^{-1}	10^{-1}
B	10^{-2}	10^{-1}	10^{-1}
C	10^{-3}	10^{-2}	10^{-2}
D	10^{-5}	10^{-4}	10^{-4}
E	10^{-6}	10^{-5}	10^{-5}
F	10^{-7}	10^{-6}	10^{-6}
G	10^{-7}	10^{-6}	10^{-6}

11.3 LOPA 分析实例 2：有机产品精馏工艺 LOPA 分析

有机产品精馏工艺：气液两相在塔内互相接触，反复进行部分汽化、部分冷凝，使混合液中各组分有效分离，从而达到提纯的目的。

11.3.1 本案例工艺流程描述

① 开冷却水循环系统。

② 打开给精馏塔冷凝器供冷却水的截止阀。
③ 打开原料截止阀，向精馏塔塔釜内放入 1/4～1/2 高度的原料，关闭原料截止阀。
④ 关闭成品收集截止阀。
⑤ 打开蒸汽截止阀，调整截止阀使压力表显示在 0.1～0.4MPa 范围内。
⑥ 等待精馏塔塔头出现回流，打开原料截止阀向塔釜中连续加料，加料速度控制在表显 40～60L/h 范围内，塔釜内温度为物料沸点温度。
⑦ 打开成品收集截止阀，收集成品。
⑧ 正常生产时每 20min 巡查一次精馏塔的情况，巡查参数包括：蒸汽压力表数、加料速度、精馏塔塔釜液位高度。
⑨ 每 2h 记录一次精馏塔的参数。参数包括：蒸汽压力表数、加料速度（流量计数值）。
⑩ 生产结束时先关闭原料截止阀，停止向精馏塔塔釜内加料。
⑪ 关闭蒸汽截止阀，停止向精馏塔系统内供蒸汽，等压力表的指针回到 0.0MPa。
⑫ 当精馏塔冷凝器无成品液滴冷凝出时，关闭冷却水截止阀。
⑬ 关闭冷却水循环系统。

11.3.2 简易工艺示意图

本案例简易工艺示意图见图 11.4。

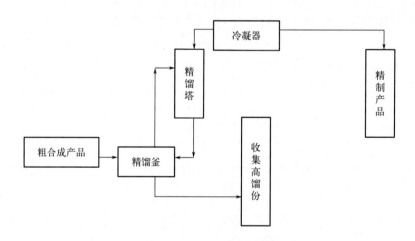

图 11.4 简易工艺示意图

11.3.3 LOPA 分析

以甲醇精馏为例，利用工艺描述及简易工艺示意图为基础进行 LOPA 分析，LOPA 分析记录表见表 11.7（本案例所用的 LOPA 风险矩阵参照 11.2 节实例 1）。

表 11.7　实例 2 LOPA 分析记录表

场景编号：1	设备编号：		场景名称：甲醇精馏塔温度高，可能造成物料损失；干烧，可能造成设备损坏	
日期：　年　月　日	场景背景与描述		概率	频率/（次/年）
后果描述/分类	1. 甲醇蒸发量大，如冷凝不足，可能造成物料损失； 2. 干烧，可能造成设备损坏等财产损失/后果严重度 A		/	/
可容许风险 （分类/频率）	不可接受（大于）		/	1×10^{-4}
	可以接受（小于或等于）			1×10^{-1}
初始事件 （一般给出频率）	蒸汽发生器故障		/	10^{-1}
使能事件或使能条件	蒸汽发生器故障导致财产损失的概率		1	/
条件修正 （如果适用）	点火概率		/	/
	影响区域内人员存在概率		/	/
	致死概率		/	/
	其他		/	/
减缓前的后果频率			/	1×10^{-1}
独立保护层			/	/
一般过程设计	现场温度计		1	/
其他保护措施 （非独立保护层）	无		/	/
所有独立保护层总 PFD			1	/
减缓后的后果频率			/	1×10^{-1}
是否满足可容许风险？（是/否）：是				
满足可容许风险需要采取的行动：/				
备注：无				
参考资料（PHA 报告、P&.ID 等）：P&.ID				
LOPA 分析人员：成员 A、成员 B、成员 C、成员 D				

11.4　LOPA 分析实例 3：危废处置连续精馏工艺 LOPA 分析

连续精馏是将由挥发度不同的成分或原料所组成的混合液，在精馏塔中同时多次地进行部分汽化和部分冷凝，使其分离成几乎纯态组分的过程。

本案例以危险废物处置的连续精馏工艺为例，工艺流程描述如下所述。由移动罐车外送来的原料经流量调节后，送入脱水塔 T5101 中部。脱水塔物料经塔釜再沸器强制加热后，塔顶蒸汽进入冷凝器，冷凝成液体进入脱水塔回流罐。回流罐中液体一部分作为回流打回脱水塔，一部分水分含量高（其中有机物不超过2%）去废水罐。脱水塔釜经塔釜泵送入中间缓冲罐Ⅰ。在停车阶段可以从该缓冲罐将物料送回原料罐。中间缓冲罐Ⅰ物料经进料泵送入T5201中部。T5201物料经塔釜再沸器强制加热后，塔顶蒸汽进入冷凝器，冷凝成液体进入回流罐。回流罐中液体一部分作为产品采出，一部分作为回流打回T5201。塔釜物料经塔釜泵送入中间缓冲罐Ⅱ。中间缓冲罐Ⅱ物料经进料泵送入T5301中部。物料经塔釜再沸器强制加热后，塔顶蒸汽进入冷凝器，冷凝成液体进入回流罐。回流罐中液体一部分作为产品采出，一部分作为回流打回T5301。

简易工艺示意图见图11.5。

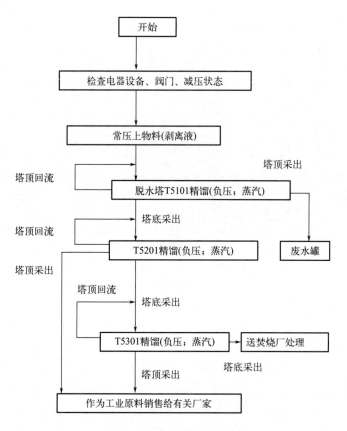

图11.5 简易工艺示意图

假设本案例通过HAZOP分析所提出的建议措施，辨识选定此工艺LOPA分析的场景分别为：

① 原料罐液位过高，满罐，物料溢出，有可能引发火灾；

② 原料罐液位过低，泵损坏。

利用工艺描述及简易工艺示意图为基础进行LOPA分析，进行LOPA分析记录，LOPA分析记录表分别见表11.8、表11.9（本案例所用的LOPA风险矩阵参照11.2节实例1）。

表 11.8　实例 3 LOPA 分析记录表 1

场景编号：1		设备编号：	场景名称：原料罐液位过高，满罐，物料溢出，有可能引发火灾	
日期：　年　月　日		场景背景与描述	概率	频率/(次/年)
后果描述/分类		物料溢出，有可能引发火灾、人员伤害/后果严重度 B	/	/
可容许风险（分类/频率）		不可接受（大于）	/	1×10^{-4}
		可以接受（小于或等于）		1×10^{-2}
初始事件（一般给出频率）		进料过多	/	10^{-1}
使能事件或使能条件		进料过多导致发生火灾的概率	1	/
条件修正（如果适用）		点火概率	1	/
		影响区域内人员存在概率	5×10^{-1}	/
		致死概率	1.2×10^{-1}	/
		其他	1	/
减缓前的后果频率			/	6×10^{-3}
独立保护层			/	/
一般过程设计		现场液位计	1	/
其他保护措施（非独立保护层）		无	/	/
所有独立保护层总 PFD			1	/
减缓后的后果频率			/	6×10^{-3}
是否满足可容许风险？（是/否）：是				
满足可容许风险需要采取的行动：/				
备注：无				
参考资料（PHA 报告、P&.ID 等）：P&.ID				
LOPA 分析人员：成员 A、成员 B、成员 C、成员 D				

表 11.9　实例 3 LOPA 分析记录表 2

场景编号：2		设备编号：	场景名称：原料罐液位过低，泵损坏	
日期：　年　月　日		场景背景与描述	概率	频率/(次/年)
后果描述/分类		泵损坏 财产损失/后果严重度 A	/	/
可容许风险（分类/频率）		不可接受（大于）	/	1×10^{-4}
		可以接受（小于或等于）		1×10^{-1}
初始事件（一般给出频率）		人员误操作，未及时停止输送	/	10^{-1}
使能事件或使能条件		人员失误导致财产损失的概率	1	/

第 11 章　保护层分析

续表

场景编号：2		设备编号：	场景名称：原料罐液位过低，泵损坏		
日期： 年 月 日		场景背景与描述		概率	频率/(次/年)
条件修正 （如果适用）		点火概率		/	/
		影响区域内人员存在概率		/	/
		致死概率		/	/
		其他		/	/
减缓前的后果频率				/	1×10^{-1}
独立保护层					
无	/			/	/
其他保护措施 （非独立保护层）	无			/	/
所有独立保护层总 PFD				/	/
减缓后的后果频率				/	1×10^{-1}
是否满足可容许风险？（是/否）：是					
满足可容许风险需要采取的行动：/					
备注：无					
参考资料（PHA 报告、P&.ID 等）：P&.ID					
LOPA 分析人员：成员 A、成员 B、成员 C、成员 D					

11.5 LOPA 分析实例 4：药膜树脂提纯工艺 LOPA 分析

本案例以药膜树脂提纯工艺为例，简易工艺流程描述如下：

（1）药膜树脂粗洗

将 200L 甲醇通过真空抽至粗洗釜 R1301 中，关闭真空泵，开启搅拌加入树脂，搅 6h 后，开启蒸汽加热直至冷凝器 E1301 出现甲醇液体回流，关闭蒸汽加热，冷却至室温后再次开启蒸汽加热，如此反复操作几次。自然冷却至常温后，将甲醇和树脂混合液通过釜底阀门放入至树脂抽滤槽 V1301 中，通过真空把甲醇液体和树脂分离出来。

（2）药膜树脂精洗

将粗滤后的树脂装入树脂精洗罐 V1303/5 中，将 200L 甲醇通过真空抽至精洗 R1302/3 中，并开启甲醇冷凝器 E1302/3 和蒸汽，蒸馏的甲醇经冷凝后，自流至树脂精洗 V1303/5 中，液位达到液位联通管上限后，打开树脂精洗罐的底部阀门，将树脂精洗罐中的甲醇流入精洗釜 R1302/3 中，如此反复操作，检测甲醇中金属杂质含量，合格后停止精洗。

（3）药膜树脂干燥

将精洗后的树脂放入干燥箱 X1301 中进行干燥，真空度控制在 -0.09MPa 左右，温度控制在 40~60℃，干燥 4h 以上。干燥后得到药膜树脂成品备用。

提纯工艺采用甲醇作为清洗剂，树脂提纯工艺中，甲醇作为清洗剂需要被加热至沸点，因此在加热设备上都安装有甲醇冷凝器，在冷凝器顶端都设有甲醇蒸汽溢出口。为防止甲醇蒸汽溢出，配有甲醇简易吸收装置，并在上位水箱加装了液位仪，低液位（300mm）报警，低低液位（200mm）联锁关闭蒸汽管路切断阀。在上位水箱冷水管道加装了压力传感器，实现低压力报警。在下位水箱设置液位计，便于观察水位，人工及时补水。

假设本案例通过 HAZOP 分析所提出的建议措施，辨识选定此工艺 LOPA 分析的场景分别为：上位水箱空，加热精馏温度过高，造成冲塔，影响正常生产；利用工艺描述为基础进行 LOPA 分析，进行 LOPA 分析记录，LOPA 分析记录表见表 11.10（本案例所用的 LOPA 风险矩阵参照 11.2 节实例 1）。

表 11.10 实例 4 LOPA 分析记录表

场景编号：1		设备编号：	场景名称：上位水箱空，加热精馏温度过高，造成冲塔，影响正常生产	
日期： 年 月 日		场景背景与描述	概率	频率/（次/年）
后果描述/分类		温度过高，造成冲塔，影响正常生产 财产损失/后果严重度 A	/	/
可容许风险 （分类/频率）		不可接受（大于）	/	1×10^{-4}
		可以接受（小于或等于）		1×10^{-1}
初始事件 （一般给出频率）		循环水泵停	/	10^{-1}
使能事件或使能条件		人员失误导致财产损失的概率	1	/
条件修正 （如果适用）		点火概率	/	/
		影响区域内人员存在概率	/	/
		致死概率	/	/
		其他		
减缓前的后果频率		/	1×10^{-1}	
独立保护层		/	/	
报警，人员干预		R1302 设有温度远传显示及报警	1×10^{-1}	/
其他保护措施 （非独立保护层）		无	/	/
所有独立保护层总 PFD			10^{-1}	/
减缓后的后果频率		/	1×10^{-2}	
是否满足可容许风险？（是/否）：是				
满足可容许风险需要采取的行动：/				
备注：无				
参考资料（PHA 报告、P&.ID 等）：PHA 报告、P&.ID				
LOPA 分析人员：成员 A、成员 B、成员 C、成员 D				

11.6 LOPA 分析实例 5：工业气体企业空分系统-精馏工艺 LOPA 分析

本案例结合 9.3 节的实例，以空分系统-精馏工艺的 HAZOP 分析所提出的建议措施，辨识选定此工艺 LOPA 分析的场景为：中压塔塔压升高，导致中压塔超压破裂，氮气泄漏，发生中毒窒息事故。

LOPA 分析记录表见表 11.11（本案例所用的 LOPA 风险矩阵参照 11.2 节实例 1）。

表 11.11 实例 5 LOPA 分析记录表

场景编号：1	设备编号：	场景名称：中压塔塔压升高，导致中压塔超压破裂，氮气泄漏，发生中毒窒息事故		
日期： 年 月 日	场景背景与描述		概率	频率/（次/年）
后果描述/分类	氮气泄漏发生中毒窒息事故 人员伤害/后果严重度 D		/	/
可容许风险 （分类/频率）	不可接受（大于）			1×10^{-6}
	可以接受（小于或等于）			1×10^{-2}
初始事件 （一般给出频率）	中压塔塔压升高			10^{-1}
使能事件或使能条件	中压塔塔压升高使中压塔超压破裂的概率		10^{-1}	/
条件修正 （如果适用）	点火概率		/	/
	影响区域内人员存在概率		1.2×10^{-1}	/
	致死概率		/	/
	其他		/	/
减缓前的后果频率			/	1.2×10^{-2}
独立保护层			/	/
报警	中压塔上部设压力远传，设压力高报警； 纯氮塔出口氮气管道设氧气含量在线监测，设高报警		10^{-1}	/
安全泄放	中压塔入口管道设安全阀		10^{-2}	/
其他保护措施 （非独立保护层）			/	/
所有独立保护层总 PFD			10^{-3}	/
减缓后的后果频率			/	1.2×10^{-5}
是否满足可容许风险？（是/否）：是				
满足可容许风险需要采取的行动：/				
备注：无				
参考资料（PHA 报告，P&.ID 等）：P&ID-1				
LOPA 分析人员：成员 A、成员 B、成员 C、成员 D、成员 E、成员 F				

参考文献

[1] 吕品,彭伟. 安全系统工程[M].2版. 徐州:中国矿业大学出版,2021.
[2] 许兰娟. 安全系统工程[M].徐州:中国矿业大学出版社,2019.
[3] 谭钦文,徐中慧,刘建平,何友芳. 安全系统工程[M].重庆:重庆大学出版社,2016.
[4] 张景林. 安全系统工程[M].3版. 北京:煤炭工业出版社,2019.
[5] 徐志胜,姜学鹏. 安全系统工程[M].3版. 北京:机械工业出版社,2021.
[6] 王起权. 安全评价[M].北京:化学工业出版社,2015.
[7] 王权阳. 预先危险性分析在矿井内因火灾预防中的应用研究[J].煤炭科技,2018(04):111-113+118.
[8] 张胜男,刘晓. 基于预先性危险分析法的火电厂磨煤制粉系统风险分析[J].中国设备工程,2019(09):132-133.
[9] 吕波,徐义勇. 预先危险性分析法在预防矿井瓦斯爆炸中的应用[J].陕西煤炭,2011,30(02):50-52.
[10] 韩佳琪,郑彬,轩辕诗浩,等. 基于事件树的外卖食品安全分析与管理[J].食品安全导刊,2018(15):156.
[11] 胡圣武,王育红. 基于事件树和模糊理论的GIS动态地质灾害评估[J].武汉大学学报(信息科学版),2015,40(07):983-989.
[12] 王燕,尹盼盼,沈梦露. 基于事故树的铁路客运站火灾风险因素分析[J].中国安全科学学报,2019,29(S1):44-47.
[13] 张燕,姜东民. 基于事故树-消防安全检查表的康养居所消防风险评估[J].消防界(电子版),2019,5(20):63-68.
[14] 朱吕晨曦,朱媛媛,查玉,等. 受限空间中毒窒息事故的分析与预防[J].中国新技术新产品,2019(17):144-145.
[15] 王强,曲文晶. 民用爆炸物品道路运输过程风险分析[J].中国标准化,2019(18):229-230.
[16] 陈鑫,黄梭,李娜,等. 基于LEC法的粮库熏蒸作业过程危险源辨识和评价[J].粮食科技与经济,2018,43(06):47-49+61.
[17] 萨拉·特鲁特,郁振山. 工作危害分析的命名与实质[J].现代职业安全,2018(10):42-44.
[18] 帅冰,刘瑶,杨柳. LOPA分析中典型修正因子人员暴露概率的取值研究[J].仪器仪表标准化与计量,2022(04).
[19] GB/T 13869—2017 用电安全导则[S].国家标准化管理委员会,2017.
[20] GB/T 34371—2017 游乐设施风险评价总则[S].国家标准化管理委员会,2017.
[21] GB/T 35320—2017 危险与可操作性分析(HAZOP分析)应用指南[S].国家标准化管理委员会,2017.
[22] GB 50054—2011 低压配电设计规范[S].中华人民共和国住房和城乡建设部,2011.
[23] GB 50055—2011 通用用电设备配电设计规范[S].中华人民共和国住房和城乡建设部,2011.
[24] GB 50016—2014 建筑设计防火规范(2018年版)[S].中华人民共和国住房和城乡建设部,2014.
[25] DB11/450—2016 餐饮服务单位使用瓶装液化石油气安全条件[S].北京市市场监督管理局,2016.
[26] DB11/T 1322.2—2017 安全生产等级评定技术规范 第2部分:安全生产通用要求[S].北京市市场监督管理局,2017.
[27] DB11/T 1520—2022,在用电梯安全风险评估规范[S].北京市市场监督管理局,2022.
[28] DB11/T 1751—2020 自然灾害卫生应急健康风险快速评估技术规范[S].北京市市场监督管理局,2020.
[29] DB13/T 5052—2019 煤矿安全风险分级管控与隐患排查治理双重预防机制建设指南[S].河北省市场监督管理局,2019.
[30] DB23/T 2818—2021 烟草复烤企业风险分级管控指南[S].黑龙江省市场监督管理局,2021.

[31] DB34/T 3146—2018 在用场(厂)内专用机动车辆风险评估规则[S].安徽省市场监督管理局,2018.

[32] DB37/T 3147—2018 白酒制造行业企业安全生产风险分级管控体系实施指南[S].山东省市场监督管理局,2018.

[33] DB37/T 2972—2017 非煤矿山企业安全生产风险分级管控体系细则[S].山东省市场监督管理局,2017.

[34] 河北省市场监督管理局. 河北省特种设备安全风险分级管控与隐患排查治理指导手册[A/OL].https://scjgj.baoding.gov.cn/attachment/20200818083537140.pdf？eqid=e977a958000392810000000036484772b.

[35] 国务院灾害调查组. 河南郑州"7·20"特大暴雨灾害调查报告[A/OL].https://www.mem.gov.cn/gk/sgcc/tbzdsgdcbg/202201/P020220121639049697767.pdf.

[36] 北京市应急管理局. 通州区伊品羊杂馆"5.13"液化石油气爆炸事故调查报告[A/OL].https://yjglj.beijing.gov.cn/attach/0/%E4%BA%8B%E6%95%85%E8%B0%83%E6%9F%A5%E6%8A%A5%E5%91%8A.pdf.